Teubner Studienbücher Mathematik

P. Kall

Mathematische Methoden
des Operations Research

Leitfäden der angewandten Mathematik und Mechanik LAMM

Unter Mitwirkung von
Prof. Dr. E. Becker, Darmstadt
Prof. Dr. G. Hotz, Saarbrücken
Prof. Dr. K. Magnus, München
Prof. Dr. E. Meister, Tübingen
Prof. Dr. Dr. h. c. F. K. G. Odqvist, Stockholm
Prof. Dr. Dr. h. c. E. Stiefel, Zürich

herausgegeben von
Prof. Dr. Dr. h. c. H. Görtler, Freiburg

Band 27

Die Lehrbücher dieser Reihe sind einerseits allen mathematischen Theorien und Methoden von grundsätzlicher Bedeutung für die Anwendung der Mathematik gewidmet; andererseits werden auch die Anwendungsgebiete selbst behandelt. Die Bände der Reihe sollen dem Ingenieur und Naturwissenschaftler die Kenntnis der mathematischen Methoden, dem Mathematiker die Kenntnisse der Anwendungsgebiete seiner Wissenschaft zugänglich machen. Die Werke sind für die angehenden Industrie- und Wirtschaftsmathematiker, Ingenieure und Naturwissenschaftler bestimmt, darüber hinaus aber sollen sie den im praktischen Beruf Tätigen zur Fortbildung im Zuge der fortschreitenden Wissenschaft dienen.

Mathematische Methoden des Operations Research

Eine Einführung

Von Dr. phil. Peter Kall
o. Professor an der Universität Zürich

1976. Mit 20 Figuren, 24 Tabellen und 24 Aufgaben

B. G. Teubner Stuttgart

Prof. Dr. phil. Peter Kall

Geboren 1939 in Berlin. Von 1958 bis 1960 Studium der Mathematik und Physik an der Universität Freiburg, 1960/61 an der Universität Hamburg. Von 1961 bis 1963 Studium der Mathematik, Wirtschaftswissenschaften und Physik, 1963 Promotion an der Universität Zürich. Von 1963 bis 1968 Assistent am Institut für Operations Research und elektronische Datenverarbeitung, dann Oberassistent am Seminar für angewandte Mathematik und Statistik der Universität Zürich. Ab 1966 Privatdozent für angewandte Mathematik an der Universität Zürich. Von 1968 bis 1971 o. Professor für Mathematik und Geschäftsführender Direktor des Rechenzentrums an der Universität Mannheim. Seit 1971 o. Professor und Direktor des Institutes für Operations Research und mathematische Methoden der Wirtschaftswissenschaften der Universität Zürich. 1972 Sekretär der Gesellschaft für angewandte Mathematik und Mechanik (GAMM).

CIP-Kurztitelaufnahme der Deutschen Bibliothek

Kall, Peter
Mathematische Methoden des Operations Research: e. Einf. –
1. Aufl. – Stuttgart: Teubner, 1976.
(Leitfäden der angewandten Mathematik und Mechanik;
Bd. 27) (Teubner-Studienbücher: Mathematik)
ISBN 3–519–02334–2

Printed in Germany
Satz: G. Hartmann, Nauheim
Druck: J. Beltz, Hemsbach, Bergstraße
Binderei: G. Gebhardt, Schalkhausen/Ansbach
Umschlaggestaltung: W. Koch, Sindelfingen

Vorwort

Operations Research ist eine verhältnismäßig sehr junge Disziplin, deren Entstehung vor etwa drei Jahrzehnten anzusiedeln ist. Dennoch hat dieses Gebiet dank seiner rasanten, vielseitigen Entwicklung bereits eine erstaunliche Bedeutung als hilfreiches Instrument zur praktischen Bewältigung von Planungs- und Entscheidungsproblemen gewonnen.

Obwohl Operations Research von verschiedenen Fachvertretern recht unterschiedlich umschrieben wird, läßt sich doch feststellen, daß in diesem Gebiet mathematische Modelle und Methoden eine wesentliche Rolle spielen. Außerdem sind je nach Anwendungsgebiet mehr oder weniger fundierte betriebswirtschaftliche, volkswirtschaftliche, naturwissenschaftliche oder ingenieurtechnische Kenntnisse erforderlich. Daraus folgt in der Regel, daß bei der praktischen Durchführung von Operations Research-Projekten Experten verschiedener Disziplinen zusammenarbeiten sollten. Diese Zusammenarbeit ist jedoch nur möglich, wenn die beteiligten Personen eine gemeinsame Sprache finden, was allem Anschein nach oft schwierig ist. Eine Möglichkeit, diese Schwierigkeiten abzubauen, besteht darin, allen Beteiligten solide Grundkenntnisse der benutzten mathematischen Modelle und Methoden zu vermitteln. Dies empfiehlt sich um so mehr, als es in der Regel Aufgabe der sogenannten Substanzwissenschaftler – also nicht der Mathematiker – ist, die errechneten Werte zu interpretieren; und bei völliger Unkenntnis des benutzten mathematischen Vehikels ist die Gefahr von Fehlinterpretationen dann offenkundig sehr groß.

Operations Research zerfällt in viele verschiedene Teilgebiete. Nimmt man die Aufteilung nach Anwendungsbereichen vor, so trifft man auf Begriffe wie Produktionsplanung, Transportprobleme, Lagerhaltungsprobleme, Ersatzprobleme, Terminplanung, Bedienungsprobleme, Investitionsplanung, Personaleinsatzplanung usw. Unterteilt man nach methodischen Gesichtspunkten, dann findet man lineare Optimierung, nichtlineare Optimierung, dynamische Optimierung, Graphentheorie, ganzzahlige Optimierung, stochastische Optimierung, Monte-Carlo-Simulation, Spieltheorie u.a.m. In diesem Band werden lineare, nichtlineare und – in sehr rudimentärer Weise – dynamische Optimierung dargestellt. Der Inhalt entspricht im wesentlichen einer zweisemestrigen Vorlesung, die ich mehrfach an der Universität Zürich für Studenten der Mathematik und der Wirtschaftswissenschaften gehalten habe. Demgemäß genügen zum Verständnis jene mathematischen Grundkenntnisse, die man heute auch in wirtschaftswissenschaftlichen Fakultäten zunehmend für ein erfolgreiches Studium der Ökonomie für erforderlich hält und vermittelt, und die Studenten der Mathematik und der Ingenieurwissenschaften seit jeher in den ersten zwei bis drei Semestern erwerben: lineare Algebra und reelle Analysis. An mehreren Stellen sind Aufgaben eingestreut, die dem Leser die Selbstkontrolle erleichtern sollen. Darüber hinaus dient es dem Verständnis, wenn der Leser die verschiedenen Methoden an kleinen numerischen Beispielen ausprobiert und – sofern er Zugang zu einer Rechenanlage hat – auch programmiert.

Die Literatur über die hier behandelten Gebiete ist inzwischen fast unüberschaubar.

Dennoch habe ich mich entschlossen, im Literaturverzeichnis nur einige willkürlich ausgewählte Bücher zu nennen und auf die Angabe von Originalarbeiten ganz zu verzichten. Wer an einer umfangreichen Bibliographie interessiert ist, sei auf jene Bücher verwiesen.

Mir bleibt die angenehme Pflicht zu danken: meinen Kollegen Prof. Dr. K. Hässig und Prof. Dr. H. Schneider für zahlreiche Ratschläge, meinem Mitarbeiter Dr. M. Köhler für seine Unterstützung bei der redaktionellen Fertigstellung und dem Teubner-Verlag für die stets verständnisvolle Zusammenarbeit.

Im Frühjahr 1976 P. Kall

Inhalt

1 Lineare Optimierung

1.1 Beispiele für lineare Programme

Es ist nützlich, sich mit Hilfe einiger idealisierter Problemstellungen einen Eindruck davon zu verschaffen, wie lineare Programme zustande kommen können und welche Eigenschaften man vermuten kann. Dabei sei ausdrücklich betont, daß alle Beispiele frei erfunden sind. Demzufolge muß keine der angeführten Problemstellungen und der angenommenen Zahlenwerte irgendeinen realen Bezug haben.

Lineare Programme kommen unter anderem vor bei Produktionsproblemen, Transportproblemen, Zuordnungsproblemen und Netzwerkflußproblemen. Für jeden dieser Problembereiche wollen wir ein einfaches typisches Beispiel angeben.

1.1.1 Produktionsprobleme

Nehmen wir an, in einer Fabrik können zwei verschiedene Produkte hergestellt werden unter Verwendung von drei Produktionsmitteln oder -faktoren, die beschränkt verfügbar sind (Kapazitäten). Bekannt sind die Kapazitäten, der benötigte Faktoreinsatz je Einheit eines Produktes sowie der Gewinn je Einheit eines Produktes gemäß Tab. 1.1.

Tab. 1.1

Faktoren \ Produkte	I	II	Kapazitäten
A	2	10	60
B	6	6	60
C	10	5	85
Gewinn/Einheit	45	30	

Man wird nun naheliegenderweise versuchen, die Mengen x_1 und x_2 der herzustellenden Produkte so zu bestimmen, daß der damit erzielte Gewinn möglichst groß wird. Folglich hat man die Aufgabe

$$\begin{aligned} \max \quad & 45x_1 + 30x_2 \\ \text{bzgl.} \quad & 2x_1 + 10x_2 \leqslant 60 \\ & 6x_1 + 6x_2 \leqslant 60 \\ & 10x_1 + 5x_2 \leqslant 85 \\ & x_1 \geqslant 0, x_2 \geqslant 0. \end{aligned}$$

Man hat also eine Optimierungsaufgabe mit Nebenbedingungen. Da nur zwei Variablen vorkommen, läßt sich dieses Problem einfach graphisch lösen (Fig. 1.1).

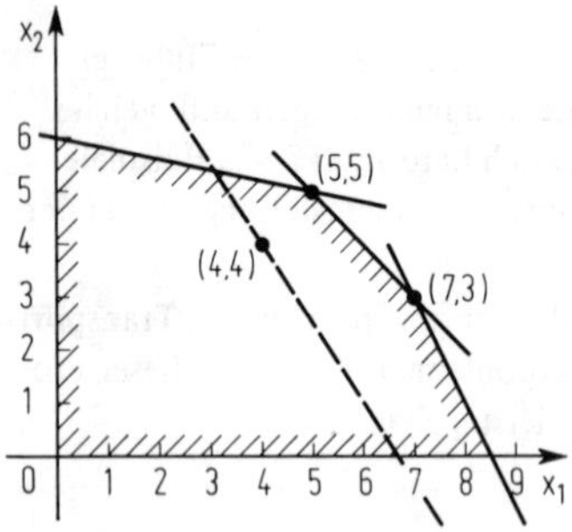

Fig. 1.1

Die Menge der möglichen Entscheidungen (x_1, x_2), der sogenannte zulässige Bereich, deckt sich offenbar mit dem durch die Ecken (0; 0), (8,5; 0), (7; 3), (5;5), (0; 6) bestimmten Fünfeck. Die sogenannte Zielfunktion $z = 45x_1 + 30x_2$ entspricht in dieser Darstellung einer Schar paralleler Geraden, wobei z um so größer wird, je weiter man die Geraden nach rechts verschiebt. Die eingezeichnete gestrichelte Gerade entspricht $z = 300$. Offenbar ist $(\hat{x}_1, \hat{x}_2) = (7; 3)$ der zulässige Punkt mit dem größten Zielfunktionswert, nämlich $\hat{z} = 405$. Man produziert also gewinnmaximal, wenn man 7 Einheiten des Produktes I und 3 Einheiten des Produktes II herstellt. Die verfügbaren Kapazitäten der Faktoren B und C werden dann voll genutzt, während beim Faktor A eine Überkapazität besteht.

1.1.2 Diät- und Mischungsprobleme

Probleme der hier angesprochenen Art lassen sich grob folgendermaßen charakterisieren: In ihrer Zusammensetzung bekannte Faktoren (z. B. Nahrungsmittel, Erze, Rohöle) mit vorgegebenen Preisen sollen mengenmäßig so kombiniert werden, daß in ihnen enthaltene Ingredienzen oder Produkte (z. B. Nährstoffe, Metalle, Erdölderivate) mindestens in vorgegebenen Mengen anfallen. Dabei können auch obere Schranken vorkommen, z. B. weil gewisse Faktoren nicht unbeschränkt verfügbar sind oder weil sie beispielsweise Schadstoffe enthalten, die nicht unbegrenzt zugelassen werden dürfen. Unter Einhaltung solcher Nebenbedingungen ist dann eine kostenminimale Faktorkombination zu bestimmen. Nehmen wir als hypothetisches Beispiel die Herstellung eines alkoholischen Getränkes aus drei flüssigen Zutaten, wobei für das Getränk bezüglich Alkohol, Aromastoffen und Zucker Einschränkungen bestehen und die Zutaten nicht beliebig gemischt werden dürfen. Die Zahlenverhältnisse gibt Tab. 1.2 an:

Tab. 1.2

Bestandteile des Getränkes \ Zutaten	A	B	C	Gehalt mindestens	Gehalt höchstens
Alkohol	9 %	14 %	0 %	7 %	12 %
Aromastoffe	1 E	8 E	0 E	3 E	–
Zucker	3g/ℓ	7g/ℓ	20g/ℓ	3g/ℓ	6g/ℓ
A	1	0	0	40 %	–
B	0	1	0	–	50 %
C	0	0	1	–	30 %
Preis /ℓ	5	2	0,25		

Wir haben ein kostenminimales Mischungsverhältnis der Zutaten zu bestimmen. Bezeichnen wir mit x_1, x_2 und x_3 die Anteile der Zutaten A, B und C, dann ist unsere Aufgabe:

$$\begin{array}{lll}
\min & & 5x_1 + 2x_2 + 0{,}25x_3 \\
\text{bzgl.} & \text{I.} & 9x_1 + 14x_2 \geqslant 7 \\
& \text{II.} & 9x_1 + 14x_2 \leqslant 12 \\
& \text{III.} & x_1 + 8x_2 \geqslant 3 \\
& \text{IV.} & 3x_1 + 7x_2 + 20x_3 \geqslant 3 \\
& \text{V.} & 3x_1 + 7x_2 + 20x_3 \leqslant 6 \\
& \text{VI.} & x_1 \geqslant 0{,}4 \\
& \text{VII.} & x_2 \leqslant 0{,}5 \\
& \text{VIII.} & x_3 \leqslant 0{,}3 \\
& \text{IX.} & x_1 + x_2 + x_3 = 1 \\
& \text{X.} & x_1 \geqslant 0,\ x_2 \geqslant 0,\ x_3 \geqslant 0
\end{array}$$

Bedingung IX besagt, daß sich die Anteile der Zutaten zu Eins addieren müssen, da das Getränk ausschließlich aus A, B und C hergestellt wird. Das Problem hat zulässige Lösungen, z. B.

$$(x_1, x_2, x_3) = (0{,}5; 0{,}5; 0)$$

und $$(x_1, x_2, x_3) = (0{,}45; 0{,}5; 0{,}05)$$

und $$(x_1, x_2, x_3) = \left(\frac{15}{34}; \frac{17}{34}; \frac{2}{34}\right) \text{usw.}$$

Wegen $x_i \geqslant 0$, $i = 1, 2, 3$ und der Nebenbedingung IX ist der zulässige Bereich auch beschränkt. Demzufolge hat diese Aufgabe – Minimierung einer stetigen Funktion über einer kompakten Menge – auch eine Lösung. Allerdings läßt sich diese nicht mehr so einfach bestimmen wie im vorigen Beispiel.

Wie sich nachträglich herausstellt, sind einige der obigen Nebenbedingungen überflüssig oder, wie man sagt, redundant. Das bedeutet, daß man sie weglassen kann, ohne dadurch den zulässigen Bereich zu vergrößern.

Zum Beispiel gilt:

II folgt aus VII, IX und X. Nach IX und X ist

$$d = x_1 + x_2 \leqslant 1.$$

Damit gilt für II

$$\begin{aligned} 9x_1 + 14x_2 &= 9(d - x_2) + 14x_2 = 9d + 5x_2 \\ &\leqslant 9 + 5x_2 \\ &\leqslant 9 + 2{,}5 \qquad \text{wegen VII} \\ &< 12. \end{aligned}$$

Analog überlegt man sich, daß

VIII folgt aus V, IX und X,
I folgt aus V, IX und X,
IV folgt aus III, VII, IX und X.

Folglich reduziert sich unser Problem auf

$$\begin{array}{rllll} \text{min} & 5x_1 + & 2x_2 + 0{,}25x_3 & & \\ \text{bzgl. III.} & x_1 + & 8x_2 & & \geqslant 3 \\ \text{V.} & 3x_1 + & 7x_2 + & 20x_3 & \leqslant 6 \\ \text{VI.} & x_1 & & & \geqslant 0{,}4 \\ \text{VII.} & & x_2 & & \leqslant 0{,}5 \\ \text{IX.} & x_1 + & x_2 + & x_3 & = 1 \\ \text{X.} & x_1 \geqslant 0, & x_2 \geqslant 0, & x_3 & \geqslant 0. \end{array}$$

Es dürfte unmittelbar einleuchten, daß es sich lohnt, wo immer möglich, redundante Nebenbedingungen zu eliminieren, da sich damit in der Regel der Rechenaufwand erheblich reduzieren kann.

1.1.3 Transportprobleme

Unter Transportproblemen wollen wir hier Probleme folgender Art verstehen. Ein Unternehmen habe für ein Gut zwei Lagerhäuser und fünf Verteilerstationen. Der Vorrat in den Lagerhäusern betrage 10 und 12 Einheiten. Der Bedarf in den Verteilerstationen betrage 4, 3, 4, 5 und 6 Einheiten. Die Transportkosten je Einheit des Gutes von einem Lager zu einer Verteilerstation entsprechen Tab. 1.3.

Tab. 1.3.

Lager \ Verteiler	1	2	3	4	5	Vorrat
1	3	∞	5	∞	4	10
2	2	4	∞	6	5	12
Bedarf	4	3	4	5	6	

Das Symbol ∞ soll bedeuten, daß der betreffende Transport (z. B. von Lager 1 nach Verteiler 2) nicht möglich ist. Der Bedarf der Verteilerstationen ist nun bei minimalen gesamten Transportkosten zu decken. Ist x_{ij} die vom Lager i zum Verteiler j transportierte Menge, dann lautet unser Problem

$$
\begin{aligned}
\min\quad & 3x_{11} + 5x_{13} + 4x_{15} + 2x_{21} + 4x_{22} + 6x_{24} + 5x_{25} \\
\text{bzgl.}\quad & x_{11} + x_{13} + x_{15} \leqslant 10 \\
& x_{21} + x_{22} + x_{24} + x_{25} \leqslant 12 \\
& x_{11} + x_{21} \geqslant 4 \\
& x_{22} \geqslant 3 \\
& x_{13} \geqslant 4 \\
& x_{24} \geqslant 5 \\
& x_{15} + x_{25} \geqslant 6 \\
& x_{ij} \geqslant 0 \quad \forall i, j.
\end{aligned}
$$

Da in diesem Beispiel der gesamte Vorrat in den beiden Lagerhäusern mit dem gesamten Bedarf der Verteilerstationen übereinstimmt, kann jeder Verteilerstation nur genau ihr Bedarf zugeteilt werden; denn würde man einer Station mehr als ihre Bedarfsmenge liefern, könnten die übrigen Stationen zusammen offenbar ihren gesamten Bedarf nicht mehr decken.

Folglich muß

$$x_{22} = 3, \quad x_{13} = 4, \quad x_{24} = 5$$

sein, was bereits einen Kostenanteil $z_0 = 5x_{13} + 4x_{22} + 6x_{24} = 62$ ergibt. Damit reduziert sich unser Problem zu

$$
\begin{aligned}
\min\quad & 3x_{11} + 4x_{15} + 2x_{21} + 5x_{25} + 62 \\
\text{bzgl.}\quad & x_{11} + x_{15} \leqslant 6 \\
& x_{21} + x_{25} \leqslant 4 \\
& x_{11} + x_{21} \geqslant 4 \\
& x_{15} + x_{25} \geqslant 6 \\
& x_{ij} \geqslant 0 \quad \forall i, j.
\end{aligned}
$$

Dieses Problem hat zulässige Lösungen, z. B.

$x_{11} = 4,\ x_{15} = 2,\ x_{25} = 4,\ x_{21} = 0$ mit Kosten $z = 40\ (+62)$

$x_{11} = 0,\ x_{15} = 6,\ x_{21} = 4,\ x_{25} = 0$ mit Kosten $z = 32\ (+62)$

$x_{11} = 2,\ x_{15} = 4,\ x_{21} = 2,\ x_{25} = 2$ mit Kosten $z = 36\ (+62)$.

Man kann sich leicht klar machen, daß die zweite dieser zulässigen Lösungen kostenminimal ist, wenn man beachtet, daß im zulässigen Bereich alle vier Nebenbedingungen als Gleichungen erfüllt sein müssen (Gesamtnachfrage = Gesamtlagerbestand!).

1.1.4 Zuordnungsprobleme

Gegeben seien N verschiedene Tätigkeiten, die von je einem von N vorhandenen Leuten ausgeführt werden müssen. Durch Tests sei die Qualifikation der einzelnen Leute für jede der Tätigkeiten ermittelt und durch die Werte c_{ij} (d. h. Wert dafür, daß das Individuum i die Tätigkeit j ausführt) angegeben worden. Man möchte nun eine Zuordnung finden derart, daß jede Tätigkeit genau von einer Person ausgeführt wird und die N Tätigkeiten insgesamt mit der größtmöglichen Qualifikation ausgeführt werden. Identifizieren wir

$x_{ij} = 1$ mit „Individuum i führt Tätigkeit j aus“

und $x_{ij} = 0$ mit „Invididuum i führt Tätigkeit j nicht aus“,

dann haben wir das Problem

$$\max \sum_{i=1}^{N} \sum_{j=1}^{N} c_{ij}\, x_{ij}$$

$$\text{bzgl.} \quad \sum_{j=1}^{N} x_{ij} \leqslant 1, \qquad i = 1, \ldots, N$$

$$\sum_{i=1}^{N} x_{ij} \geqslant 1, \qquad j = 1, \ldots, N$$

$$x_{ij} \geqslant 0 \quad \forall\, i, j$$

und der Zusatzbedingung $x_{ij} \in \{0; 1\}\ \forall i, j$.

Nun könnte man einfach alle N! möglichen Zuordnungen bestimmen und die beste aussuchen. Allerdings wird das schnell sehr aufwendig. Für N = 10 wären dann bereits 10! = 3 628 800 mögliche Zuordnungen zu untersuchen! Es wird sich herausstellen, daß man hier Verfahren einsetzen kann, die der speziellen Struktur dieses linearen Programmes Rechnung tragen. Insbesondere werden wir sehen, daß hier die Ganzzahligkeitsbedingung $x_{ij} \in \{0; 1\},\ \forall i, j$ noch nicht erschwerend wirkt.

1.1.5 Netzwerkflußprobleme

Hier handelt es sich um verallgemeinerte Transportprobleme derart, daß von einem Startpunkt (Quelle q) aus ein Gut durch ein Verkehrsnetz mit verschiedenen Zwischenstationen (Knoten) zu einem Endpunkt (Senke s) zu transportieren ist. Dabei sind die zwischen den Knoten bestehenden direkten Verbindungen (Bögen) mit ihrer Richtung vorgegeben. Ferner können die Bögen Kapazitätsschranken aufweisen. Es wird unterstellt, daß in den Zwischenstationen die Menge des Gutes weder vermehrt noch vermindert wird (Konservativität). Nun kann es sich darum handeln, die von der Quelle zur Senke transportierte Menge zu maximieren oder, wenn für jeden Bogen die Transportkosten je Mengeneinheit gegeben sind, eine bestimmte Menge zu minimalen Transportkosten von der Quelle zur Senke zu bringen.

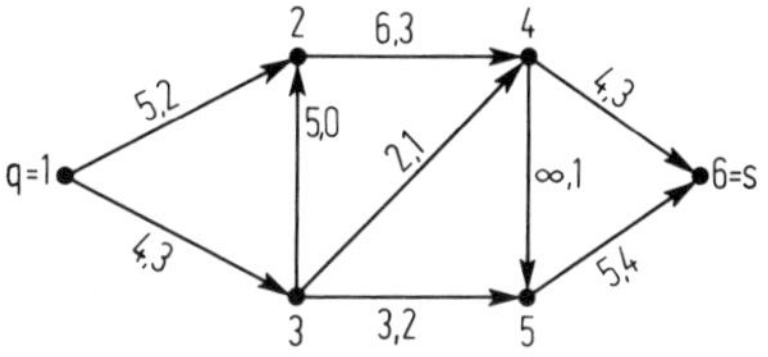

Fig. 1.2

Sei etwa das Netz in Fig. 1.2 gegeben. Hier sind die Knoten von der Quelle q = 1 zur Senke s = 6 durchnumeriert. Die Bögen können wir eineindeutig mit geordneten Zahlenpaaren (i, j) identifizieren, wobei i der Anfangsknoten und j der Endknoten des jeweiligen Bogens unter Berücksichtigung seiner Richtung ist. Die in der obigen Skizze an jedem Bogen notierten Zahlenpaare geben die Kapazität und die Transportkosten je Einheit des Bogens an. So kann man z. B. von Knoten 3 nach Knoten 4 maximal 2 Einheiten schicken zu Kosten von 1 je Einheit. Wollen wir nun 6 Einheiten eines Gutes von q nach s zu minimalen Transportkosten schicken, so lautet unser Problem (x_{ij} sei die von Knoten i unmittelbar nach Knoten j transportierte Menge):

$$\min \quad 2x_{12} + 3x_{13} + 0 \cdot x_{32} + 3 \cdot x_{24} + x_{34} + 2x_{35} + x_{45} + 3x_{46} + 4x_{56}$$

$$\text{bzgl.} \quad \left.\begin{aligned} x_{12} + x_{32} - x_{24} \phantom{{}-x_{35}} &= 0 \\ x_{13} - x_{32} - x_{34} - x_{35} &= 0 \\ x_{24} + x_{34} - x_{45} - x_{46} &= 0 \\ x_{35} + x_{45} - x_{56} \phantom{{}-x_{46}} &= 0 \end{aligned}\right\} \text{Konservativitätsbedingungen}$$

$$x_{46} + x_{56} = 6 \quad \text{Gesamte Transportmenge}$$

$$\left.\begin{aligned} &x_{12} \leqslant 5, \quad x_{13} \leqslant 4, \quad x_{32} \leqslant 5 \\ &x_{24} \leqslant 6, \quad x_{34} \leqslant 2, \quad x_{35} \leqslant 3 \\ &x_{46} \leqslant 4, \quad x_{56} \leqslant 5 \end{aligned}\right\} \text{Kapazitätsschranken}$$

$$x_{ij} \geqslant 0, \quad \forall (i, j).$$

Auch diese Aufgabe ist wieder ein lineares Programm, jedoch – ähnlich wie schon das in Abschn. 1.1.3 geschilderte Transportproblem und das Zuordnungsproblem – mit spezieller Struktur, die im Lösungsverfahren auch ausgenutzt werden wird.

Aufgaben

1. Ein Landwirt kann höchstens 100 ha Land bepflanzen lassen, und zwar mit Kartoffeln und/oder Getreide. Vor der Ernte fallen die Anbaukosten an, und zwar DM 10, – pro ha für Kartoffeln und DM 20, – pro ha für Getreide. Die notwendige Feldarbeit beträgt 1 Arbeitstag pro ha bei Kartoffeln und 4 Arbeitstage pro ha bei Getreide. Der Reingewinn pro ha beläuft sich auf DM 40, – pro ha Kartoffeln und DM 120, – pro ha Getreide. Der Landwirt kann 160 Arbeitstage einsetzen und verfügt über ein Kapital von DM 1 100, –.
In welchem Umfang müssen Kartoffeln und Getreide angebaut werden, um einen möglichst großen Gewinn zu erzielen?
Gib das zugehörige lineare Programm an und löse es graphisch.

2. Zeige: Zuordnungsprobleme sind spezielle Transportprobleme.

3. Zeige: Transportprobleme sind spezielle Netzwerkflußprobleme.

1.2 Lineare Programme

1.2.1 Eigenschaften

Unter einem *linearen Programm* versteht man die Aufgabe, eine lineare *Zielfunktion*

$$c_1x_1 + c_2x_2 + \ldots + c_nx_n$$

durch geeignete Wahl der reellen Variablen x_i, $i = 1, \ldots, n$, zu maximieren oder minimieren unter Einhaltung von linearen *Restriktionen* (Nebenbedingungen) der Form

$$\begin{array}{lllll} a_{11}x_1 & + a_{12}x_2 & + \ldots + a_{1n}x_n & \geqslant b_1 \\ \cdot & & & \\ \cdot & & & \\ a_{m_1 1}x_1 & + a_{m_1 2}x_2 & + \ldots + a_{m_1 n}x_n & \geqslant b_{m_1} \end{array}$$

und/oder der Form

$$\begin{array}{lllll} a_{m_1+1,1}x_1 & + a_{m_1+1,2}x_2 & + \ldots + a_{m_1+1,n}x_n & = b_{m_1+1} \\ \cdot & & & \\ \cdot & & & \\ a_{m1}x_1 & + a_{m2}x_2 & + \ldots + a_{mn}x_n & = b_m \end{array}$$

und eventuell unter Berücksichtigung von V o r z e i c h e n r e s t r i k t i o n e n

$$x_1 \geqslant 0,\ x_2 \geqslant 0, \ldots, x_{n_1} \geqslant 0.$$

Dabei wollen wir generell nur solche Aufgaben als lineare Programme verstehen, in denen wenigstens eine Ungleichung – in den Restriktionen und Vorzeichenrestriktionen – tatsächlich vorkommt. Andernfalls hätten wir die völlig uninteressante Aufgabe, eine lineare Funktion auf der Lösungsmenge eines linearen Gleichungssystems zu optimieren.

Folgende Überlegungen verhelfen uns zu einer Standardformulierung von linearen Programmen. Durch Hinzufügen einer vorzeichenbeschränkten Variablen läßt sich jede Restriktion in Ungleichungsform in eine gleichwertige Restriktion in Gleichungsform überführen.

Den Bedingungen

$$a_{11}x_1 + a_{12}x_2 + \ldots + a_{1n}x_n \geqslant b_1$$

und $$a_{11}x_1 + a_{12}x_2 + \ldots + a_{1n}x_n - y_1 = b_1;\quad y_1 \geqslant 0$$

genügen nämlich offensichtlich dieselben Werte der Variablen $x_1, \ldots, x_n$. Indem man jeder der oben aufgeführten m_1 Ungleichungen je eine vorzeichenbeschränkte S c h l u p f v a r i a b l e $y_i, i = 1, 2, \ldots, m_1$, hinzufügt, sind diese m_1 Ungleichungen äquivalent durch Gleichungen ersetzt.

Ferner läßt sich auf Grund der Tatsache, daß jede reelle Zahl als Differenz zweier nichtnegativer Zahlen darstellbar ist, jede „freie" (d. h. nicht vorzeichenbeschränkte) Variable x_j ersetzen durch $x_j = x_j^+ - x_j^-$, $x_j^+ \geqslant 0$, $x_j^- \geqslant 0$. Selbstverständlich geht dann in den obigen Restriktionen ein Ausdruck $a_{ij}x_j$ über in $a_{ij}x_j^+ - a_{ij}x_j^-$.

Beachtet man schließlich noch, daß für jede Menge $M \subset \mathbf{R}^n$ und jede Funktion $f\colon M \to \mathbf{R}^1$ gilt

$$\max_{x \in M} f(x) = - \min_{x \in M} - f(x),$$

falls eines der Extrema existiert, dann ist klar, daß sich jedes l i n e a r e P r o g r a m m (LP) in die Form

$$\begin{aligned} &\min\ [c_1x_1 + c_2x_2 + \ldots + c_nx_n] \\ &\text{bzgl.}\quad a_{i1}x_1 + a_{i2}x_2 + \ldots + a_{in}x_n = b_i,\quad i = 1, \ldots, m, \\ &\qquad\quad x_j \geqslant 0,\ j = 1, \ldots, n, \end{aligned}$$

bringen läßt, die sich in Matrix-Vektor-Schreibweise liest als

$$\begin{aligned} &\min\ c'x \\ &\text{bzgl.}\quad Ax = b \\ &\qquad\quad x \geqslant 0. \end{aligned} \tag{1.1}$$

Die Menge $\{x | Ax = b, x \geqslant 0\}$ nennt man den z u l ä s s i g e n B e r e i c h des LP; jeder Punkt dieser Menge heißt z u l ä s s i g e L ö s u n g. Eine zulässige Lösung x^* nennen wir eine L ö s u n g des LP (1.1), wenn

$$c'x^* \leqslant c'x \qquad \forall x \in \{x | Ax = b, \; x \geqslant 0\}. \tag{1.2}$$

Offenbar kann der zulässige Bereich eines LP leer und damit das LP unlösbar sein. Betrachten wir dazu das Beispiel

$$\begin{aligned} \min \quad & [3x_1 + 4x_2] \\ \text{bzgl.} \quad & x_1 + \;\, x_2 \leqslant 1 \\ & 2x_1 + 3x_2 \geqslant 6 \\ & x_1 \qquad\;\; \geqslant 0 \\ & \qquad\;\; x_2 \geqslant 0. \end{aligned} \tag{1.3}$$

Sei $(\hat{x}_1, \hat{x}_2)$ irgendein Punkt, der der ersten Restriktion genügt. Dann gilt für $\hat{z} = \hat{x}_1 + \hat{x}_2$ die Ungleichung $\hat{z} \leqslant 1$. Die zweite Restriktion läßt sich nun schreiben als

$$2\hat{z} + \hat{x}_2 \geqslant 6,$$

woraus wegen $\hat{z} \leqslant 1$

$$\hat{x}_2 \geqslant 6 - 2\hat{z} \geqslant 4$$

folgt. Aus der ersten Restriktion sieht man, daß dann

$$\hat{x}_1 \leqslant 1 - \hat{x}_2 \leqslant 1 - 4 = -3$$

sein muß, was der Vorzeichenrestriktion $\hat{x}_1 \geqslant 0$ widerspricht. Es gibt für dieses Beispiel also keine zulässige Lösung, was auch aus der graphischen Darstellung der Restriktionen in Fig. 1.3 ersichtlich ist.

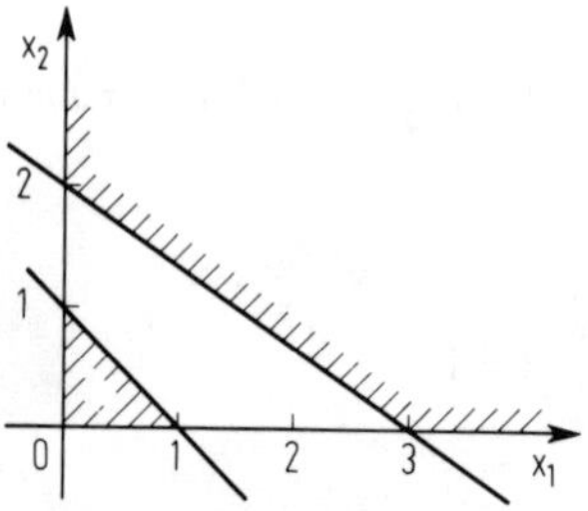

Fig. 1.3
Zulässiger Bereich von (1.3)

Eine notwendige und hinreichende Bedingung dafür, daß der zulässige Bereich des LP (1.1) nicht leer ist, liefert der als L e m m a v o n F a r k a s bekannte

Satz 1.1 Die Menge $\{x | Ax = b, x \geqslant 0\}$ ist genau dann nicht leer, wenn für jedes $u \in \mathbf{R}^m$ mit $A'u \geqslant 0$ auch $b'u \geqslant 0$ gilt.

B e w e i s. Die Bedingung ist notwendig. Sei nämlich $\hat{x}$ zulässig, d. h. $A\hat{x} = b$ und $\hat{x} \geqslant 0$. Dann gilt offenbar für alle u mit $A'u \geqslant 0$ auch

$$b'u = (A\hat{x})'u = \hat{x}'(A'u) \geqslant 0.$$

Daß die Bedingung auch hinreichend ist, sieht man folgendermaßen ein:

Sei $K = \{y \mid y = Ax, x \geqslant 0\}$. Nehmen wir an, daß b nicht zu K gehört, d. h. daß $\{x \mid Ax = b,\ x \geqslant 0\} = \emptyset$.

Sei $\rho = \inf \{\|y - b\| \mid y \in K\}$. Dann ist $\rho \leqslant \|b\|$, da $y = 0$ offenbar zu K gehört. Folglich ist

$$\rho = \min \{\|y - b\| \mid y \in K, \|y - b\| \leqslant \|b\|\}.$$

Dieses Minimum existiert, da man leicht nachprüft (s. Aufgabe 1), daß K abgeschlossen und folglich $K_1 = K \cap \{y \mid \|y - b\| \leqslant \|b\|\}$ kompakt ist. Sei daher $\hat{y} \in K$ so gewählt, daß

$$\|\hat{y} - b\| = \rho.$$

Sei $\hat{u} = \hat{y} - b$. Offenbar ist $\hat{u} \neq 0$, da $b \notin K$. Aus der Tatsache, daß $\hat{y}$ in K den kürzesten Abstand zu b hat, lassen sich die folgenden Aussagen leicht ableiten (s. Aufgabe 2):

$$\hat{u}'\hat{y} = 0 \tag{1.4}$$

$$b'\hat{u} < 0 \tag{1.5}$$

$$\hat{u}'y \geqslant 0 \qquad \forall\, y \in K. \tag{1.6}$$

Aussage (1.6) können wir auch schreiben als

$$\hat{u}'Ax \geqslant 0 \qquad \forall\, x \geqslant 0, \tag{1.7}$$

woraus sofort

$$A'\hat{u} \geqslant 0 \tag{1.8}$$

folgt. Aus der Annahme $b \notin K$ haben wir also gefolgert, daß ein $\hat{u} \in \mathbf{R}^m$ existiert, das gemäß (1.5) und (1.8) unserer Bedingung nicht genügt. Damit ist der Satz bewiesen. ■

Das LP (1.3) war unlösbar, weil es keine zulässigen Lösungen hatte. Aber auch wenn der zulässige Bereich nicht leer ist, kann ein LP unlösbar sein, wie das nächste Beispiel zeigt:

$$\begin{array}{ll} \max & [x_1 + x_2] \\ \text{bzgl.} & 2x_1 - x_2 \geqslant -2 \\ & -x_1 + 2x_2 \geqslant -1 \\ & x_1 \geqslant 0 \\ & x_2 \geqslant 0. \end{array} \tag{1.9}$$

Der zulässige Bereich wird in Fig. 1.4 veranschaulicht.

Offenbar ist $x_1 = \lambda$, $x_2 = \lambda$ für alle $\lambda \geqslant 0$ zulässig. Für diese zulässigen Lösungen hat die Zielfunktion die Werte $x_1 + x_2 = 2\lambda$, die also mit $\lambda > 0$ beliebig groß werden können. Folglich existiert kein Maximum, d. h. das LP (1.9) ist ebenfalls unlösbar.

Wie wir gesehen haben, kann Unlösbarkeit auftreten, wenn entweder der zulässige Bereich leer oder unbeschränkt ist. Ein LP mit unbeschränktem zulässigem Bereich muß jedoch nicht unlösbar sein.

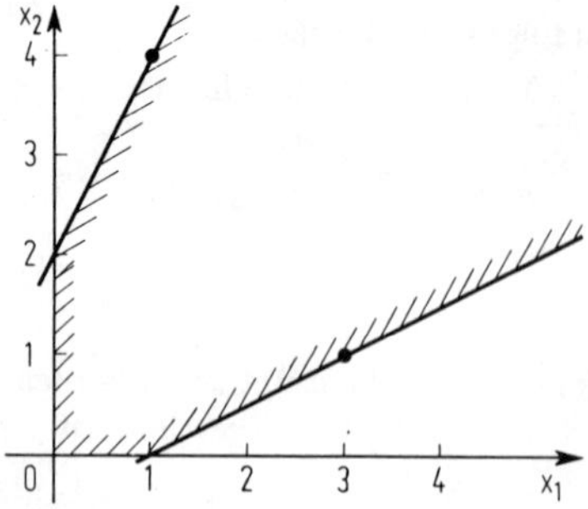

Fig. 1.4 Zulässiger Bereich von (1.9)

Mit Hilfe des Lemmas von Farkas können wir den folgenden E x i s t e n z s a t z beweisen.

Satz 1.2 Sei $\mathsf{B} = \{x \mid Ax = b, x \geqslant 0\} \neq \emptyset$.
Falls ein $\gamma \in \mathbf{R}^1$ existiert so, daß $c'x \geqslant \gamma$ für alle $x \in \mathsf{B}$, dann hat das LP

$$\min_{x \in \mathsf{B}} c'x$$

eine Lösung.

B e w e i s. Sei $\hat{\gamma} = \inf\limits_{x \in \mathsf{B}} c'x$. Wir haben zu zeigen, daß

$$\{x \mid Ax = b,\ c'x = \hat{\gamma}, x \geqslant 0\} \neq \emptyset.$$

Seien $u \in \mathbf{R}^m$ und $\tau \in \mathbf{R}^1$ so gewählt, daß

$$(A', c)\binom{u}{\tau} \geqslant 0,$$

d. h. $\quad A'u + \tau \cdot c \geqslant 0.$

Für alle $x \in \mathsf{B}$ gilt dann

$$x'A'u + \tau \cdot c'x = b'u + \tau \cdot c'x \geqslant 0$$

und folglich

$$b'u + \tau(\inf_{x \in \mathsf{B}} c'x) = b'u + \tau \cdot \hat{\gamma} \geqslant 0.$$

Für beliebige $u \in \mathbf{R}^m, \tau \in \mathbf{R}^1$ mit $(A'c)\binom{u}{\tau} \geqslant 0$ folgt also $(b', \hat{\gamma})\binom{u}{\tau} \geqslant 0$.
Nach Satz 1.1 ist dann

$$\{x \mid Ax = b, c'x = \hat{\gamma}, x \geqslant 0\} \neq \emptyset. \qquad \blacksquare$$

Man sieht sofort, daß dieser Satz auf Grund der Linearität von Zielfunktion und Restriktionen gewährleistet wird, denn für nichtlineare stetige Zielfunktionen auf abgeschlossenen unbeschränkten Bereichen gilt er bereits nicht allgemein. Zum Beispiel sind

$$f(x) = e^{-x} \geqslant 0 \qquad \forall x \in B = \{x | x \in \mathbf{R}^1, x \geqslant 0\}$$

und $$f(x) = \frac{1}{x} \geqslant 0 \qquad \forall x \in B = \{x | x \in \mathbf{R}^1, x \geqslant 1\};$$

jedoch existiert in beiden Fällen $\min_{x \in B} f(x)$ nicht.

Um lineare Programme geometrisch zu veranschaulichen, müssen wir einige Begriffe einführen.

Definition 1.1 Eine Menge $M \subset \mathbf{R}^n$ heißt konvex, wenn mit $x \in M$, $y \in M$ auch $\lambda x + (1 - \lambda) y \in M$ für alle $\lambda \in [0, 1]$.

Anschaulich heißt das, daß eine Menge dann konvex ist, wenn sie zu je zwei in ihr enthaltenen Punkten auch deren Verbindungsstrecke enthält. Häufig benutzt wird die nachfolgende Eigenschaft konvexer Mengen.

Satz 1.3 Sei $M \subset \mathbf{R}^n$ eine konvexe Menge und r eine beliebige natürliche Zahl. Wenn $x^{(i)} \in M$, $i = 1, \ldots, r$, dann ist auch $\sum_{i=1}^{r} \lambda_i x^{(i)} \in M$ für alle λ_i mit $\sum_{i=1}^{r} \lambda_i = 1$ und $\lambda_i \geqslant 0$, $i = 1, \ldots, r$.

B e w e i s. Für $r = 2$ stimmt der Satz auf Grund der Definition 1.1. Sei der Satz richtig für irgendein $r \geqslant 2$ und seien $x^{(i)} \in M$, $i = 1, \ldots, r + 1$.
Seien λ_i, $i = 1, \ldots, r + 1$, so gewählt, daß

$$\sum_{i=1}^{r+1} \lambda_i = 1 \quad \text{und} \quad \lambda_i \geqslant 0, \qquad i = 1, \ldots, r + 1.$$

Dann ist auch

$$z = \sum_{i=1}^{r+1} \lambda_i x^{(i)} \in M;$$

denn entweder ist

$$\lambda_{r+1} = 1 \Rightarrow z = x^{(r+1)} \in M,$$

oder $\lambda_{r+1} = 0 \Rightarrow z = \sum_{i=1}^{r} \lambda_i x^{(i)} \in M$, da der Satz für r als richtig vorausgesetzt wurde,

oder $$0 < \lambda_{r+1} < 1 \Rightarrow z = (1 - \lambda_{r+1}) \sum_{i=1}^{r} \frac{\lambda_i}{1 - \lambda_{r+1}} x^{(i)} + \lambda_{r+1} x^{(r+1)},$$

wobei $y = \sum_{i=1}^{r} \frac{\lambda_i}{1 - \lambda_{r+1}} x^{(i)} \in M$ nach Voraussetzung, da $$\frac{\lambda_i}{1-\lambda_{r+1}} \geqslant 0, \ i = 1, \ldots, r \ \text{ und } \ \sum_{i=1}^{r} \frac{\lambda_i}{1-\lambda_{r+1}} = 1,$$

und folglich gilt nach Definition 1.1

$$z = (1-\lambda_{r+1})y + \lambda_{r+1}x^{(r+1)} \in M. \qquad \blacksquare$$

Mit der folgenden Definition kann man jeder Menge im $\mathbf{R}^n$ eindeutig eine konvexe Menge zuordnen.

Definition 1.2 Die konvexe Hülle einer Menge $A \subset \mathbf{R}^n$ ist

$$\text{conv } A = \{x \mid x = \sum_{i=1}^{r} \lambda_i x^{(i)} \in A, \ \lambda_i \geqslant 0, \ \sum_{i=1}^{r} \lambda_i = 1, r = 1, 2, \ldots\}.$$

Die konvexe Hülle einer Menge A ist die kleinste konvexe Menge, die A enthält, genauer:

Satz 1.4 Sei $A \subset \mathbf{R}^n$. Dann gilt

a) $A \subset \text{conv } A$;

b) conv A ist konvex;

c) falls $B \subset \mathbf{R}^n$, B konvex und $A \subset B$, dann ist $\text{conv } A \subset B$.

Beweis. a) Sei $x \in A$; dann ist nach Definition 1.2 $x = 1 \cdot x \in \text{conv } A$.

b) Seien $x \in \text{conv } A$, $y \in \text{conv } A$; d. h. es gibt $x^{(i)} \in A$, $i = 1, \ldots, r$, und $y^{(j)} \in A$, $j = 1, \ldots, s$, sowie Koeffizienten $\lambda_i \geqslant 0$ mit $\sum_{i=1}^{r} \lambda_i = 1$ und $\mu_j \geqslant 0$ mit $\sum_{j=1}^{s} \mu_j = 1$ derart, daß

$$x = \sum_{i=1}^{r} \lambda_i x^{(i)} \quad \text{und} \quad y = \sum_{j=1}^{s} \mu_j y^{(j)}.$$

Sei $\rho \in [0, 1]$. Dann ist

$$\rho x + (1-\rho)y = \sum_{i=1}^{r} \rho\lambda_i x^{(i)} + \sum_{j=1}^{s} (1-\rho)\mu_j y^{(j)},$$

wobei $\rho\lambda_i \geqslant 0, (1-\rho)\mu_j \geqslant 0$ und $\sum_{i=1}^{r} \rho\lambda_i + \sum_{j=1}^{s} (1-\rho)\mu_j = 1$,

d.h. $\rho x + (1-\rho)\, y \in \text{conv } A$.

c) Sei $x \in \text{conv } A$,

d.h. $x = \sum_{i=1}^{r} \lambda_i x^{(i)}$ mit $x^{(i)} \in A, \lambda_i \geqslant 0, \sum_{i=1}^{r} \lambda_i \doteq 1$.

Da $A \subset B$ und B konvex ist, folgt $x^{(i)} \in B, i = 1, \ldots, r$,

und $x = \sum_{i=1}^{r} \lambda_i x^{(i)} \in B$ gemäß Satz 1.3. $\blacksquare$

Wie wir sehen werden, spielen in der linearen Programmierung die konvexen Polyeder eine besondere Rolle.

Definition 1.3 Sei $A = \{x^{(i)} \mid i = 1, \ldots, r\} \subset \mathbf{R}^n$ eine Menge endlich vieler Punkte. Dann heißt $P = \text{conv}\, A$ ein konvexes Polyeder.

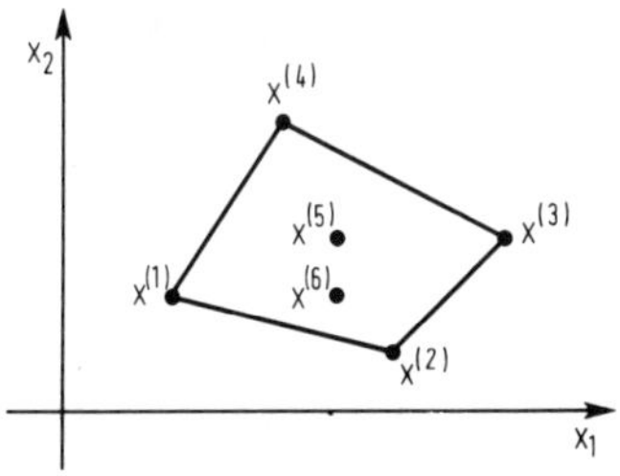

Fig. 1.5

Fig. 1.5 zeigt das konvexe Polyeder $P = \text{conv}\,\{x^{(1)}, x^{(2)}, \ldots, x^{(6)}\}$. Anschaulich sind hier die Ecken $x^{(1)}, x^{(2)}, x^{(3)}, x^{(4)}$ besonders ausgezeichnet. In der Tat braucht man die Punkte $x^{(5)}, x^{(6)}$ überhaupt nicht, um P zu bestimmen, da in diesem Beispiel

$$\text{conv}\,\{x^{(1)}, x^{(2)}, x^{(3)}, x^{(4)}\} = \text{conv}\,\{x^{(1)}, \ldots, x^{(6)}\}.$$

Eine für diese Ecken $x^{(1)}, x^{(2)}, x^{(3)}, x^{(4)}$ typische Eigenschaft verwenden wir in

Definition 1.4 Sei P ein konvexes Polyeder. Ein Punkt $y \in P$ heißt Eckpunkt des Polyeders, wenn für jede Darstellung

$$y = \sum_{i=1}^{r} \lambda_i x^{(i)} \qquad \text{mit } x^{(i)} \in P,\ \lambda_i \geqslant 0 \text{ und } \sum_{i=1}^{r} \lambda_i = 1$$

gilt, daß $x^{(i)} = y$ für alle i mit $\lambda_i > 0$.

Anders ausgedrückt: Ein Eckpunkt eines konvexen Polyeders läßt sich nicht als konvexe Linearkombination (d. h. $\lambda_i \geqslant 0$, $\sum_{i=1}^{r} \lambda_i = 1$) anderer Punkte des Polyeders darstellen, oder einfacher, er liegt nicht zwischen zwei anderen Punkten des Polyeders.

Die für Fig. 1.5 bereits festgestellte Tatsache, daß allein die Ecken das Polyeder bestimmen, gilt allgemein.

Satz 1.5 Ein konvexes Polyeder ist die konvexe Hülle seiner Eckpunkte.

B e w e i s. Sei $A = \{x^{(1)}, \ldots, x^{(r)}\} \subset \mathbf{R}^n$ und $P = \text{conv}\, A$.

Wir können annehmen, daß $x^{(i)} \neq x^{(j)}$, falls $i \neq j$, da wir andernfalls Punkte aus A entfernen könnten, ohne P zu verändern.

Ferner können wir aus A sukzessive Punkte eliminieren, die sich als konvexe Linearkombination anderer Punkte von A darstellen lassen. Sei z. B.

$$x^{(1)} = \sum_{i=2}^{r} \lambda_i x^{(i)} \quad \text{mit } \lambda_i \geqslant 0,\ \sum_{i=2}^{r} \lambda_i = 1 \qquad \text{und} \qquad y \in P.$$

Dann hat y eine Darstellung

$$y = \sum_{i=1}^{r} \mu_i x^{(i)} \qquad \text{mit } \mu_i \geqslant 0,\ \sum_{i=1}^{r} \mu_i = 1$$

$$= \sum_{i=2}^{r} (\mu_1 \lambda_i + \mu_i)\, x^{(i)},$$

wobei $\mu_1 \lambda_i + \mu_i \geqslant 0$ und $\sum_{i=2}^{r} (\mu_1 \lambda_i + \mu_i) = 1.$

Folglich ist

$$\mathsf{P} = \text{conv}\,\{x^{(1)}, x^{(2)}, \ldots, x^{(r)}\} = \text{conv}\,\{x^{(2)}, \ldots, x^{(r)}\}.$$

Danach können wir voraussetzen, daß kein Punkt in A als konvexe Linearkombination der übrigen Punkte von A darstellbar ist, und wollen zeigen, daß unter dieser Voraussetzung alle Punkte von A Eckpunkte von P sind. Beispielsweise folgt dann nämlich aus

$$x^{(1)} = \sum_{j=1}^{s} \mu_j y^{(j)} \qquad \text{mit } y^{(j)} \in \mathsf{P},\ \mu_j \geqslant 0,\ \sum_{j=1}^{s} \mu_j = 1,$$

wobei $y^{(j)} = \sum_{i=1}^{r} \lambda_{ji} x^{(i)}$ mit $\lambda_{ji} \geqslant 0,\ \sum_{i=1}^{r} \lambda_{ji} = 1$ sei,

daß $x^{(1)} = \sum_{i=1}^{r} \sum_{j=1}^{s} \mu_j \lambda_{ji} x^{(i)}$, oder $\left(1 - \sum_{j=1}^{s} \mu_j \lambda_{j1}\right) x^{(1)} = \sum_{i=2}^{r} \sum_{j=1}^{s} \mu_j \lambda_{ji} x^{(i)}.$

Da $x^{(1)}$ nach Voraussetzung nicht als konvexe Linearkombination von $x^{(2)}, \ldots, x^{(r)}$ darstellbar ist, muß

$$\sum_{j=1}^{s} \mu_j \lambda_{j1} = 1$$

gelten, was offenbar nur möglich ist, wenn $\lambda_{j1} = 1$ für alle j mit $\mu_j > 0$, d. h. wenn $y^{(j)} = x^{(1)}$ für alle j mit $\mu_j > 0$.

Nach Definition 1.4 ist somit $x^{(1)}$ Eckpunkt von P. Da andererseits P keinen Eckpunkt haben kann, der nicht in A enthalten ist, ist der Satz bewiesen. ∎

Zur Beschreibung linearer Programme benötigen wir ferner endlich erzeugte konvexe Kegel.

Definition 1.5 $\mathsf{K} \subset \mathbf{R}^n$ heißt konvexer Kegel, wenn mit $x \in \mathsf{K}$ und $y \in \mathsf{K}$ auch $\lambda x + \mu y \in \mathsf{K}$ für alle $\lambda \geqslant 0$ und $\mu \geqslant 0$. Sind $x^{(1)}, \ldots, x^{(r)}$ endlich viele Punkte im $\mathbf{R}^n$, dann ist

$$\mathsf{K}_1 = \text{pos}\,\{x^{(1)}, \ldots, x^{(r)}\} = \{x \mid x = \sum_{i=1}^{r} \lambda_i x^{(i)},\ \lambda_i \geqslant 0\}$$

ein endlich erzeugter konvexer Kegel.

Offensichtlich ist ein konvexer Kegel gemäß Definition 1.1 eine konvexe Menge, die genau dann unbeschränkt ist, wenn sie nicht nur das Nullelement enthält. Sei wie bisher A eine $(m \times n)$-Matrix.

Satz 1.6 $K = \{y | y \in \mathbf{R}^n, y \geqslant 0, Ay = 0\}$ ist ein endlich erzeugter konvexer Kegel.

B e w e i s. Daß K ein konvexer Kegel ist, sieht man ohne weiteres ein. Wir haben also lediglich ein endliches Erzeugendensystem anzugeben.

Sei $E \subset K$ folgendermaßen definiert: E enthalte das Nullelement sowie alle Elemente $y \in K$ mit folgender Eigenschaft: Falls $y_i > 0$ für $i = i_1, i_2, \ldots, i_r$, dann hat die aus den entsprechenden Spalten von A gebildete Untermatrix $(A_{i_1}, A_{i_2}, \ldots, A_{i_r})$ den Rang $r - 1$, und $\|y\| = 1$.

Offenbar ist $E \neq \emptyset$, da $0 \in E$; und E ist endlich, da wegen der geforderten Rangbedingung jedes $y \in E$ mit $y \neq 0$ aus der eindimensionalen Lösungsmenge eines homogenen Gleichungssystems stammt und dann durch $\|y\| = 1$ eindeutig festgelegt wird, und da es nur endlich viele Teilmengen von Spalten aus A gibt.

Wir zeigen, daß $K \subset \text{pos } E$.

Sei $y \in K$. Falls $y = 0$, dann ist $y \in E \subset \text{pos } E$. Sei daher $y \neq 0$ und $y_i > 0$ für $i = i_1, \ldots, i_s$.

Hat $(A_{i_1}, \ldots, A_{i_s})$ den Rang $s - 1$, dann ist

$$y = \|y\| \cdot \frac{y}{\|y\|} \in \text{pos } E, \text{ da } \frac{y}{\|y\|} \in E.$$

Hat $(A_{i_1}, \ldots, A_{i_s})$ höchstens den Rang $s - 2$, dann gibt es ein $z \in E$, $z \neq 0$ mit $z_i = 0$ für alle $i \notin \{i_1, \ldots, i_s\}$. Dies sieht man folgendermaßen ein: Die Lösungsmenge des homogenen Gleichungssystems

$$\sum_{j=1}^{s} \xi_j A_{i_j} = 0$$

ist mindestens zweidimensional. Folglich existiert ein $w \in \mathbf{R}^n$ mit folgenden Eigenschaften:

$$w \neq 0, \quad \sum_{j=1}^{s} w_{i_j} A_{i_j} = 0, \qquad w_i = 0 \text{ für alle } i \notin \{i_1, \ldots, i_s\},$$

w ist linear unabhängig von y und w hat wenigstens eine negative Komponente. Sei

$$\delta_0 = \max \{\delta | y + \delta w \in K\}.$$

Offenbar existiert δ_0, da w mindestens eine negative Komponente hat und die Elemente von K nichtnegativ sind, und es gilt $\delta_0 > 0$.

Offenbar ist $y + \delta_0 w \neq 0$, da y und w linear unabhängig sind, und $y + \delta_0 w$ hat höchstens $s - 1$ positive Komponenten, deren zugehörige Indizes aus $\{i_1, \ldots, i_s\}$ sind. Entweder ist nun $\dfrac{y + \delta_0 w}{\|y + \delta_0 w\|} \in E$, oder wir wiederholen die obige Prozedur mit $y + \delta_0 w$ anstatt y.

Offenbar muß dieses Verfahren nach endlich vielen Schritten enden mit einem $z \in E$ mit den oben behaupteten Eigenschaften $z \neq 0$ und $z_i = 0$ für alle $i \notin \{i_1, \ldots, i_s\}$.

Mit $\delta_1 = \max \{\delta \mid y - \delta z \in K\} > 0$ bestimmen wir $y^{(1)} = y - \delta_1 z$.

Da $\frac{y}{\|y\|} \notin E$ nach Annahme, folgt $y^{(1)} \neq 0$, $y^{(1)} \in K$ und $y^{(1)}$ hat höchstens $s - 1$ positive Komponenten. Nur in diesen darf das jetzt zu wählende $z^{(1)} \in E$ ebenfalls positiv sein.

Mit $\delta_2 = \max \{\delta \mid y^{(1)} - \delta z^{(1)} \in K\} > 0$ berechnen wir $y^{(2)} = y^{(1)} - \delta_2 z^{(1)}$, usw.

Da in jedem Schritt mindestens eine zusätzliche Komponente verschwindet, endet diese Reduktion nach $\nu \leqslant s$ Schritten mit

$$y^{(\nu)} = y^{(\nu-1)} - \delta_\nu z^{(\nu-1)} = 0, \quad \text{wobei } \delta_\nu > 0 \text{ und } z^{(\nu-1)} \in E.$$

Folglich ist

$$\begin{aligned} y &= y^{(1)} + \delta_1 z \\ &= y^{(2)} + \delta_1 z + \delta_2 z^{(1)} \\ &\vdots \\ &= y^{(\nu-1)} + \delta_1 z + \delta_2 z^{(1)} + \ldots + \delta_{\nu-1} z^{(\nu-2)} \\ &= \delta_1 z + \delta_2 z^{(1)} + \ldots + \delta_{\nu-1} z^{(\nu-2)} + \delta_\nu z^{(\nu-1)}. \end{aligned}$$

Folglich ist $K \subset \text{pos } E$. ■

Sind M und N nichtleere Teilmengen des $\mathbf{R}^n$, dann verstehen wir unter deren *direkter Summe* die Menge

$$M + N = \{z \mid \exists x \in M, y \in N \text{ mit } x + y = z\}.$$

Nun sind wir in der Lage, den zulässigen Bereich eines LP geometrisch zu beschreiben.

Satz 1.7 Entweder ist der zulässige Bereich $B = \{x \mid Ax = b, x \geqslant 0\}$ leer, oder B ist die direkte Summe eines konvexen Polyeders und eines endlich erzeugten konvexen Kegels.

Beweis. Sei $x \in B$. Wir unterscheiden folgende Fälle:

Fall a) $b = 0$: Dann ist $B = K = \{x \mid Ax = 0, x \geqslant 0\}$ nach Satz 1.6 ein endlich erzeugter konvexer Kegel, zu dem wir uns das konvexe Polyeder $P = \{0\}$ addiert denken können.

Fall b) $b \neq 0$: Dann ist $x \neq 0$:

Fall b_1) Es gibt ein $y \in \mathbf{R}^n$ derart, daß $y \neq 0$, $y \in K = \{y \mid Ay = 0, y \geqslant 0\}$ und $y \leqslant x$. Mit $x^{(0)} = x$, $y^{(0)} = y$ und $\nu = 0$ sei

$$\delta_\nu = \max \{\delta \mid x^{(\nu)} - \delta y^{(\nu)} \geqslant 0\} > 0.$$

Dann ist $x^{(\nu+1)} = x^{(\nu)} - \delta_\nu y^{(\nu)} \in B$.

Wenn nun wieder ein $y^{(\nu+1)} \in K$ existiert mit $y^{(\nu+1)} \neq 0$ und $y^{(\nu+1)} \leqslant x^{(\nu+1)}$, dann ersetzen wir $\nu := \nu + 1$ und bestimmen wie oben δ_ν und $x^{(\nu+1)}$. Nach endlich vielen Schritten ist diese Reduktion nicht mehr fortsetzbar, da in $x^{(\nu+1)}$ mindestens eine Komponente mehr verschwindet als in $x^{(\nu)}$, und $x^{(\nu)} \in B$ für alle $\nu = 0, 1, \ldots$. Setzen wir $\tilde{x} = x^{(\nu+1)}$, wobei $x^{(\nu+1)}$ nicht mehr wie oben reduzierbar sei, dann ist

$$x = x^0 = x^1 + \delta_0 y^{(0)} = \ldots$$
$$= \tilde{x} + \delta_0 y^{(0)} + \ldots + \delta_\nu y^{(\nu)},$$

und mit $\tilde{y} = \delta_0 y^{(0)} + \ldots + \delta_\nu y^{(\nu)} \in K$

gilt $\quad x = \tilde{x} + \tilde{y}, \quad \tilde{x} \in B, \tilde{y} \in K.$

F a l l b_2) $\nexists y \in K$ mit $y \neq 0, y \leqslant x$. Dann setzen wir $\tilde{x} = x, \tilde{y} = 0 \in K$ und haben wiederum $x = \tilde{x} + \tilde{y}, \tilde{x} \in B, \tilde{y} \in K$.

Seien nun $\tilde{x}_i > 0, i = i_1, i_2, \ldots, i_r$, während alle übrigen Komponenten von $\tilde{x}$ verschwinden. Wenn die Spalten $A_{i_1}, A_{i_2}, \ldots, A_{i_r}$ linear abhängig sind, gibt es Koeffizienten α_{i_j} derart, daß

$$\sum_{j=1}^{r} \alpha_{i_j} A_{i_j} = 0, \qquad \sum_{j=1}^{r} |\alpha_{i_j}| > 0,$$

oder, anders formuliert, es gibt ein $z \in \mathbf{R}^n$ so, daß

$$Az = 0, \qquad z \neq 0, \; z_i = 0, \quad \forall i \notin \{i_1, \ldots, i_r\}$$

wobei nach der obigen Bestimmung von $\tilde{x}$ weder $z \geqslant 0$ noch $z \leqslant 0$ gelten kann. Folglich sind Zahlen $\delta_1 < 0$ und $\delta_2 > 0$ gemäß

$$\delta_1 = \min \{\delta | \tilde{x} + \delta z \geqslant 0\} \quad \text{und} \quad \delta_2 = \max \{\delta | \tilde{x} + \delta z \geqslant 0\}$$

eindeutig bestimmt und

$$\tilde{x}^{(i)} = \tilde{x} + \delta_i z \in B, \qquad i = 1, 2,$$

wobei in $\tilde{x}^{(i)}$ höchstens $r - 1$ Komponenten streng positiv sind.
Offenbar gilt

$$\tilde{x} = \alpha \tilde{x}^{(1)} + (1 - \alpha) \tilde{x}^{(2)} \quad \text{mit } \alpha = \frac{\delta_2}{\delta_2 - \delta_1}, \text{ d.h. } \; 0 < \alpha < 1.$$

Analog stellt man $\tilde{x}^{(i)}$ als konvexe Linearkombination von $\tilde{x}^{(2i+1)}$ und $\tilde{x}^{(2i+2)}$ dar, sofern die zu den nicht verschwindenden Komponenten von $\tilde{x}^{(i)}$ gehörenden Spalten von A linear abhängig sind. Kann man – offenbar nach endlich vielen Schritten – diese Zerlegung für keinen der noch nicht zerlegten Punkte $\tilde{x}^{(i)}$ mehr durchführen, dann ist ersichtlich $\tilde{x}$ als konvexe Linearkombination dieser unzerlegbaren Punkte darstellbar (s. Aufgabe 6). Ist A die Menge der Punkte in B, für die die deren nichtverschwindenden Komponenten zugehörigen Spalten von A linear unabhängig sind, dann ist A endlich und, wie wir eben sahen, nicht leer. Ferner ist danach $\tilde{x} \in P = \text{conv } A$. Da nun für jedes $x \in B$ gilt $x = \tilde{x} + \tilde{y}$ mit $\tilde{x} \in P$ und $\tilde{y} \in K$, haben wir die Behauptung $B = P + K$ bewiesen. ∎

Definition 1.6 $\hat{x} \in B = \{x|Ax = b, x \geqslant 0\}$ heißt eine zulässige Basislösung, wenn die zu den nichtverschwindenden Komponenten von $\hat{x}$ gehörenden Spalten von A linear unabhängig sind.
Das eben im Beweis von Satz 1.7 definierte Polyeder $P = \text{conv } A$ ist also die konvexe Hülle der zulässigen Basislösungen.

Satz 1.8 Sei A die Menge der zulässigen Basislösungen und $P = \text{conv } A$. Die Menge der Eckpunkte dieses Polyeders sei D. Dann ist $D = A$, d. h. jeder Eckpunkt ist zulässige Basislösung, und umgekehrt.

B e w e i s. $D \subset A$ folgt aus dem Beweis zu Satz 1.5. $A \subset D$ sieht man folgendermaßen ein:
Sei $\hat{x} \in A$, und sei $\{i|\hat{x}_i > 0\} = \{i_1, \ldots, i_r\}$. Dann sind die Spalten $A_{i_1}, \ldots, A_{i_r}$ linear unabhängig. Folglich ist $(\hat{x}_{i_1}, \ldots, \hat{x}_{i_r})$ die eindeutige Lösung von

$$\sum_{j=1}^{r} x_{i_j} A_{i_j} = b.$$

Wäre $\hat{x}$ kein Eckpunkt, dann gäbe es ein $y \in \text{conv } A$ und ein $z \in \text{conv } A$, $y \neq \hat{x}$, $z \neq \hat{x}$, so daß

$$\hat{x} = \lambda y + (1-\lambda) z, \quad 0 < \lambda < 1.$$

Da $Ay = b$, $y \geqslant 0$ und $Az = b$, $z \geqslant 0$, muß es ein $y_k > 0$ und ein $z_\ell > 0$ geben, wobei $k \notin \{i_1, \ldots, i_r\}$ und $\ell \notin \{i_1, \ldots, i_r\}$.
Das führt zu dem Widerspruch

$$\hat{x}_k > 0 \quad \text{und} \quad \hat{x}_\ell > 0 \quad \text{mit } k, \ell \notin \{i_1, \ldots, i_r\}.$$ ■

Nachdem wir auf Grund von Satz 1.7 den zulässigen Bereich genauer kennen, können wir unmittelbar etwas über die Lösbarkeit eines LP aussagen. Mit den Bezeichnungen von Satz 1.6 und 1.7 gilt

Satz 1.9 Das LP $\min_{B} c'x$ ist lösbar genau dann, wenn $B \neq \emptyset$ und $c'y \geqslant 0$ für alle $y \in K$. Ist das LP lösbar, dann nimmt die Zielfunktion das Minimum (auch) in einer zulässigen Basislösung an.

B e w e i s. Sei $B \neq \emptyset$, also $B = P + K$,

wobei $P = \text{conv } A$ und
$K = \text{pos } E$.
$A = \{\hat{x}^{(1)}, \ldots, \hat{x}^{(r)}\}$ ist die Menge der zulässigen Basislösungen von B.
$E = \{\hat{y}^{(1)}, \ldots, \hat{y}^{(s)}\}$ ist die Menge der Kegelerzeugenden von $K = \{y|Ay = 0, y \geqslant 0\}$.

$x \in B$ kann daher dargestellt werden als

$$x = \sum_{i=1}^{r} \lambda_i \hat{x}^{(i)} + \sum_{j=1}^{s} \mu_j \hat{y}^{(j)} \qquad \text{mit } \mu_j \geqslant 0,\ \lambda_i \geqslant 0,\ \sum_{i=1}^{r} \lambda_i = 1.$$

Folglich haben wir

$$c'x = \sum_{i=1}^{r} \lambda_i c'\hat{x}^{(i)} + \sum_{j=1}^{s} \mu_j c'\hat{y}^{(j)}, \qquad \mu_j \geqslant 0,\ \lambda_i \geqslant 0,\ \sum_{i=1}^{r} \lambda_i = 1.$$

Wäre ein $c'\hat{y}^{(j)} < 0$, so würde $c'x$ mit $\mu_j \to +\infty$ gegen $-\infty$ streben, d. h. das LP wäre unlösbar. Sei daher $c'\hat{y}^{(j)} \geqslant 0, j = 1, \ldots, s$. Dann gilt

$$c'x \geqslant \sum_{i=1}^{r} \lambda_i c'\hat{x}^{(i)} \geqslant \sum_{i=1}^{r} \lambda_i \left\{ \min_{1\leqslant k\leqslant r} [c'\hat{x}^{(k)}] \right\} = \min_{1\leqslant i\leqslant r} c'\hat{x}^{(i)}.$$

Da $x \in B$ beliebig war, ist mit dieser Ungleichung der Satz bewiesen. ■

Aufgaben

1. Sei A eine $(m \times n)$-Matrix und $x \in \mathbf{R}^n$. Zeige: $K = \{y | y = Ax, x \geqslant 0\}$ ist abgeschlossen.

H i n w e i s. Es existiert eine natürliche Zahl k derart, daß es zu jedem $y \in K, y \neq 0$ mindestens eine und höchstens k zulässige Basislösungen gibt (s. Beweis Satz 1.7). Für eine feste Auswahl linear unabhängiger Spalten $A_{i_1}, \ldots, A_{i_r}$ ist die Lösung von

$\sum_{j=1}^{r} x_{i_j} A_{i_j} = y$ stetig in y.

2. Verifiziere die Aussagen (1.4), (1.5) und (1.6) im Beweis von Satz 1.1.

H i n w e i s. Wenn (1.4) oder (1.5) nicht gelten würde, gäbe es ein $\lambda \geqslant 0, \lambda \neq 1$ so daß $y = \lambda\hat{y} \in K$ näher bei b liegt als $\hat{y}$.

Wäre (1.6) für ein $\tilde{y} \in K$ verletzt, gäbe es ein $\lambda \in (0, 1]$ so, daß $\hat{y} + \lambda(\tilde{y} - \hat{y}) \in K$ näher bei b liegt als $\hat{y}$.

3. Im $\mathbf{R}^2$ seien folgende Mengen gegeben:

$$M_1 = \{(x, y) | y = 3x, 0 \leqslant x \leqslant 1\}, \quad M_2 = \{(x, y) | y = 2x, 0 \leqslant x \leqslant 1\}.$$

Zeige: M_1 und M_2 sind konvex, aber $M_1 \cup M_2$ ist nicht konvex.

4. Sei $A = \{x^{(1)}, \ldots, x^{(r)}\} \subset \mathbf{R}^n$ und $r > n$. Zeige: Wenn $y \in \operatorname{conv} A$, dann gibt es eine Teilmenge $B \subset A$ mit höchstens $n + 1$ Punkten derart, daß $y \in \operatorname{conv} B$.

5. Zeige: Unter einer linearen Abbildung ist das Bild eines konvexen Polyeders ein konvexes Polyeder und das Bild eines (endlich erzeugten) konvexen Kegels ein (endlich erzeugter) konvexer Kegel.

6. Sei $M = \{x^{(\nu)} | \nu \in I\}$, wobei I aus nichtnegativen ganzen Zahlen besteht und $\{0, 1, 2\} \subset I$, eine endliche Menge paarweise verschiedener Punkte im $\mathbf{R}^n$, wobei $x^{(0)} = \alpha_0 x^{(1)} + (1 - \alpha_0)x^{(2)}$ mit $0 < \alpha_0 < 1$. $x^{(\nu)}$ heiße zerlegbar, wenn $x^{(\nu)} = \alpha_\nu x^{(2\nu+1)} + (1 - \alpha_\nu) x^{(2\nu+2)}$ mit $0 < \alpha_\nu < 1$. Zeige: $x^{(0)}$ ist als konvexe Linearkombination der nicht zerlegbaren Punkte in M darstellbar.

7. Zeige: a) Die Menge der Lösungen eines LP ist konvex.

b) Der zulässige Bereich eines LP ist konvex.

1.2.2 Dualität

Wie wir zu Beginn von Abschn. 1.2.1 sahen, läßt sich ein LP in seiner allgemeinsten Form wie folgt schreiben:

$$\begin{aligned} \min \quad & c'x + d'y \\ \text{bzgl.} \quad & Ax + By \geqslant a \\ & Cx + Dy = b \\ & x \geqslant 0. \end{aligned} \tag{1.10}$$

Hier sind a, b, c, d konstante Vektoren, A, B, C, D konstante Matrizen und x und y Vektoren mit variablen Komponenten derart, daß die Ausdrücke und Relationen in (1.10) sinnvoll sind. Diesem LP können wir schematisch ein anderes zuordnen:

$$\begin{aligned} \max \quad & a'u + b'v \\ \text{bzgl.} \quad & A'u + C'v \leqslant c \\ & B'u + D'v = d \\ & u \geqslant 0. \end{aligned} \tag{1.11}$$

Hier sind u und v Vektoren mit variablen Komponenten derart, daß die Ausdrücke in (1.11) sinnvoll sind.

Definition 1.7 Die Linearprogramme (1.10) und (1.11) heißen zueinander dual.

Im folgenden gehen wir stets davon aus, daß wie in (1.10) und (1.11) die eventuell auftretenden Ungleichungsrestriktionen in einem Minimierungsproblem als „⩾"-Beziehungen und in einem Maximierungsproblem als „⩽"-Relationen geschrieben werden. Dann können wir die oben definierte Zuordnung dualer Programme vereinfacht auch so umschreiben:

Einem gegebenen LP, das wir auch als Primalprogramm (PP) bezeichnen, wird ein Dualprogramm (DP) zugeordnet, so daß gilt:

1. Die Koeffizientenmatrix des DP ist die transponierte Koeffizientenmatrix des PP.
2. Die „rechte Seite" des DP (d. h. der Konstantenvektor in den Restriktionen) ist der Gradient der Zielfunktion des PP (d. h. der Vektor der Koeffizienten der Zielfunktion von PP).
3. Der Gradient der Zielfunktion des DP ist die rechte Seite von PP.
4. Jeder Ungleichungsrestriktion im PP entspricht eine vorzeichenbeschränkte Variable in DP, und jeder Gleichungsrestriktion im PP entspricht eine freie Variable im DP.
5. Jeder vorzeichenbeschränkten Variablen im PP entspricht eine Ungleichungsrestriktion im DP, und jeder freien Variablen im PP entspricht eine Gleichungsrestriktion im DP.
6. Ist das PP eine Minimierungs-(Maximierungs-) Aufgabe, dann ist das DP eine Maximierungs-(Minimierungs-) Aufgabe.

Man macht sich leicht klar, daß das zu einem gegebenen LP duale Programm unabhängig ist davon, welche der äquivalenten Darstellungen gewählt wurde. Bringen wir z.B. (1.10) in die Standardform (1.1), in dem wir ersetzen $y = y^+ - y^-$ mit $y^+ \geqslant 0$, $y^- \geqslant 0$ und den Vektor der Schlupfvariablen $z \geqslant 0$ einfügen, dann erhalten wir das zu (1.10) äquivalente LP

$$\begin{array}{ll} \min & c'x + d'y^+ - d'y^- + 0'z \\ & Ax + By^+ - By^- - z = a \\ \text{bzgl.} & Cx + Dy^+ - Dy^- = b \\ & x \geqslant 0, \quad y^+ \geqslant 0, \quad y^- \geqslant 0, \quad z \geqslant 0. \end{array} \tag{1.12}$$

Das hierzu duale Programm lautet nach den obigen Regeln:

$$\begin{array}{ll} \max & a'u + b'v \\ \text{bzgl.} & A'u + C'v \leqslant c \\ & B'u + D'v \leqslant d \\ & -B'u - D'v \leqslant -d \\ & -u \leqslant 0 \end{array} \tag{1.13}$$

Offensichtlich stimmt die Aufgabe (1.13) mit (1.11) überein. Aus den Problemstellungen (1.10) und (1.11) läßt sich sofort ablesen, daß die Zielfunktionswerte der Minimierungsaufgabe obere Schranken für die Zielfunktionswerte der dualen Maximierungsaufgabe sind, genauer:

Satz 1.10 Seien (x, y) zulässig in (1.10) und (u, v) zulässig in (1.11). Dann gilt

$$a'u + b'v \leqslant c'x + d'y.$$

B e w e i s. Aus der vorausgesetzten Zulässigkeit von (x, y) und (u, v) folgt

$$\begin{aligned} a'u + b'v &\leqslant u'Ax + u'By + v'Cx + v'Dy \\ &= x'(A'u + C'v) + y'(B'u + D'v) \\ &\leqslant c'x + d'y. \end{aligned}$$
■

Aus diesem Satz folgt bereits eine hinreichende Bedingung für die Lösbarkeit von zueinander dualen Linearprogrammen.

Satz 1.11 Wenn zwei zueinander duale Linearprogramme je mindestens eine zulässige Lösung haben, dann sind sie beide lösbar.

B e w e i s. Wir können uns wieder auf die Standardform (1.1) zurückziehen. Das primale Programm sei also

$$\begin{array}{ll} \min & c'x \\ \text{bzgl.} & Ax = b \\ & x \geqslant 0. \end{array} \tag{1.14}$$

Dann lautet das dazu duale Programm

$$\begin{aligned} &\max \quad b'u \\ &\text{bzgl.} \quad A'u \leqslant c. \end{aligned} \tag{1.15}$$

Sei $\tilde{u}$ zulässig in (1.15). Nach Voraussetzung ist $\mathsf{B} = \{x | Ax = b, x \geqslant 0\} \neq \emptyset$, und nach Satz 1.10 gilt

$$b'\tilde{u} \leqslant c'x \qquad \forall x \in \mathsf{B}.$$

Nach Satz 1.2 hat das LP (1.14) eine Lösung. Die Lösbarkeit des dualen Programmes (1.15) folgt analog. ■

Bevor wir uns weiter mit den Zusammenhängen zwischen zueinander dualen Programmen befassen, wollen wir die bis jetzt nur schematisch dargestellte Zuordnung dualer Programme an einem Beispiel erläutern.

Seien etwa aus drei verschiedenen Erzen drei verschiedene Metalle zu gewinnen. Der Metallgehalt der Erze, die Erzpreise sowie die nachgefragten Metallmengen mögen in geeigneten Einheiten der Tab. 1.4 entsprechen.

Tab. 1.4

Erze / Metalle	E_1	E_2	E_3	Metallnachfrage
M_1	0,3	0,6	0,1	4
M_2	0,2	0,1	0,3	3
M_3	0,1	0	0,4	2
Erzpreise	2	4	5	

Es liegt nun nahe, die benötigten Mengen x_i der Erze E_i, $i = 1, 2, 3$, so zu bestimmen, daß die Kosten für diese Erze minimal und gleichzeitig mindestens die nachgefragten Metallmengen gewonnen werden. Folglich haben wir das LP

$$\begin{aligned} z_0 = \min \quad & 2x_1 + 4x_2 + 5x_3 \\ \text{bzgl.} \quad & 0{,}3x_1 + 0{,}6x_2 + 0{,}1x_3 \geqslant 4 \\ & 0{,}2x_1 + 0{,}1x_2 + 0{,}3x_3 \geqslant 3 \\ & 0{,}1x_1 \qquad\quad\;\; + 0{,}4x_3 \geqslant 2 \\ & x_i \geqslant 0, \quad i = 1, 2, 3. \end{aligned} \tag{1.16}$$

Da das Erz E_2 doppelt soviel kostet wie E_1, aber nur vom Metall M_1 doppelt soviel enthält wie E_1, während an M_2 und M_3 weniger im Erz E_2 vorkommt als in E_1, wird das Erz E_2 in einer kostenminimalen Lösung sicher nicht verwendet; also ist im Optimum $x_2 = 0$.

Überprüft man die zulässigen Basislösungen, die $x_2 = 0$ erfüllen, so ist diejenige mit $x_1 = 140/11$, $x_3 = 20/11$ optimal, und die Kosten betragen $z_0 = 380/11$. Man rechnet nach, daß mit diesen Erzmengen genau die nachgefragten Mengen der Metalle M_1 und M_3 gewonnen werden, während vom Metall M_2 ein Überschuß von 1/11 Einheiten produziert wird (d. h. in dieser Basislösung sind x_1, x_3 und die zweite Schlupfvariable positiv).

Nun kann man versuchen, die Gesamtkosten $z_0 = 380/11$ auf die nachgefragten Mengen der drei Metalle zu verteilen, indem man die Nachfragemengen mit sogenannten Schattenpreisen $u_i \geqslant 0$, $i = 1, 2, 3$, gewichtet, d. h. man möchte die Gesamtkosten in der Form $4u_1 + 3u_2 + 2u_3$ wiedergeben. Dann erscheint es als vernünftig, daß man diese Schattenpreise so wählt, daß die so dargestellten Kosten für Metallmengenkombinationen, die sich gerade aus einem Erz allein gewinnen lassen, nicht höher ausfallen als die Beschaffungskosten für dieses Erz. Das führt aber zu den Restriktionen

$$\begin{aligned} 0{,}3u_1 + 0{,}2u_2 + 0{,}1u_3 &\leqslant 2 \\ 0{,}6u_1 + 0{,}1u_2 \qquad\quad &\leqslant 4 \\ 0{,}1u_1 + 0{,}3u_2 + 0{,}4u_3 &\leqslant 5 \\ u_i \geqslant 0, \quad i = 1, 2, 3. & \end{aligned} \tag{1.17}$$

Offenbar sind das die Restriktionen des zu (1.16) dualen Programmes. Nach Satz 1.10 gilt dann für zulässige Schattenpreise $4u_1 + 3u_2 + 2u_3 \leqslant z_0$, d. h. wenn wir die Gesamtkosten z_0 vollständig auf die nachgefragten Metalle verteilen wollen, müssen wir die Aufgabe

$$\begin{aligned} w_0 = \max \quad & 4u_1 + 3u_2 + 2u_3 \\ \text{bzgl.} \quad & (1.17), \end{aligned} \tag{1.18}$$

also das zu (1.16) duale Programm lösen und prüfen, ob der Zielfunktionswert der Lösung mit z_0 übereinstimmt. Überprüft man die zulässigen Basislösungen von (1.18), so stellt man fest, daß $u_1 = 30/11$, $u_2 = 0$, $u_3 = 130/11$ eine Lösung ist. Offenbar ist dann $w_0 = 380/11 = z_0$, d. h. die Gesamtkosten können mit diesen Schattenpreisen vollständig auf die nachgefragten Metalle verteilt werden. Dabei fällt auf, daß das im Überschuß produzierte Metall M_2 mit dem Schattenpreis $u_2 = 0$ bewertet wird.

Wenn wir den Zusammenhang zwischen zueinander dualen Linearprogrammen genauer kennen, werden wir auch noch eine andere, im allgemeinen einleuchtendere Interpretation der optimalen Dualvariablen geben können.

Betrachten wir wieder die zueinander dualen Programme (1.10) und (1.11) und bezeichnen (1.10) als Primalprogramm (PP) und (1.11) als Dualprogramm (DP). Dann gilt der für die lineare Programmierung zentrale Dualitätssatz.

Satz 1.12 Die Aussagen a) bis d) sind äquivalent:

a) Das PP hat eine Lösung.

b) Das DP hat eine Lösung.

c) Das PP und das DP haben je mindestens eine zulässige Lösung.

d) Das PP und das DP haben Lösungen, und die Optimalwerte der Zielfunktionen stimmen überein.

B e w e i s. Wir haben folgende Implikationen: d) ⇒ c) trivialerweise. c) ⇒ b) und c) ⇒ a) nach Satz 1.11. Wir müssen zeigen, daß auch a) ⇒ d) und b) ⇒ d) gelten. Das PP habe also eine Lösung $(\hat{x}, \hat{y})$ und sei

$$\hat{\gamma} = c'\hat{x} + d'\hat{y}.$$

Nach Satz 1.10 gilt dann für jede in (1.11) zulässige Lösung (u, v)

$$a'u + b'v \leqslant \hat{\gamma}.$$

Folglich haben wir zu zeigen, daß (1.11) mindestens eine zulässige Lösung (u, v) mit $a'u + b'v \geqslant \hat{\gamma}$ hat, daß also

$$\{(u, v) \mid A'u + C'v \leqslant c, B'u + D'v = d, u \geqslant 0, a'u + b'v \geqslant \hat{\gamma}\} \neq \emptyset$$

gilt. Fügen wir Schlupfvariable ein und ersetzen freie Variable durch Differenzen von vorzeichenbeschränkten Variablen, so haben wir nachzuweisen, daß das System

$$\begin{aligned} A'u + C'v^+ - C'v^- + w \quad &= c \\ B'u + D'v^+ - D'v^- \quad &= d \\ a'u + b'v^+ - b'v^- \quad - t &= \hat{\gamma} \\ u \geqslant 0, \quad v^+ \geqslant 0, \quad v^- \geqslant 0, \quad w \geqslant 0, \quad t &\geqslant 0 \end{aligned} \tag{1.19}$$

zulässige Lösungen besitzt. Nach dem Lemma von Farkas (Satz 1.1) ist das genau dann der Fall, wenn für alle (x, y, τ), die den Bedingungen

$$\begin{aligned} Ax + By + \tau \cdot a &\geqslant 0 \\ Cx + Dy + \tau \cdot b &= 0 \\ x \quad &\geqslant 0 \\ \tau \quad &\leqslant 0 \end{aligned} \tag{1.20}$$

genügen, auch

$$c'x + d'y + \hat{\gamma} \cdot \tau \geqslant 0 \tag{1.21}$$

gilt. Sei also (x, y, τ) zulässig in (1.20). Dann ist entweder $\tau = 0$, und folglich nach Satz 1.9 $c'x + d'y \geqslant 0$, oder es ist $\tau < 0$, und dann ist

$$(\tilde{x}, \tilde{y}) = \left(\frac{x}{-\tau}, \frac{y}{-\tau}\right)$$

zulässig in (1.10) und folglich $c'\tilde{x} + d'\tilde{y} \geqslant \hat{\gamma}$; d. h. jede in (1.20) zulässige Lösung (x, y, τ) genügt der Bedingung (1.21). Damit hat das DP eine zulässige Lösung mit dem Zielfunktionswert $\hat{\gamma}$. Die Implikation b) ⇒ d) zeigt man analog. ■

Daß es im obigen Beispiel möglich war, die minimalen Gesamtkosten mit Hilfe von Schattenpreisen auf die nachgefragten Metallmengen zu verteilen, ist also nach dem Dualitätssatz kein Zufall gewesen. In diesem Beispiel beobachten wir ein weiteres Phänomen, das für Lösungen zueinander dualer Programme allgemein gilt: Entweder wird von einem Metall Überschuß produziert (siehe M_2) und sein Schattenpreis verschwindet (siehe u_2), oder die Nachfragen werden genau erfüllt (siehe M_1, M_3), und die entsprechenden Schattenpreise (siehe u_1, u_3) können positiv sein; und umgekehrt gilt auch, daß entweder die primalen Variablen verschwinden (siehe x_2), oder die entsprechenden dualen Restriktionen *prall*, d. h. ohne Schlupf erfüllt sind. Bezogen auf die Programme (1.10) und (1.11) können wir diese Eigenschaft folgendermaßen formulieren:

$$\begin{aligned} u'(Ax + By - a) &= 0 \\ x'(c - A'u - C'v) &= 0 \end{aligned} \tag{1.22}$$

Nun gilt der sogenannte *Komplementaritätssatz*:

Satz 1.13 Seien (x, y) bzw. (u, v) zulässig in (1.10) bzw. (1.11). (x, y) und (u, v) sind Lösungen von (1.10) bzw. (1.11) genau dann, wenn sie den *Komplementaritätsbedingungen* (1.22) genügen.

Beweis. Die Differenz der Zielfunktionswerte von (1.10) und (1.11) beträgt für zulässige Lösungen (x, y) und (u, v)

$$\begin{aligned} \Delta z &= c'x + d'y - a'u - b'v \\ &= x'(c - A'u - C'v) + u'(Ax + By - a) \\ &\quad + y'(d - B'u - D'v) + v'(Cx + Dy - b) \\ &= x'(c - A'u - C'v) + u'(Ax + By - a). \end{aligned}$$

Gilt (1.22), dann ist $\Delta z = 0$, und nach Satz 1.10 sind (x, y) und (u, v) Lösungen von (1.10) und (1.11). Sind umgekehrt (x, y) und (u, v) Lösungen, dann gilt nach Satz 1.12 $\Delta z = 0$, woraus (1.22) folgt, da für zulässige (x, y) und (u, v)

$$x'(c - A'u - C'v) \geqslant 0 \qquad \text{und} \qquad u'(Ax + By - a) \geqslant 0$$

gelten muß. ■

Die Komplementaritätsbedingungen besagen also, daß jeweils mindestens eine vorzeichenbeschränkte Variable verschwindet oder die entsprechende duale Restriktion prall erfüllt ist. Daß auch beides zugleich eintreten kann, zeigt folgendes Beispiel:

$$\begin{aligned} \min \quad & x + y \\ \text{bzgl.} \quad & x + y \geqslant 1 \\ & 2x + y \geqslant \frac{3}{2} \\ & x \geqslant 0, \quad y \geqslant 0 \end{aligned} \tag{1.23}$$

hat die Lösungen $\{(x, y) \mid \frac{1}{2} \leqslant x \leqslant 1,\ x + y = 1\}$.

Das zu (1.23) duale Programm ist

$$\begin{aligned} &\max \quad u + \frac{3}{2}v \\ &\text{bzgl.} \quad u + 2v \leqslant 1 \\ &\phantom{\text{bzgl.}} \quad u + v \leqslant 1 \\ &\phantom{\text{bzgl.}} \quad u \geqslant 0, \quad v \geqslant 0, \end{aligned} \tag{1.24}$$

das die eindeutige Lösung ($u = 1$, $v = 0$) hat.

Wählen wir aus der Lösungsmenge von (1.23) die Ecklösungen ($x = 1/2$, $y = 1/2$) bzw. ($x = 1$, $y = 0$) aus, dann sind die Komplementaritätsbedingungen $v(2x + y - 3/2) = 0$ bzw. $y(1 - u - v)$ „doppelt" erfüllt, d. h. jeweils beide Faktoren verschwinden, während für die übrigen Lösungen von (1.23) jeweils nur ein Faktor verschwindet, d. h. die Komplementaritätsbedingungen nur „einfach" erfüllt sind.
Nun kann man aus praktischen Gründen gerade daran interessiert sein, die Komplementaritätsbedingungen „einfach" zu erfüllen. Denkt man etwa an das Diätproblem, so erscheint es im Interesse einer abwechslungsreichen Diät wünschenswert, möglichst viele verschiedene Faktoren (Nahrungsmittel) einzusetzen, es sei denn die Schattenpreise deuten an, daß gewisse Faktoren so teuer sind, daß sie einen kostenminimalen Diätplan verunmöglichen.
Wir zeigen im folgenden, daß es tatsächlich immer Lösungen zueinander dualer Programme gibt (sofern überhaupt Lösungen existieren), die die Komplementaritätsbedingungen „einfach" erfüllen.
Dazu genügt es, Programme der folgenden Form zu betrachten:

$$\text{(PP)} \quad \begin{aligned} &\min \quad c'x \\ &\text{bzgl.} \quad Ax \geqslant b \\ &\phantom{\text{bzgl.}} \quad x \geqslant 0 \end{aligned} \qquad\qquad \text{(DP)} \quad \begin{aligned} &\max \quad b'u \\ &\text{bzgl.} \quad A'u \leqslant c \\ &\phantom{\text{bzgl.}} \quad u \geqslant 0, \end{aligned} \tag{1.25}$$

da in den Komplementaritätsbedingungen nur die Ungleichungen eine Rolle spielen. Hier ist A eine $(m \times n)$-Matrix.

Satz 1.14 Sind die Programme (1.25) lösbar, dann gibt es auch Lösungen x_* und u_* derart, daß

$$Ax_* - b + u_* > 0; \qquad x_* + c - A'u_* > 0.$$

(Das „>" bezieht sich auf alle Komponenten.)

B e w e i s. Wir zeigen zunächst, daß es Lösungen x_* und u_* gibt, die

$$Ax_* - b + u_* > 0 \tag{1.26}$$

genügen.
Seien $x^{(0)}$, $u^{(0)}$ Lösungen von (PP) und (DP) mit $c'x^{(0)} = b'u^{(0)} = \gamma$.

Sei $A_{i\cdot}$ die i-te Zeile von A, $i = 1, \ldots, m$. Dann betrachten wir die Ungleichungssysteme

$$\begin{aligned} b_i - A_{i\cdot}x &< 0 \\ Ax &\geqslant b \\ c'x &\leqslant \gamma \\ x &\geqslant 0 \end{aligned} \tag{1.27}$$

und

$$\begin{aligned} u_i &> 0 \\ A'u &\leqslant c \\ b'u &\geqslant \gamma \\ u &\geqslant 0, \end{aligned} \tag{1.28}$$

von denen je mindestens eins eine zulässige Lösung hat.
Hat (1.27) eine zulässige Lösung $x^{(i)}$, so gilt

$$\begin{aligned} Ax^{(i)} &\geqslant b \\ x^{(i)} &\geqslant 0 \\ c'x^{(i)} &= \gamma \\ A_{i\cdot}x^{(i)} &> b_i\,. \end{aligned}$$

Mit $u^{(i)} = u^{(0)}$ gilt dann für die i-te Komponente

$$(Ax^{(i)} - b + u^{(i)})_i > 0. \tag{1.29}$$

Hat (1.27) für ein i keine zulässige Lösung, dann muß (1.28) eine zulässige Lösung $u^{(i)}$ haben. Wäre nämlich (1.28) nicht erfüllbar, dann wäre

$$\max\,\{u_i | A'u \leqslant c,\, b'u \geqslant \gamma,\ u \geqslant 0\} = 0$$

und nach dem Dualitätssatz daher ($e_{(i)}$ = i-ter Einheitsvektor)

$$\min\,\{c'x - \gamma \cdot t \,|\, Ax - t \cdot b \geqslant e_{(i)},\, x \geqslant 0,\ t \geqslant 0\} = 0.$$

Sei $(\hat{x}, \hat{t})$ Lösung dieses LP. Ist $\hat{t} = 0$, dann folgt

$$\begin{aligned} c'\hat{x} &= 0 \\ A\hat{x} &\geqslant e_{(i)} \\ \hat{x} &\geqslant 0. \end{aligned}$$

Dann ist offenbar $x^{(0)} + \hat{x}$ zulässig in (1.27), was der Annahme, (1.27) sei unverträglich, widerspricht.
Falls $\hat{t} > 0$, dann gilt

$$\begin{aligned} c'\hat{x} &= \gamma\hat{t} \\ A\hat{x} &\geqslant \hat{t}b + e_{(i)} \\ \hat{x} &\geqslant 0, \quad \hat{t} > 0. \end{aligned}$$

Für $\tilde{x} = \frac{\hat{x}}{\hat{t}}$ folgt daraus

$$c'\tilde{x} = \gamma$$

$$A\tilde{x} \geqslant b + \frac{1}{\hat{t}} \cdot e_{(i)}$$

$$\tilde{x} \geqslant 0,$$

d. h. $\tilde{x}$ ist zulässig in (1.27) im Widerspruch zu unserer Annahme.
Ist also $u^{(i)}$ zulässig in (1.28), so folgt mit $x^{(i)} = x^{(0)}$ für die i-te Komponente

$$(Ax^{(i)} - b + u^{(i)})_i > 0. \tag{1.30}$$

Da die Lösungsmengen von Linearprogrammen konvex sind, sind

$$x_* = \sum_{i=1}^{m} \frac{1}{m} x^{(i)} \quad \text{und} \quad u_* = \sum_{i=1}^{m} \frac{1}{m} u^{(i)}$$

Lösungen von (1.25), für die nach (1.29) und (1.30) dann gilt

$$Ax_* - b + u_* > 0.$$

Analog zeigt man, daß es auch Lösungen x_{**} und u_{**} von (1.25) gibt, für die

$$x_{**} + c - A'u_{**} > 0$$

erfüllt ist. Dann gelten offensichtlich für die Lösungen

$$\hat{x} = \frac{1}{2}x_* + \frac{1}{2}x_{**} \quad \text{und} \quad \hat{u} = \frac{1}{2}u_* + \frac{1}{2}u_{**}$$

die behaupteten Ungleichungen

$$A\hat{x} - b + \hat{u} > 0 \quad \text{und} \quad \hat{x} + c - A'\hat{u} > 0.$$ ■

Aufgaben

1. a) Zeige: Wenn der zulässige Bereich eines LP beschränkt und nicht leer ist, dann ist der zulässige Bereich des zugehörigen dualen Programms nicht leer.

b) Gib ein Beispiel eines LP mit beschränktem, nicht leerem zulässigem Bereich derart, daß der zulässige Bereich des dualen Programms unbeschränkt ist.

c) Zeige: Wenn der zulässige Bereich eines LP beschränkt und nicht leer ist, dann ist der zulässige Bereich des dualen Programms unbeschränkt.

Hinweis: $B = \{x | Ax = b, x \geqslant 0\} \neq \emptyset$ und beschränkt. Nach dem Dualitätssatz hat dann $A'u \leqslant d$ mit $d' = (-1, \ldots, -1)$ zulässige Lösungen. Daraus folgt die behauptete Unbeschränktheit.

2. Zeige: Aus $\inf\{c'x \mid Ax = b, x \geqslant 0\} = -\infty$ folgt $\{u \mid A'u \leqslant c\} = \emptyset$. Gib ein Beispiel dafür, daß die Umkehrung dieser Aussage falsch ist.

3. Zeige: Aus dem Dualitätssatz folgt das Lemma von Farkas.

H i n w e i s. Wenn aus $A'u \geqslant 0$ stets $b'u \geqslant 0$ folgt, dann ist $\min\{b'u \mid A'u \geqslant 0\} = 0$. Aus dem Dualitätssatz folgt dann $\{x \mid Ax = b, x \geqslant 0\} \neq \emptyset$.

1.3 Lösungsverfahren

1.3.1 Das Simplexverfahren

In diesem Unterabschnitt gehen wir von der folgenden Standardform eines LP aus:

$$\begin{aligned} \min \quad & c'x \\ \text{bzgl.} \quad & Ax = b \\ & x \geqslant 0. \end{aligned} \qquad (1.31)$$

Hier sind wie in (1.1) $c \in \mathbf{R}^n$, $b \in \mathbf{R}^m$ und die $(m \times n)$-Matrix A gegeben und $x \in \mathbf{R}^n$ gesucht.

Um Trivialitäten und unnütze Schreibarbeit zu vermeiden, machen wir folgende

V o r a u s s e t z u n g: Es gilt $m < n$, A hat den Rang $r(A) = m$, und das LP (1.31) hat eine zulässige Lösung.

Hätte A nicht den Rang m, so wäre das Gleichungssystem $Ax = b$ in (1.31) entweder unverträglich, oder man könnte eine oder mehrere Gleichungen weglassen, ohne den zulässigen Bereich zu verändern (r e d u n d a n t e R e s t r i k t i o n e n).

Wäre $r(A) = m$ und $m = n$, dann hätten wir in (1.31) lediglich die eindeutige Lösung eines linearen Gleichungssystems zu bestimmen.

Das Simplexverfahren, das als Lösungsverfahren für Linearprogramme wohl am weitesten verbreitet ist, beruht auf der in Satz 1.9 gezeigten Tatsache, daß ein lösbares LP auch stets eine zulässige Basislösung (Eckpunkt) als Lösung besitzt. Man beschränkt sich also von vornherein auf die Untersuchung zulässiger Basislösungen und versucht unter diesen eine optimale zu finden.

Unter der obigen Voraussetzung gibt es m-reihige Matrizen $B = (A_{i_1}, A_{i_2}, \ldots, A_{i_m})$, deren Spalten A_{i_ν} Spalten von A sind, mit folgender Eigenschaft: B ist nichtsingulär und $B^{-1}b \geqslant 0$. Jede derartige Untermatrix von A nennt man eine „zulässige Basis".

Diese Bezeichnung ist einleuchtend, wenn man folgendes beachtet:

Ist $\quad \tilde{x} = (x_{i_1}, x_{i_2}, \ldots, x_{i_m})' \quad$ und $\quad y = (x_{j_1}, \ldots, x_{j_{n-m}})'$,

wobei $\quad j_\nu \notin \{i_1, \ldots, i_m\}$ und $j_\nu \neq j_\mu$, falls $\nu \neq \mu$,

und ist $\quad D = (A_{j_1}, \ldots, A_{j_{n-m}})$

die Untermatrix von A, die aus allen nicht zu B gehörenden Spalten von A besteht, dann ist das Gleichungssystem

$$Ax = b$$

gleichbedeutend mit

$$B\tilde{x} + Dy = b, \qquad \text{was äquivalent ist mit}$$

$$\tilde{x} = B^{-1}b - B^{-1}Dy. \tag{1.32}$$

Setzt man nun $y = 0$, dann hat dieses System die eindeutige Lösung

$$\tilde{x} = B^{-1}b.$$

Offensichtlich entspricht also jeder zulässigen Basis eindeutig eine zulässige Basislösung, die bestimmt ist durch $y = 0$ und $\tilde{x} = B^{-1}b \geqslant 0$. Daß man umgekehrt auch zu jeder zulässigen Basislösung unter der obigen Voraussetzung eine zulässige Basis in A findet, kann man sich nun leicht klar machen.

Bezogen auf eine zulässige Basis $B = (A_{i_1}, \ldots, A_{i_m})$ nennt man die Komponenten von $\tilde{x} = (x_{i_1}, \ldots, x_{i_m})'$ die Basisvariablen und die Komponenten von $y = (y_{j_1}, \ldots, y_{j_{n-m}})'$ die Nichtbasisvariablen. In einer zulässigen Basislösung sind offenbar höchstens m Basisvariablen streng positiv, (die Nichtbasisvariablen verschwinden sowieso). Sind alle m Basisvariablen streng positiv, gilt also $B^{-1}b > 0$, so nennt man diese zulässige Basislösung nicht degeneriert.

Wir haben eben die Matrix A aufgespalten in einen Basisteil $B = (A_{i_1}, \ldots, A_{i_m})$ und einen Nichtbasisteil $D = (A_{j_1}, \ldots, A_{j_{n-m}})$. Entsprechend haben wir x zerlegt in den Vektor der Basisvariablen $\tilde{x}$ und den Vektor der Nichtbasisvariablen y. Zerlegen wir analog den Vektor c der Zielfunktionskoeffizienten in

$$\tilde{c} = (c_{i_1}, \ldots, c_{i_m})' \qquad \text{und} \qquad d = (c_{j_1}, \ldots, c_{j_{n-m}})',$$

dann haben wir für die Zielfunktion nach (1.32)

$$z = c'x = \tilde{c}'\tilde{x} + d'y = \tilde{c}'B^{-1}b + (d' - \tilde{c}'B^{-1}D)y. \tag{1.33}$$

Aus dieser Darstellung folgt die als Simplexkriterium bekannte Optimalitätsbedingung:

Satz 1.15 Sei B eine zulässige Basis in (1.31).
a) Gilt $(d' - \tilde{c}'B^{-1}D)' \geqslant 0$, dann ist die zugehörige Basislösung optimal.
b) Ist die zugehörige Basislösung optimal und nicht degeneriert, dann gilt $(d' - \tilde{c}'B^{-1}D)' \geqslant 0$.

Beweis. a) Nach (1.33) gilt, wenn $(d' - \tilde{c}'B^{-1}D)' \geqslant 0$, für alle in (1.31) zulässigen x

$$c'x = \tilde{c}'B^{-1}b + (d' - \tilde{c}'B^{-1}D)y \geqslant \tilde{c}'B^{-1}b,$$

da im zulässigen Bereich $y \geqslant 0$ gelten muß. Folglich ist die durch $y = 0$, $\tilde{x} = B^{-1}b$ bestimmte Basislösung mit dem Zielfunktionswert $\tilde{c}'B^{-1}b$ optimal.

b) Sei die zu B gehörende zulässige Basislösung optimal. Dann gilt

$$\tilde{c}'B^{-1}b \leqslant \tilde{c}'B^{-1}b + (d' - \tilde{c}'B^{-1}D)y \tag{1.34}$$

für alle zulässigen Lösungen, d. h. für alle $y \geq 0$ derart, daß $\tilde{x} = B^{-1}b - B^{-1}Dy \geq 0$. Da nach Voraussetzung $B^{-1}b > 0$ gilt, gibt es Zahlen $\lambda_i > 0$, $i = 1, \ldots, n-m$, derart, daß für $y = \lambda_i e_i$ noch $\tilde{x} \geq 0$ gilt, wobei e_i der i-te Einheitsvektor im $\mathbf{R}^{n-m}$ ist. Folglich muß wegen (1.34) $(d' - \tilde{c}'B^{-1}D)' \geq 0$ gelten. ■

Das Simplexkriterium ist also notwendig und hinreichend, sofern nur nicht degenerierte Basislösungen vorkommen. Wir setzen deshalb zunächst voraus, daß alle zulässigen Basislösungen von (1.31) nicht degeneriert sind. In Abschn. 1.3.3 werden wir dann sehen, wie wir degenerierte Basislösungen vermeiden können.

Im Simplexverfahren wird nun eine Folge zulässiger Basen erzeugt derart, daß der Zielfunktionswert sukzessive abnimmt. Das Verfahren kann wie folgt beschrieben werden:

Schritt 1. Bestimme eine erste zulässige Basis von (1.31)

$$_1B = ({}_1A_{i_1}, {}_1A_{i_2}, \ldots, {}_1A_{i_m}).$$

Sei $\quad {}_1D = ({}_1A_{j_1}, \ldots, {}_1A_{j_{n-m}}); \qquad j_\nu \notin \{i_1, \ldots, i_m\}$ und $j_\nu \neq j_\mu$, falls $\nu \neq \mu$.

Entsprechend sei

$${}_1\tilde{c} = ({}_1c_{i_1}, \ldots, {}_1c_{i_m})' \quad \text{und} \quad {}_1d = ({}_1c_{j_1}, \ldots, {}_1c_{j_{n-m}})'.$$

Schließlich sei $k = 1$.

Schritt 2. Falls $({}_kd' - {}_k\tilde{c}'{}_kB^{-1}{}_kD)' \geq 0$, gehe zu Schritt 4. Andernfalls bestimme einen Index ρ derart, daß die ρ-te Komponente $({}_kd' - {}_k\tilde{c}'{}_kB^{-1}{}_kD)'_\rho < 0$ erfüllt.

Schritt 3. Sei e_ρ der ρ-te Einheitsvektor im $\mathbf{R}^{n-m}$. Bestimme

$$\hat{\lambda} = \sup \{\lambda | {}_kB^{-1}b - \lambda \; {}_kB^{-1}{}_kDe_\rho \geq 0\}.$$

Falls $\hat{\lambda} = +\infty$, gehe zu Schritt 5. Falls $\hat{\lambda} < +\infty$, bestimme einen Index μ derart, daß die μ-te Komponente $({}_kB^{-1}b - \lambda \; {}_kB^{-1}{}_kDe_\rho)_\mu = 0$ erfüllt. Definiere

$${}_{k+1}B = ({}_kA_{i_1}, \ldots, {}_kA_{i_{\mu-1}}, {}_kA_{j_\rho}, {}_kA_{i_{\mu+1}}, \ldots, {}_kA_{i_m})$$

$${}_{k+1}D = ({}_kA_{j_1}, \ldots, {}_kA_{j_{\rho-1}}, {}_kA_{i_\mu}, {}_kA_{j_{\rho+1}}, \ldots, {}_kA_{j_{n-m}}),$$

$${}_{k+1}\tilde{c} = ({}_kc_{i_1}, \ldots, {}_kc_{i_{\mu-1}}, {}_kc_{j_\rho}, {}_kc_{i_{\mu+1}}, \ldots, {}_kc_{i_m})',$$

$${}_{k+1}d = ({}_kc_{j_1}, \ldots, {}_kc_{j_{\rho-1}}, {}_kc_{i_\mu}, {}_kc_{j_{\rho+1}}, \ldots, {}_kc_{j_{n-m}})';$$

d. h. vertausche die Spalten ${}_kA_{i_\mu}$ aus ${}_kB$ und ${}_kA_{j_\rho}$ aus ${}_kD$ miteinander und wechsle die entsprechenden Elemente von ${}_k\tilde{c}$ und ${}_kd$. Ersetze $k := k + 1$ und beginne wieder in Schritt 2.

Schritt 4. Stop; ${}_kB$ bestimmt eine optimale zulässige Basislösung.

Schritt 5. Stop; das LP hat keine Lösung, da die Zielfunktion nach unten unbeschränkt ist.

Folgende Eigenschaften dieses Verfahrens sind wesentlich:

Lemma 1.16 Wenn ${}_kB$ eine zulässige Basis von (1.31) ist, dann ist auch ${}_{k+1}B$ gemäß Schritt 3 eine zulässige Basis.

B e w e i s. Nach unserer generellen Voraussetzung, daß alle zulässigen Basislösungen von (1.31) nicht degeneriert sind, gilt

$$ {}_kB^{-1}\, b > 0. $$

Folglich ist in Schritt 3 $\hat\lambda > 0$ und, da wir unterstellen, daß in Schritt 3 ${}_{k+1}B$ definiert wird, $\hat\lambda < +\infty$. Aus $({}_kB^{-1}b - \hat\lambda\,{}_kB^{-1}\,{}_kDe_\rho)_\mu = 0$ (s. Schritt 3) folgt dann für die μ-te Komponente

$$ 0 < ({}_kB^{-1}\,{}_kD\,e_\rho)_\mu = ({}_kB^{-1}\,{}_kA_{j_\rho})_\mu. \qquad (1.35) $$

Danach muß

$$ {}_{k+1}B = ({}_kA_{i_1}, \ldots, {}_kA_{i_{\mu-1}}, {}_kA_{j_\rho}, {}_kA_{i_{\mu+1}}, \ldots, {}_kA_{i_m}) $$

nichtsingulär sein. Denn sonst würde ${}_kA_{j_\rho}$ wegen der linearen Unabhängigkeit von ${}_kA_{i_1}, \ldots, {}_kA_{i_{\mu-1}}, {}_kA_{i_{\mu+1}}, \ldots, {}_kA_{i_m}$ eine Darstellung

$$ \begin{aligned} {}_kA_{j_\rho} &= \sum_{\substack{\nu=1\\ \nu\neq\mu}}^{m} w_\nu\, {}_kA_{i_\nu} \\ &= \sum_{\nu=1}^{m} w_\nu\, {}_kA_{i_\nu} && \text{mit } w_\mu = 0 \\ &= {}_kBw && \text{mit } w \in \mathbf{R}^m,\ w_\mu = 0 \end{aligned} $$

haben. Wegen der Nichtsingularität von ${}_kB$ hat dieses Gleichungssystem aber die eindeutige Lösung

$$ w = {}_kB^{-1}\,{}_kA_{j_\rho}, $$

für die nach (1.35) $w_\mu > 0$ gilt.

Daß auch ${}_{k+1}B^{-1}b \geqslant 0$ gilt, folgt aus der Bestimmung von $\hat\lambda$ in Schritt 3. Folglich ist ${}_{k+1}B$ eine zulässige Basis. ∎

Lemma 1.17 Für die Zielfunktionswerte der durch das Verfahren bestimmten zulässigen Basislösungen gilt

$$ {}_{k+1}\tilde c'\,{}_{k+1}B^{-1}b < {}_k\tilde c'\,{}_kB^{-1}b, \qquad k = 1, 2, \ldots . $$

B e w e i s. Wenn in Schritt 2 das Simplexkriterium nicht erfüllt ist, bestimmt man dort ρ so, daß

$$ ({}_kd' - {}_k\tilde c'\,{}_kB^{-1}\,{}_kD)e_\rho < 0 $$

gilt. Unter Berücksichtigung von (1.33) prüft man leicht nach, daß

$$ {}_{k+1}\tilde c'\,{}_{k+1}B^{-1}b = {}_k\tilde c'\,{}_kB^{-1}b + \hat\lambda\,({}_kd' - {}_k\tilde c'\,{}_kB^{-1}\,{}_kD)e_\rho. $$

Da wegen der vorausgesetzten Nichtdegeneration $\hat{\lambda} > 0$ gilt, folgt hieraus die Behauptung. ■

Aus diesen Eigenschaften des Verfahrens ergibt sich

Satz 1.18 Das Simplexverfahren liefert unter der Voraussetzung der Nichtdegeneration nach endlich vielen Schritten eine optimale zulässige Basislösung oder die Information, daß die Zielfunktion über dem zulässigen Bereich nach unten unbeschränkt ist.

B e w e i s. Nach Lemma 1.16 treten nur zulässige Basen auf, deren zugehörige Zielfunktionswerte nach Lemma 1.17 streng monoton abnehmen. Folglich kann keine Basis im Laufe des Verfahrens zweimal vorkommen. Da ein LP nur endlich viele zulässige Basen hat, muß das Verfahren nach endlich vielen A u s t a u s c h - S c h r i t t e n (Schritt 3) enden. Endet es in Schritt 4, dann ist das Simplexkriterium erfüllt und die zugehörige Basislösung nach Satz 1.15 optimal. Gelangt man nach Schritt 5, dann ist (Schritt 2)

$$({}_k d' - {}_k\tilde{c}'\, {}_k B^{-1}\, {}_k D) e_\rho < 0$$

und (Schritt 3)

$${}_k B^{-1} b - \lambda\ \ {}_k B^{-1}\, {}_k D e_\rho \geqslant 0 \qquad \forall\, \lambda \geqslant 0.$$

Folglich kommen nach (1.33) im zulässigen Bereich die Zielfunktionswerte

$${}_k\tilde{c}'\, {}_k B^{-1} b + \lambda({}_k d' - {}_k\tilde{c}'\, {}_k B^{-1}\, {}_k D) e_\rho \qquad \forall\, \lambda \geqslant 0$$

vor, d. h., die Zielfunktion ist nach unten unbeschränkt. ■

Gelegentlich ist folgende Beobachtung nützlich:

Satz 1.19 Endet das Simplexverfahren in Schritt 5, dann ist danach eine der nichtverschwindenden Erzeugenden des Kegels $K = \{y | y \in \mathbf{R}^n,\ y \geqslant 0,\ Ay = 0\}$ bestimmt.

B e w e i s. Sei die letzte in Schritt 2 und Schritt 3 untersuchte zulässige Basis unter Verzicht auf den Laufindex k mit

$$B = (A_{i_1}, \ldots, A_{i_n})$$

bezeichnet. Da wir nach Schritt 5 gekommen sind, muß in Schritt 3 $\hat{\lambda} = +\infty$, d. h.

$$B^{-1} D e_\rho \leqslant 0$$

gewesen sein. Definieren wir y gemäß

$$y_K = \begin{cases} -\lambda(B^{-1} D e_\rho)_\nu, & \text{falls } K = i_\nu,\ \nu = 1, \ldots, m, \\ \lambda, & \text{falls } K = j_\rho \\ 0, & \text{sonst} \end{cases}$$

und bestimmen $\lambda > 0$, so daß $\|y\| = 1$, dann ist

$$y \in E \subset K,$$

wobei E das im Beweis von Satz 1.6 definierte Erzeugendensystem von K ist. ∎

1.3.2 Die einfache und die revidierte Simplexmethode

Ausgangspunkt des Simplexverfahrens (Schritt 1) ist eine zulässige Basis B. Damit ist also eine zulässige Basislösung und die Abhängigkeit der Zielfunktion und der Basisvariablen von den Nichtbasisvariablen gemäß (1.33) und (1.32) bekannt. Wir haben also ein lineares Gleichungssystem der Form

$$\xi_i = \alpha_{i0} - \sum_{j=1}^{n-m} \alpha_{ij}\eta_j\,; \qquad i = 0, 1, \ldots, m \tag{1.36}$$

vorliegen, wobei mit $\xi_0 = z$, $(\xi_1, \ldots, \xi_m)' = \tilde{x}$ und $(\eta_1, \ldots, \eta_{n-m})' = y$ der Vergleich mit (1.33) und (1.32) ergibt, daß

$$\begin{aligned} &\alpha_{00} = \tilde{c}'B^{-1}b, \\ &(\alpha_{01}, \ldots, \alpha_{0,n-m}) = -(d' - \tilde{c}'B^{-1}D), \\ &(\alpha_{10}, \ldots, \alpha_{m,0})' = B^{-1}b \\ \text{und}\quad &(\alpha_{ij}\,;\ 1 \leqslant i \leqslant m,\ 1 \leqslant j \leqslant n-m) = B^{-1}D \end{aligned}$$

sind. Da Zulässigkeit und Nichtdegeneration vorausgesetzt sind, folgt $\alpha_{i0} > 0$; $i = 1, \ldots, m$. Schematisch schreibt man (1.36) üblicherweise als

$$\begin{array}{c|c|cccccc|} & 1 & -\eta_1 & -\eta_2 & \cdots & -\eta_\rho & \cdots & -\eta_{n-m} \\ \hline \xi_0 & \alpha_{00} & \alpha_{01} & \alpha_{02} & \cdots & \alpha_{0\rho} & \cdots & \alpha_{0,n-m} \\ \hline \xi_1 & \alpha_{10} & \alpha_{11} & \alpha_{12} & \cdots & \alpha_{1\rho} & \cdots & \alpha_{1,n-m} \\ \xi_2 & \alpha_{20} & \alpha_{21} & \alpha_{22} & \cdots & \alpha_{2\rho} & \cdots & \alpha_{2,n-m} \\ \vdots & \vdots & \vdots & \vdots & & \vdots & & \vdots \\ \xi_\mu & \alpha_{\mu 0} & \alpha_{\mu 1} & \alpha_{\mu 2} & \cdots & \alpha_{\mu\rho} & \cdots & \alpha_{\mu,n-m} \\ \vdots & \vdots & \vdots & \vdots & & \vdots & & \vdots \\ \xi_m & \alpha_{m,0} & \alpha_{m,1} & \alpha_{m,2} & \cdots & \alpha_{m,\rho} & \cdots & \alpha_{m,n-m} \\ \hline \end{array} \tag{1.37}$$

Das sogenannte S i m p l e x t a b l e a u (1.37) ist gleichbedeutend mit dem Gleichungssystem (1.36).

In Schritt 2 prüft man nun, ob das Simplexkriterium erfüllt ist, d. h. ob $\alpha_{0j} \leqslant 0$, $j = 1, \ldots, n-m$, gilt. Ist das der Fall, dann ist die vorliegende zulässige Basislösung optimal. Andernfalls sei $\alpha_{0\rho} >$ für ein $\rho \in \{1, \ldots, n-m\}$. Gemäß Schritt 3 bestimmt man dann den maximalen Wert für η_ρ derart, daß $\xi_i \geqslant 0$, $i = 1, \ldots, m$ gewahrt bleibt. Dieser maximale Wert für η_ρ ist offenbar genau dann endlich, wenn nicht $\alpha_{i\rho} \leqslant 0$, $i = 1, \ldots, m$ gilt, und man erhält ihn als

$$\begin{aligned}\hat{\lambda} = \hat{\eta}_\rho &= \max \{\eta_\rho | \xi_i = \alpha_{i0} - \alpha_{i\rho}\eta_\rho \geqslant 0,\ i = 1, \ldots, m\} \\ &= \max \{\eta_\rho | \alpha_{i0} - \alpha_{i\rho}\eta_\rho \geqslant 0,\ i \in \{1, \ldots, m\} : \alpha_{i\rho} > 0\} \\ &= \min \{ \frac{\alpha_{i0}}{\alpha_{i\rho}} | i \in \{1 \ldots m\} : \alpha_{i\rho} > 0\} .\end{aligned} \tag{1.38}$$

Nehmen wir an, dieses Extremum werde für $i = \mu$ angenommen. Dann ist also $\alpha_{\mu\rho} > 0$. Nun wird gemäß Schritt 3 die μ-te Spalte der Basis B gegen die ρ-te Spalte der Matrix D ausgetauscht. Dem entspricht offenbar, daß in der nächsten Basislösung ξ_μ Nichtbasisvariable und η_ρ Basisvariable wird, d. h. daß man in (1.36) die μ-te Gleichung nach η_ρ auflöst und den resultierenden Ausdruck für η_ρ in die übrigen Gleichungen einsetzt, also

$$\begin{aligned}\eta_\rho &= \frac{\alpha_{\mu 0}}{\alpha_{\mu\rho}} - \sum_{\substack{j=1\\ j\neq\rho}}^{n-m} \frac{\alpha_{\mu j}}{\alpha_{\mu\rho}} \eta_j - \frac{1}{\alpha_{\mu\rho}} \xi_\mu \\ \xi_i &= \alpha_{i0} - \frac{\alpha_{i\rho}\alpha_{\mu 0}}{\alpha_{\mu\rho}} - \sum_{\substack{j=1\\ j\neq\rho}}^{n-m} \left(\alpha_{ij} - \frac{\alpha_{i\rho}\alpha_{\mu j}}{\alpha_{\mu\rho}}\right)\eta_j - \left(- \frac{\alpha_{i\rho}}{\alpha_{\mu\rho}}\right)\xi_\mu \\ &\qquad \forall\, i \in \{0, 1, \ldots, m\} - \{\mu\}.\end{aligned} \tag{1.39}$$

Damit erhält man für die neue Basislösung das Simplextableau (1.40)

	1	$-\eta_1$	$-\eta_2$	$\ldots$	$-\xi_\mu$	$\ldots$	$-\eta_{n-m}$
ξ_0	α^*_{00}	α^*_{01}	α^*_{02}	$\ldots$	$\alpha^*_{0\rho}$	$\ldots$	$\alpha^*_{0,n-m}$
ξ_1	α^*_{10}	α^*_{11}	α^*_{12}	$\ldots$	$\alpha^*_{1\rho}$	$\ldots$	$\alpha^*_{1,n-m}$
ξ_2	α^*_{20}	α^*_{21}	α^*_{22}	$\ldots$	$\alpha^*_{2\rho}$	$\ldots$	$\alpha^*_{2,n-m}$
$\vdots$	$\vdots$	$\vdots$	$\vdots$		$\vdots$		$\vdots$
η_ρ	$\alpha^*_{\mu 0}$	$\alpha^*_{\mu 1}$	$\alpha^*_{\mu 2}$	$\ldots$	$\alpha^*_{\mu\rho}$	$\ldots$	$\alpha^*_{\mu,n-m}$
$\vdots$	$\vdots$	$\vdots$	$\vdots$		$\vdots$		$\vdots$
ξ_m	α^*_{m0}	$\alpha^*_{m,1}$	$\alpha^*_{m,2}$	$\ldots$	$\alpha^*_{m\rho}$	$\ldots$	$\alpha^*_{m,n-m}$

, (1.40)

dessen Elemente sich gemäß (1.39) wie folgt berechnen:

$$\alpha_{ij}^* = \begin{cases} \dfrac{1}{\alpha_{\mu\rho}}, & \text{falls } i = \mu,\ j = \rho \\[2ex] \dfrac{\alpha_{\mu j}}{\alpha_{\mu\rho}}, & \text{falls } i = \mu,\ j \neq \rho \\[2ex] -\dfrac{\alpha_{i\rho}}{\alpha_{\mu\rho}}, & \text{falls } i \neq \mu,\ j = \rho \\[2ex] \alpha_{ij} - \dfrac{\alpha_{i\rho}\alpha_{\mu j}}{\alpha_{\mu\rho}}, & \text{falls } i \neq \mu,\ j \neq \rho. \end{cases} \tag{1.41}$$

Den Übergang vom Tableau (1.37) zum Tableau (1.40) unter Verwendung von (1.41) bezeichnet man als Austausch- oder Pivot-Schritt, in (1.37) heißen die ρ-te Spalte Pivotspalte, die μ-te Zeile Pivotzeile und $\alpha_{\mu\rho}$ das Pivotelement.

Zusammenfassend stellen sich also die Rechenvorschriften des Simplexverfahrens so dar:

Schritt 1. Bestimme eine zulässige Basislösung und das zugehörige Simplextableau (1.37).

Schritt 2. Falls $\alpha_{0j} \leqslant 0, j = 1, \ldots, n-m$, gehe zu Schritt 4. Andernfalls bestimme ein $\rho \in \{1, \ldots, n-m\}$ derart, daß $\alpha_{0\rho} > 0$.

Schritt 3. Falls $\alpha_{i\rho} \leqslant 0, i = 1, \ldots, m$, gehe zu Schritt 5. Andernfalls bestimme die zu eliminierende μ-te Basisvariable nach (1.38). Tausche die μ-te Basisvariable und die ρ-te Nichtbasisvariable aus und berechne das neue Simplextableau nach (1.41). Beginne wieder mit Schritt 2.

Schritt 4. Stop; das vorliegende Simplextableau ist optimal.

Schritt 5. Stop; die Zielfunktion ist nach unten unbeschränkt.

Diese sogenannte einfache Simplexmethode ist also ein mögliches Rechenschema für das in Abschn. 1.3.1 behandelte Simplexverfahren. Wesentlich ist hier, daß in jedem Zyklus das gesamte Simplextableau, d. h. $B^{-1}D$, $B^{-1}b$, $(d' - \tilde{c}'B^{-1}D)'$ und $\tilde{c}'B^{-1}b$ transformiert werden. Nun würde es aber offenbar schon genügen, daß man stets B^{-1}, $\tilde{c}'B^{-1}$, $B^{-1}b$ und $\tilde{c}'B^{-1}b$ zur Verfügung hat, da man damit alle Elemente des Simplextableaus sofort berechnen kann. Natürlich hat man sich dann zu merken, welche Variablen in welcher Reihenfolge Basis- bzw. Nichtbasisvariable sind. Beschränkt man sich bei der Durchführung des Simplexverfahrens auf die Transformation dieser Daten (d. h. B^{-1}, $\tilde{c}'B^{-1}$, $B^{-1}b$ und $\tilde{c}'B^{-1}b$), dann spricht man von der revidierten Simplexmethode. Bevor wir darauf näher eingehen, wollen wir die einfache

Simplexmethode noch auf ein Beispiel anwenden, das wir aus Abschnitt 1.1 schon kennen, nämlich

$$\begin{aligned} \max \quad & 45x_1 + 30x_2 \\ \text{bzgl.} \quad & 2x_1 + 10x_2 \leqslant 60 \\ & 6x_1 + 6x_2 \leqslant 60 \\ & 10x_1 + 5x_2 \leqslant 85 \\ & x_1 \geqslant 0, \quad x_2 \geqslant 0. \end{aligned} \tag{1.42}$$

Um auf unsere Standardform (1.31) zu kommen, fügen wir die Schlupfvariablen $x_3 \geqslant 0$, $x_4 \geqslant 0$ und $x_5 \geqslant 0$ ein und ersetzen die Maximierung in (1.42) durch die Minimierung der negativen Zielfunktion:

$$\begin{aligned} \min \quad & -45x_1 - 30x_2 \\ \text{bzgl.} \quad & 2x_1 + 10x_2 + x_3 = 60 \\ & 6x_1 + 6x_2 + x_4 = 60 \\ & 10x_1 + 5x_2 + x_5 = 85 \\ & x_i \geqslant 0, \quad i = 1, \dots, 5. \end{aligned} \tag{1.43}$$

Offenbar stimmt das Negative des Optimalwertes von (1.43) mit dem Optimalwert von (1.42) überein. Eine erste zulässige Basislösung läßt sich hier erraten: $x_3 = 60$, $x_4 = 60$, $x_5 = 85$, $x_1 = x_2 = 0$. Das zugehörige Simplextableau Tab. 1.5 läßt sich dann sofort aus (1.43) entnehmen, wenn x_0 der Zielfunktion entspricht:

Tab. 1.5

	1	$-x_1$	$-x_2$
x_0	0	45	30
x_3	60	2	10
x_4	60	6	6
x_5	85	$\boxed{10}$	5

Tab. 1.6

	1	$-x_5$	$-x_2$
x_0	–382,5	–4,5	7,5
x_3	43	$-\frac{1}{5}$	9
x_4	9	$-\frac{3}{5}$	$\boxed{3}$
x_1	8,5	$\frac{1}{10}$	$\frac{1}{2}$

Gemäß Schritt 2 können wir die erste Spalte als Pivotspalte wählen. Das eingerahmte Element 10 ist dann nach (1.38) Pivotelement und wir erhalten nach (1.41) Tab. 1.6.

Nun muß, da $\alpha_{02} = 7{,}5 > 0$, x_2 „in die Basis", und x_4 „verläßt die Basis" nach (1.38). Gemäß (1.41) lautet das nächste Tableau wie Tab. 1.7.

Tab. 1.7

		$-x_5$	$-x_4$
x_0	−405	− 3	−2,5
x_3	16	$\frac{8}{5}$	− 3
x_2	3	$-\frac{1}{5}$	$\frac{1}{3}$
x_1	7	$\frac{1}{5}$	$-\frac{1}{6}$

Dieses Tableau ist optimal ($\alpha_{01} = -3 < 0, \alpha_{02} = -2{,}5 < 0$) und liefert die Lösung, die wir in Abschn. 1.1 graphisch gefunden hatten.

Nun wollen wir die revidierte Simplexmethode behandeln. Es sei hier ausdrücklich darauf hingewiesen, daß es sich dabei immer noch um ein und dasselbe, in 1.3.1 eingeführte Simplexverfahren handelt, wobei hier gegenüber der einfachen Simplexmethode lediglich das Rechenschema geändert wird insofern, als man nicht ständig das gesamte Tableau transformiert, sondern nur die Größen B^{-1}, $\tilde{c}'B^{-1}$, $B^{-1}b$ und $\tilde{c}'B^{-1}b$. Sei also die m-reihige Matrix B wieder eine zulässige Basis. Wir betrachten dann die (m + 2)-reihige nichtsinguläre Matrix

$$\hat{B} = \begin{pmatrix} -1 & 0 & \underline{0}' \\ 0 & -1 & \tilde{c}' \\ b & \underline{0} & B \end{pmatrix} = \begin{pmatrix} -1 & 0 & 0 \\ 0 & -1 & \tilde{c}' \\ b & 0 & B \end{pmatrix} .$$

Hier bedeutet $\underline{0}$ den Nullvektor im $\mathbf{R}^m$ und $\underline{0}'$ den entsprechenden Zeilenvektor. Wir werden in Zukunft nur noch das Symbol 0 schreiben. Es sollte dann aus dem Zusammenhang klar sein, was jeweils gemeint ist. Die Inverse von $\hat{B}$ ist offenbar

$$\hat{B}^{-1} = \begin{pmatrix} -1 & 0 & 0 \\ \tilde{c}'B^{-1}b & -1 & \tilde{c}'B^{-1} \\ B^{-1}b & 0 & B^{-1} \end{pmatrix} .$$

Haben D und d die bisherige Bedeutung, dann ergibt sich für

$$\hat{D} = \begin{pmatrix} 1 & 0 \\ 0 & d' \\ 0 & D \end{pmatrix} ,$$

daß

$$\hat{B}^{-1}\hat{D} = \begin{pmatrix} -1 & 0 \\ \tilde{c}'B^{-1}b & -(d' - \tilde{c}'B^{-1}D) \\ B^{-1}b & B^{-1}D \end{pmatrix} , \tag{1.44}$$

d. h. wir erhalten im wesentlichen wieder das zugehörige Simplextableau durch Multiplikation der Matrizen $\hat{B}^{-1}$ und $\hat{D}$. Seien in Schritt 3 des Simplexverfahrens Pivotzeile μ und Pivotspalte ρ bestimmt. Die Pivotspalte ist dann, wie wir wissen, die ρ-te Spalte von

$$\begin{pmatrix} -(d' - \tilde{c}'B^{-1}D) \\ B^{-1}D \end{pmatrix} ,$$

die wir wieder mit $(\alpha_{0\rho}, \alpha_{1\rho}, \ldots, \alpha_{m\rho})'$ bezeichnen, und das Pivotelement ist dann wieder $\alpha_{\mu\rho}$. Wir müssen nun wissen, wie $\hat{B}^{-1}$ neu zu berechnen ist, d. h. wie wir ${}_{k+1}\hat{B}^{-1}$ aus ${}_k\hat{B}^{-1}$ und der Pivotspalte bestimmen können. Dazu definieren wir die nichtsinguläre Transformation

$${}_kT = \underbrace{\begin{pmatrix} 1 & 0 & 0 & \cdots & 0 & \cdots & 0 \\ 0 & 1 & 0 & & -\alpha_{0\rho}/\alpha_{\mu\rho} & & \\ 0 & 0 & 1 & & -\alpha_{1\rho}/\alpha_{\mu\rho} & & \\ & & & \ddots & \vdots & & \\ & & & 1 & & & \\ & & & & 1/\alpha_{\mu\rho} & & \\ & & & & \vdots & \ddots & \\ & & & & & 1 & \\ 0 & & & & -\alpha_{m\rho}/\alpha_{\mu\rho} & & 1 \end{pmatrix}}_{\mu+2}$$

d. h. ${}_kT$ unterscheidet sich von der $(m + 2)$-reihigen Einheitsmatrix nur in der $(\mu + 2)$-ten Spalte.

Wir zeigen nun, daß

$${}_{k+1}\hat{B}^{-1} = {}_kT\,{}_k\hat{B}^{-1} \tag{1.45}$$

gilt, indem wir nachrechnen, daß

$${}_kT\,{}_k\hat{B}^{-1}\,{}_{k+1}\hat{B} = E ,$$

wo E die $(m + 2)$-reihige Einheitsmatrix ist.

$${}_kT\,{}_k\hat{B}^{-1}\,{}_{k+1}\hat{B}^{-1} = {}_kT\,{}_k\hat{B}^{-1} \begin{pmatrix} -1 & 0 & 0 \\ 0 & -1 & {}_{k+1}\tilde{c}' \\ b & 0 & {}_{k+1}B \end{pmatrix}$$

$$= {}_kT \begin{pmatrix} 1 & 0 & 0 \\ 0 & 1 & -{}_{k+1}\tilde{c}' + {}_k\tilde{c}'\,{}_kB^{-1}\,{}_{k+1}B \\ 0 & 0 & {}_kB^{-1}\,{}_{k+1}B \end{pmatrix} .$$

Berücksichtigt man, daß sich ${}_kB$ und ${}_{k+1}B$ nur in der μ-ten Spalte unterscheiden (und ${}_{k+1}\tilde{c}$ und ${}_k\tilde{c}$ nur in der μ-ten Komponente), dann folgt

$$ {}_kT\,{}_k\hat{B}^{-1}\;{}_{k+1}\hat{B} = {}_kT \begin{pmatrix} 1 & 0 & 0 \\ 0 & 1 & \underbrace{(0, \ldots, 0, \alpha_{0\rho}, 0 \ldots 0)}_{\mu} \\ 0 & 0 & (e_1, \ldots, e_{\mu-1}, \alpha_{\bullet\rho}, e_{\mu+1}, \ldots, e_m) \end{pmatrix}, $$

wobei e_i wieder für den i-ten Einheitsvektor im $\mathbf{R}^m$ steht und $\alpha_{\bullet\rho} = (\alpha_{1\rho}, \ldots, \alpha_{m\rho})'$ ist. Daraus folgt sofort

$$ {}_kT\,{}_k\hat{B}^{-1}\;{}_{k+1}\hat{B} = E. $$

Danach liest sich die revidierte Simplexmethode wie folgt:

Schritt 1. Bestimme eine zulässige Basis und die zugehörige erweiterte Inverse $\hat{B}^{-1}$.

Schritt 2. Falls $(d' - \tilde{c}'B^{-1}D) \geqslant 0$, gehe zu Schritt 4. Andernfalls sei die ρ-te Komponente $(\rho \geqslant 1)$ $\alpha_{0\rho} = -(d' - \tilde{c}'B^{-1}D)_\rho > 0$.

Schritt 3. Bestimme die ρ-te Spalte von $B^{-1}D$, d. h. $(\alpha_{1\rho}, \alpha_{2\rho}, \ldots, \alpha_{m\rho})'$. Falls $\alpha_{i\rho} \leqslant 0$, $i = 1, \ldots, m$, gehe zu Schritt 5. Andernfalls bestimme die zu eliminierende μ-te Basisvariable nach (1.38). Tausche die μ-te Basisvariable gegen die ρ-te Nichtbasisvariable aus und berechne die neue erweiterte Inverse nach (1.45). Beginne wieder mit Schritt 2.

Schritt 4. Stop; die zugehörige Basislösung ist optimal.

Schritt 5. Stop; die Zielfunktion ist nach unten unbeschränkt.

Vergleicht man (1.45) mit (1.41), so stellt man fest, daß die neuen Elemente von $\hat{B}^{-1}$ im wesentlichen (d. h. mit Ausnahme der trivialen ersten Zeile) nach denselben Rechenregeln bestimmt werden wie die Elemente des Tableaus außerhalb der Pivotspalte. Rechentechnisch geht man häufig so vor, daß man nicht etwa die Matrix $\hat{B}^{-1}$ speichert, sondern die Folge der zu ihrer Ermittlung bisher aufgetretenen elementaren Transformationen ${}_kT$, die man durch ihre nichttrivialen (transformierten Pivot-)Spalten, d. h. durch Angabe eines $(m + 1)$-Vektors, und der jeweiligen Pivotzeile μ eindeutig repräsentiert. Für alle Berechnungen benutzt man die dann aus (1.45) folgende Beziehung

$$ {}_{k+1}\hat{B}^{-1} = {}_kT\;{}_{k-1}T \cdot \ldots \cdot {}_1T\;{}_1\hat{B}^{-1}, $$

wobei in der Regel ${}_1B$ die Einheitsmatrix ist.

Interessant an der revidierten Simplexmethode neben rechentechnischen Vorteilen ist auch die Tatsache, daß sie gleichzeitig mit der primalen auch eine duale Lösung liefert.

Satz 1.20 Sei B eine optimale zulässige Basis für (1.31). Dann ist $(\tilde{c}'B^{-1})'$ eine Lösung des zu (1.31) dualen Programmes.

Beweis. Das zu (1.31) duale LP lautet

$$\begin{array}{ll} \max & b'u \\ \text{bzgl.} & A'u \leqslant c. \end{array}$$

Die Restriktionen können wir auch schreiben als

$$B'u \leqslant \tilde{c}$$
$$D'u \leqslant d.$$

Wählen wir $\hat{u} = (\tilde{c}'B^{-1})'$, so ist

$$B'\hat{u} = \tilde{c}$$

und $$D'\hat{u} = (\tilde{c}'B^{-1}D)' \leqslant d$$

nach dem Simplexkriterium. Also ist $\hat{u}$ dual zulässig.
Der Zielfunktionswert beträgt

$$b'\hat{u} = \tilde{c}'B^{-1}b,$$

stimmt also mit dem Zielfunktionswert der durch B bestimmten primal zulässigen Basislösung überein.
Damit ist $\hat{u}$ Lösung des dualen LP (s. Satz 1.10). ■

Auf Grund dieses Satzes bezeichnet man auch den Zeilenvektor $\pi = \tilde{c}'B^{-1}$ als den Vektor der Schattenpreise. Folglich überprüft man mit dem Simplexkriterium, ob die einer primal zulässigen Basis zugeordneten Schattenpreise dual zulässig sind.
Die Komponenten von $\tilde{c}'B^{-1}D$ lassen sich praktisch interpretieren. Wenn z. B. (1.31) einem Produktionsproblem entspricht, in dem x für die Faktoren, b für die herzustellenden Produktmengen und c für die Faktorpreise stehen, dann gibt die ρ-te Komponente von $\tilde{c}'B^{-1}D$ an, wieviel es kostet, eine Einheit der ρ-ten Nichtbasisvariablen durch einen entsprechenden Einsatz von zur Basis gehörenden Faktoren bezüglich der produzierten Mengen äquivalent zu ersetzen. Deshalb nennt man die Komponenten von $\tilde{c}'B^{-1}D$ gelegentlich die äquivalenten Kosten. In dieser Interpretation wird das Simplexkriterium auch praktisch einleuchtend: Der Produktionsplan (zulässige Basislösung) ist optimal, wenn die äquivalenten Kosten aller nicht eingesetzten Faktoren (Nichtbasisvariablen) höchstens so hoch sind wie ihre Preise, wenn also der Einsatz dieser Faktoren keine echte Kostenminderung bringt.
Die Komponenten von $d' - \tilde{c}'B^{-1}D$ werden in diesem Zusammenhang auch reduzierte Kosten genannt. Sie geben offenbar an, wieviel es kostet, einen bisher nicht eingesetzten Faktor unter Erhaltung der Zulässigkeit mit einer Einheit einzusetzen.

1.3.3 Degeneration

Bisher haben wir vorausgesetzt, daß alle im Simplexverfahren auftretenden Basislösungen nicht degeneriert sind. Diese Voraussetzung wurde wesentlich ausgenutzt, um zu zeigen, daß die Zielfunktion in jedem Schritt streng monoton abnimmt, woraus im Satz 1.18 die Endlichkeit des Verfahrens folgte. In der Tat gibt es Beispiele dafür, daß beim Auftreten von Degeneration diese Eigenschaften verloren gehen. Man gerät dann in einen Zyklus von Austauschschritten, in dem nur degenerierte Basislösungen vorkommen, und aus dem man nicht mehr herauskommt.

Degeneration läßt sich vermeiden, wenn man an Stelle des ursprünglichen LP

$$\begin{aligned} \min \quad & c'x \\ \text{bzgl.} \quad & Ax = b \\ & x \geqslant 0 \end{aligned} \tag{1.46}$$

das in der rechten Seite gestörte LP

$$\begin{aligned} \min \quad & c'x \\ \text{bzgl.} \quad & Ax = b + A\underline{\epsilon} \\ & x \geqslant 0 \end{aligned} \tag{1.47}$$

behandelt, wobei $\underline{\epsilon} = (\epsilon, \epsilon^2, \ldots, \epsilon^n)'$ und $\epsilon > 0$ hinreichend klein gewählt wird. Daß das sinnvoll ist, zeigt der folgende Zusammenhang zwischen den beiden Problemen.

Satz 1.21 Das LP (1.46) ist lösbar genau dann, wenn das LP (1.47) für jedes $\epsilon > 0$ lösbar ist.

Es gibt ein $\epsilon_0 > 0$ derart, daß für alle ϵ mit $0 < \epsilon < \epsilon_0$ jede zulässige Basis von (1.47) eine nichtdegenerierte Basislösung bestimmt und auch zulässige Basis von (1.46) ist.

B e w e i s. a) Sei (1.46) lösbar.

Nach Satz 1.9 gilt dann

$$c'y \geqslant 0 \qquad \forall y \in \{y | A y = 0,\ y \geqslant 0\}. \tag{1.48}$$

Folglich kann die Zielfunktion von (1.47) nicht nach unten unbeschränkt sein. Wir haben also für die Lösbarkeit von (1.47) lediglich zu zeigen, daß der zulässige Bereich von (1.47) nicht leer ist für jedes $\epsilon > 0$.

Sei $\hat{x}$ zulässig in (1.46), also

$$A\hat{x} = b, \qquad \hat{x} \geqslant 0.$$

Dann ist für beliebiges $\epsilon > 0$

$$A(\hat{x} + \underline{\epsilon}) = b + A\underline{\epsilon}, \ \hat{x} + \underline{\epsilon} \geqslant 0,$$

d. h. $\quad \hat{x} + \underline{\epsilon}$ ist zulässig in (1.47).

b) Sei nun umgekehrt (1.47) lösbar für jedes $\epsilon > 0$. Wir betrachten die Menge aller Basen aus A, d. h. $\mathsf{B} = \{B \mid B$ ist nichtsinguläre $(m \times m)$-Untermatrix von $A\}$. Zu jeder dieser Basen bestimmen wir in (1.47) den Vektor der Basisvariablen

$$p(\epsilon; B) = B^{-1}b + B^{-1}A\underline{\epsilon}\,.$$

Ist $p(\epsilon; B) \geqslant 0$, dann ist B zulässig (bei diesem ϵ). Die Komponenten $p_i(\epsilon; B)$, $i = 1, \ldots, m$, von $p(\epsilon, B)$ sind für jedes $B \in \mathsf{B}$ Polynome in ϵ höchstens vom Grade n und mindestens vom Grade 1, da $B^{-1}A$ die Einheitsmatrix enthält. Nun sind für $B \in \mathsf{B}$ folgende Fälle möglich:

α) $p(0; B) > 0$; d. h. B definiert eine nichtdegenerierte zulässige Basislösung von (1.46). Da $p(\epsilon; B)$ stetig in ϵ ist, existiert ein $\epsilon_B > 0$ derart, daß $p(\epsilon; B) > 0$ für alle ϵ mit $0 < \epsilon < \epsilon_B$.
Dann gehöre B zu B_1.

β) $p(0; B) \ngeqslant 0$; d. h. es gibt mindestens eine Komponente $p_i(0; B) < 0$. Wegen der Stetigkeit in ϵ existiert ein $\epsilon_B > 0$ so, daß $p_i(\epsilon; B) < 0$, wenn $0 < \epsilon < \epsilon_B$, d. h. $p(\epsilon; B) \ngeqslant 0$ für alle ϵ mit $0 < \epsilon < \epsilon_B$.
Dann gehöre B zu B_2.

γ) $p(0; B) \geqslant 0$ und es gibt $r_B \geqslant 1$ Komponenten $p_{i_k}(0; B) = 0$, $k = 1, \ldots, r_B$.
Da – wie erwähnt – die Komponenten von $p(\epsilon; B)$ Polynome mindestens vom Grade 1 sind, gibt es ein $\epsilon_B > 0$ derart, daß $p_i(\epsilon; B) \neq 0$, $i = 1, \ldots, m$ für alle ϵ mit $0 < \epsilon < \epsilon_B$.
Falls $p(\epsilon; B) > 0$ in $0 < \epsilon < \epsilon_B$, gehöre B zu B_1, andernfalls zu B_2.
Damit ist $\mathsf{B} = \mathsf{B}_1 \cup \mathsf{B}_2$ und $\mathsf{B}_1 \cap \mathsf{B}_2 = \emptyset$. Setzen wir

$$\epsilon_0 = \min_{B \in \mathsf{B}} \epsilon_B,$$

dann gilt für $B \in \mathsf{B}_1$

$$p(\epsilon; B) > 0, \text{ falls } 0 < \epsilon < \epsilon_0,$$

d. h. $B \in \mathsf{B}_1$ bestimmt in (1.47) für $0 < \epsilon < \epsilon_0$ nichtdegenerierte zulässige Basislösungen.
Wegen der Stetigkeit in ϵ gilt insbesondere

$$p(0; B) \geqslant 0,$$

d. h. $B \in \mathsf{B}_1$ ist zulässige Basis von (1.46).
$B \in \mathsf{B}_2$ ist offensichtlich keine zulässige Basis von (1.47), solange $0 < \epsilon < \epsilon_0$.
Da nach Annahme (1.47) für jedes $\epsilon > 0$ lösbar war, muß für $0 < \epsilon < \epsilon_0$ mindestens eine der Basen $B \in \mathsf{B}_1$ das Simplexkriterium erfüllen, d. h. $\mathsf{B}_1 \neq \emptyset$. Eine solche Basis liefert dann auch die Lösung von (1.46), da das Simplexkriterium durch die Störung der rechten Seite in (1.47) gar nicht berührt wird. ■

Nimmt man also das gestörte LP (1.47) für hinreichend kleine positive ϵ, ist die Degeneration ausgeschaltet, und man findet schließlich eine optimale zulässige Basis auch für das ungestörte LP (1.46). Für die praktische Durchführung der Rechnungen ist es nützlich, folgendes zu beachten: Hat man eine nicht degenerierte zulässige Basislösung von (1.46), und ist die Auswahl der Pivotzeile nach (1.38) eindeutig, dann ist die nächste im

Simplexverfahren bestimmte Basislösung wieder nichtdegeneriert. Folglich braucht man sich in dieser Situation gar nicht um das gestörte Problem zu kümmern. Bestimmt hingegen B eine nicht degenerierte zulässige Basislösung von (1.46), läßt aber in (1.38) keine eindeutige Entscheidung über die Pivotzeile zu, dann gilt, wie wir im obigen Beweis (siehe Teil b) α)) gezeigt haben,

$$p(\epsilon; B) > 0 \qquad \text{für } 0 < \epsilon < \epsilon_0 ,$$

d. h. B definiert auch in (1.47) eine nichtdegenerierte zulässige Basislösung. Die Pivotzeile bestimmt man nun nach (1.38) aus

$$\min \left\{ \frac{p_i(\epsilon; B)}{\alpha_{i\rho}} \mid i \in \{1, \ldots, m\} : \alpha_{i\rho} > 0 \right\}.$$

Diese Entscheidung muß eindeutig sein, sonst wäre die nächste Basislösung von (1.47) degeneriert, was für $0 < \epsilon < \epsilon_0$ nicht sein kann. Für den Vergleich der Polynomwerte $p_i(\epsilon; B)/\alpha_{i\rho}$, wobei $\alpha_{i\rho} > 0$, genügt es für hinreichend kleine ϵ, die Koeffizienten der Potenzen von ϵ in aufsteigender Reihenfolge der Potenzen zu vergleichen, da bekanntlich für kleine ϵ der Wert eines Polynoms durch das Glied mit der niedrigsten Potenz im wesentlichen bestimmt wird. Ist also

$$p_i (\epsilon; B) = \sum_{j=0}^{n} \beta_{ij} \epsilon^j$$

und nach unserer Annahme

$$\min \{ \frac{\beta_{i0}}{\alpha_{i\rho}} \mid \alpha_{i\rho} > 0\}$$

nicht eindeutig bestimmt, dann sei

$$\min \{\frac{\beta_{i0}}{\alpha_{i\rho}} \mid \alpha_{i\rho} > 0\} = \frac{\beta_{i_K 0}}{\alpha_{i_K \rho}} \qquad \text{für } K = 1, \ldots, n_0$$

mit $n_0 \geqslant 2$.
Dann bilden wir

$$\min \{\frac{\beta_{i_K 1}}{\alpha_{i_K \rho}} \mid K = 1, \ldots, n_0\}.$$

Wird dieses Minimum wieder für mehrere Indices i_K angenommen, so bestimmen wir das Minimum der diesen Indices entsprechenden Quotienten $\beta_{i2}/\alpha_{i\rho}$, usw. Diese Prozedur endet, sobald ein Quotientenminimum eindeutig von einem $\beta_{i_0 j}/\alpha_{i_0 \rho}$ angenommen wird. Dann bezeichnet $\mu = i_0$ die Pivotzeile.
Mit dieser Zusatzregel zu (1.38) haben wir also immer eine eindeutige Auswahlvorschrift für die Pivotzeile.

Schließlich findet man nach der obigen Definition

$$p(\epsilon; B) = B^{-1} b + B^{-1} A \underline{\epsilon}$$

sofort die Koeffizienten β_{ij} von

$$p_i(\epsilon; B) = \sum_{j=0}^{n} \beta_{ij} \epsilon^j$$

im Simplextableau, das zu B gehört, und in der Einheitsmatrix, die in $B^{-1} A$ enthalten ist.

Das zu B gehörende Simplextableau sei Tab. 1.8.

Tab. 1.8.

	1	$-x_{j_1}$	$-x_{j_2}$	$\ldots -x_{j_{n-m}}$
	α_{00}	α_{01}	α_{02}	$\ldots \alpha_{0n-m}$
x_{k_1}	α_{10}	α_{11}	α_{12}	$\ldots \alpha_{1n-m}$
x_{k_2}	α_{20}	α_{21}	α_{22}	$\ldots \alpha_{2n-m}$
$\vdots$	$\vdots$	$\vdots$	$\vdots$	$\vdots$
x_{k_m}	α_{m0}	α_{m1}	α_{m2}	$\ldots \alpha_{m,n-m}$

Wie man leicht nachprüft, ist nämlich

$$\beta_{i0} = \alpha_{i0}, \quad i = 1, \ldots, m,$$

$$\beta_{ij} = \begin{cases} \alpha_{iK}, & \text{falls } j = j_K \\ 1, & \text{falls } j = k_i \\ 0, & \text{sonst.} \end{cases}$$

1.3.4 Bestimmung zulässiger Lösungen

Es sind verschiedene Vorschläge zur Bestimmung einer ersten zulässigen Lösung eines LP

$$\begin{aligned} &\min && c'x \\ &\text{bzgl.} && Ax = b \\ &&& x \geqslant 0 \end{aligned} \tag{1.49}$$

gemacht worden. Eine der einfachsten und verbreitetsten benutzt man wohl in der sog. Zweiphasenmethode. Ohne Einschränkung der Allgemeinheit können wir annehmen, daß in (1.49) $b \geqslant 0$ gilt. Nötigenfalls kann das stets durch Multiplikation einzelner Gleichungen mit (-1) erreicht werden. Dann führt man einen m-Vektor y von künstlichen Variablen ein und formuliert mit $e = (1, \ldots, 1)' \in \mathbf{R}^m$ das Hilfsprogramm

$$\begin{aligned} &\min && e'y \\ &\text{bzgl.} && Ax + y = b \\ &&& x \geqslant 0, \quad y \geqslant 0. \end{aligned} \tag{1.50}$$

Wegen $b \geqslant 0$ ist hier $(x = 0, y = b)$ eine sofort angebbare erste zulässige Basislösung. Daß man mit der Lösung von (1.50) eine zulässige Lösung von (1.49) erhält, zeigt

Satz 1.22 Das LP (1.49), hat genau dann eine zulässige Lösung, wenn der Optimalwert von (1.50) $e'\hat{y} = 0$ ist.

B e w e i s. Sei $\hat{x}$ zulässig in (1.49). Dann ist mit

$$\hat{y} = b - A\hat{x} = 0$$

$(\hat{x}, \hat{y})$ zulässig in (1.50) und $e'\hat{y} = 0$, was wegen $y \geqslant 0$ mit der unteren Schranke von $e'y$ übereinstimmt.

Sei umgekehrt $(\hat{x}, \hat{y})$ Lösung von (1.50) und $e'\hat{y} = 0$. Dann ist – da $\hat{y} \geqslant 0$ sein muß – $\hat{y} = 0$.

Folglich gilt

$$A\hat{x} = A\hat{x} + \hat{y} = b, \qquad \hat{x} \geqslant 0,$$

d. h. $\hat{x}$ ist zulässig in (1.49). ■

In Phase I löst man zunächst das LP (1.50). Das optimale Tableau sei – eventuell nach Umordnung –

	1	$-x_{j_1}$	$\ldots -x_{j_r}$	$-y_{j_{r+1}}$	$\ldots -y_{j_n}$
	α_{00}	α_{01}	$\ldots \alpha_{0r}$	α_{0r+1}	$\ldots \alpha_{0n}$
x_{i_1}	α_{10}	α_{11}	$\ldots \alpha_{1r}$	α_{1r+1}	$\ldots \alpha_{1n}$
$\vdots$	$\vdots$	$\vdots$	$\vdots$	$\vdots$	$\vdots$
$x_{i_{n-r}}$	$\alpha_{n-r,0}$	$\alpha_{n-r,1}$	$\ldots \alpha_{n-r,r}$	$\alpha_{n-r,r+1}$	$\ldots \alpha_{n-r,n}$
$y_{i_{n-r+1}}$	$\alpha_{n-r+1,0}$	$\alpha_{n-r+1,1}$	$\ldots \alpha_{n-r+1,r}$	$\alpha_{n-r+1,r+1}$	$\ldots \alpha_{n-r+1,n}$
$\vdots$	$\vdots$	$\vdots$	$\vdots$	$\vdots$	$\vdots$
y_{i_m}	$\alpha_{m,0}$	$\alpha_{m,1}$	$\ldots \alpha_{m,r}$	$\alpha_{m,r+1}$	$\ldots \alpha_{m,n}$

(1.51)

Falls $\alpha_{00} > 0$, hat (1.49) nach Satz 1.22 keine zulässige Lösung.

Ist $\alpha_{00} = 0$ und $r = n - m$, d. h. keine der künstlichen Variablen y_i ist Basisvariable, dann haben wir eine zulässige Basislösung von (1.49) mit m Basisvariablen x_i, d. h. A hat den vollen Zeilenrang m. Ist $\alpha_{00} = 0$ und $r > n - m$, dann sind noch die $m - n + r > 0$ künstlichen Variablen $y_{i_{n-r+1}}, \ldots, y_{i_m}$ in der Basis, wobei $\alpha_{n-r+1,0} = \ldots = \alpha_{m,0} = 0$, da $\alpha_{00} = 0$. Dann versucht man, durch weitere Pivotschritte diese künstlichen Basisvariablen y_{i_k} gegen eigentliche Nichtbasisvariable x_{j_ν} auszutauschen. Gibt es nämlich ein $\mu > n - r$ und ein ρ mit $1 \leqslant \rho \leqslant r$ derart, daß $\alpha_{\mu\rho} \neq 0$, dann kann man dieses $\alpha_{\mu\rho}$ als Pivotelement für einen Pivotschritt gemäß (1.41) benutzen. Daß man damit wieder eine zulässige Basislösung erhält, schließt man analog wie in Lemma 1.16 unter Verwendung der Tatsache, daß wegen $\alpha_{\mu 0} = 0$ alle α_{i0} bei dieser Transformation unverändert bleiben.

Auf gleiche Art versucht man weiter, künstliche Basisvariable gegen eigentliche Nichtbasisvariable auszutauschen. Nach höchstens $m - n + r$ Schritten erhält man entweder ein Tableau, in dem alle künstlichen Variablen Nichtbasisvariablen sind, d. h. $r = n - m$, und man hat eine zulässige degenerierte Basislösung von (1.49), und A hat den Rang m. Oder man hat ein Tableau der Art (1.51), in dem noch $r > n - m$ und $\alpha_{ij} = 0$ für $i \geqslant n - r + 1$ und $0 \leqslant j \leqslant r$.

Setzt man $\tilde{y} = (y_{i_{n-r+1}}, \ldots, y_{i_m})'$ und $y_N = (y_{j_{r+1}}, \ldots, y_{j_n})'$, so hat man also

$$\tilde{y} = G y_N \quad \text{mit} \quad G = -\begin{pmatrix} \alpha_{n-r+1,r+1} & \cdots & \alpha_{n-r+1,n} \\ \alpha_{m,r+1} & \cdots & \alpha_{m,n} \end{pmatrix}. \tag{1.52}$$

Ordnet man die Gleichungen in (1.50) entsprechend der Anordnung der Komponenten von $\tilde{y}$ und y_N um, so lautet das zu $A x + y = b$ äquivalente Gleichungssystem

$$\begin{aligned} \tilde{y} &= \tilde{b} - \tilde{A}\, x \\ y_N &= b_N - A_N x \end{aligned}$$

Berücksichtigt man (1.52), so folgt

$$\tilde{b} - \tilde{A}\, x = G(b_N - A_N x),$$

d. h. die Gleichungen $\tilde{A}\, x = \tilde{b}$ sind von den Gleichungen $A_N x = b_N$ linear abhängig und können daher in (1.49) weggelassen werden. Entsprechend streicht man die letzten $m - n + r$ Zeilen im Tableau (1.51) und erhält eine zulässige Basislösung von (1.49) entsprechend dem Rang von A. Schließlich streicht man die letzten $n - r$ Spalten in (1.51), denn die künstlichen Variablen können im zulässigen Bereich von (1.49) nicht mehr positiv werden.

Schließlich ersetzt man die erste Zeile des Tableaus entsprechend den in Abschn. 1.3.2 gegebenen Formeln

$$\alpha_{00} = \tilde{c}' B^{-1} b \qquad (\alpha_{01}, \ldots, \alpha_{0r}) = -(d' - \tilde{c}' B^{-1} D)$$

durch $\alpha_{00} = \sum_{k=1}^{n-r} \alpha_{k0} \cdot c_{i_k}$ und $\alpha_{0\nu} = -c_{j_\nu} + \sum_{k=1}^{n-r} \alpha_{k\nu} c_{i_k}$, wobei die in (1.49) gegebenen Komponenten von c verwendet werden. Damit hat man das der ersten zulässigen Basislösung von (1.49) entsprechende Simplextableau, und die Phase I ist beendet. In der Phase II wird dann das LP (1.49) gelöst.

1.3.5 Parametrische Programme

Bisher haben wir unterstellt, daß in

$$\begin{aligned} &\min \quad c'x \\ &\text{bzgl.} \quad Ax = b \\ &\qquad\quad x \geqslant 0 \end{aligned} \tag{1.53}$$

A, b und c konstant sind. Nimmt man an, daß einige oder alle Elemente in A, b, c Parameter sind, die in vorgegebenen Intervallen variieren können, dann spricht man von einem *parametrischen Programm*. Man interessiert sich dann für die Lösung oder den Optimalwert von (1.53) in Abhängigkeit von den Parameterwerten. Probleme dieser Art treten auf, wenn z. B. einzelne Daten unsicher oder ungenau sind. Man möchte dann wissen, wie stark die Lösung oder der Optimalwert auf Änderungen dieser Daten reagieren. In diesem Falle spricht man auch von *Sensitivitätsanalyse*.

In dieser Allgemeinheit kann man parametrische Programme allerdings rechnerisch nicht behandeln. Schwierigkeiten treten insbesondere dann auf, wenn Elemente von A variieren, da dann in den Basisinversen rationale Funktionen in den Parametern auftreten, die Pole haben können. Hingegen werden die Verhältnisse recht übersichtlich, wenn Parameter nur in der rechten Seite b oder nur im Zielfunktionsgradient c auftreten. Sei etwa b von Parametern abhängig, also

$$b = b(t) = b^{(0)} + b^{(1)}t_1 + \ldots + b^{(r)}t_r,$$

wobei $b^{(\nu)} \in \mathbf{R}^m$ konstant sind und die Parameter t_ν in den Intervallen $\alpha_\nu \leqslant t_\nu \leqslant \beta_\nu$ variieren können.

Verkürzt können wir das auch so schreiben:

$$b = b(t) = b^{(0)} + F\,t \tag{1.54}$$

$$\text{mit} \quad F = (b^{(1)}, \ldots, b^{(r)})$$

$$\text{und} \quad t \in T = \{t \in \mathbf{R}^r \mid \alpha_\nu \leqslant t_\nu \leqslant \beta_\nu,\ \nu = 1, \ldots, r\}.$$

Dann haben wir das parametrische Programm

$$\begin{aligned} &\min \quad c'x \\ &\text{bzgl.} \quad Ax = b^{(0)} + F\,t \\ &\qquad\quad x \geqslant 0, \quad t \in T. \end{aligned} \tag{1.55}$$

Wir wollen annehmen, daß (1.55) für alle $t \in T$ lösbar ist. In Definition 1.1 haben wir konvexe Mengen kennen gelernt. Damit können wir *konvexe Funktionen* definieren.

Definition 1.8 Sei $M \subset \mathbf{R}^n$ eine konvexe Menge. Eine Funktion $f: M \to \mathbf{R}^1$ heißt konvex, wenn für alle $x \in M$, $y \in M$ und $\lambda \in [0, 1]$ gilt:

$$f(\lambda x + (1-\lambda)y) \leqslant \lambda f(x) + (1-\lambda) f(y). \tag{1.56}$$

Die Funktion f heißt konkav, wenn $g = -f$ konvex ist.

Eine Funktion ist also konvex, wenn für je zwei Punkte ihres Definitionsbereiches die lineare Interpolation der Funktionswerte über die Verbindungsstrecke eine obere Schranke der Funktion ist. Das wird in Fig. 1.6 veranschaulicht.

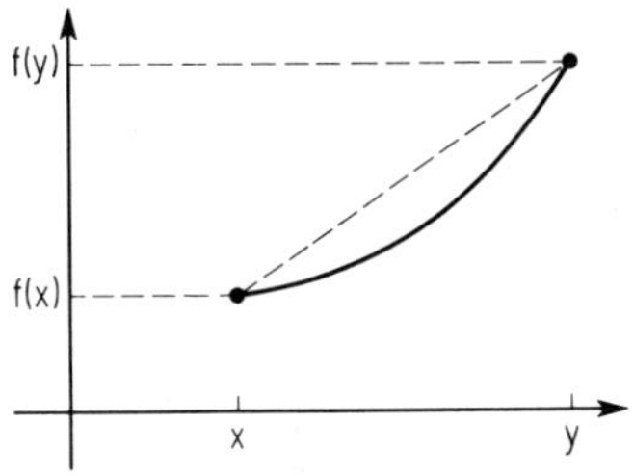

Fig. 1.6 Konvexe Funktion

Satz 1.23 Der Optimalwert $\gamma(t)$ von (1.55) ist eine konvexe stückweise lineare Funktion in t.

B e w e i s. Sei $t^{(i)} \in T$, $i = 1, 2$. Nach Annahme existieren $x^{(i)}$ derart, daß

$$c'x^{(i)} = \gamma(t^{(i)})$$
$$Ax^{(i)} = b^{(0)} + F\, t^{(i)}$$
$$x^{(i)} \geqslant 0$$

für $i = 1, 2$. Sei $\lambda \in [0, 1]$ und $\hat{t} = \lambda t^{(1)} + (1-\lambda)t^{(2)}$. Dann gilt für $\hat{x} = \lambda x^{(1)} + (1-\lambda)x^{(2)}$

$$A\hat{x} = b^{(0)} + F\,\hat{t}$$
$$\hat{x} \geqslant 0$$

und $\quad c'\hat{x} = \lambda\,\gamma(t^{(1)}) + (1-\lambda)\,\gamma(t^{(2)}),$

d. h. $\hat{x}$ ist zulässig in (1.55) für $\hat{t}$. Da die Zielfunktion in (1.55) minimiert wird, ist der Optimalwert für $\hat{t}$ sicher nicht größer als der Zielfunktionswert der zulässigen Lösung $\hat{x}$, also

$$\gamma(\hat{t}) \leqslant \lambda\,\gamma(t^{(1)}) + (1-\lambda)\,\gamma(t^{(2)}).$$

Folglich ist $\gamma(t)$ konvex in t.

Da (1.55) nach Annahme lösbar ist für alle $t \in T$, gibt es zu einem beliebigen $t \in T$ eine optimale zulässige Basis B aus A. Diese Basis ist zugleich optimal und zulässig für alle $t \in T$, die in

$$A_B = \{t \in T \mid B^{-1}(b^{(0)} + F\,t) \geqslant 0;\; d' - \tilde{c}'B^{-1}D \geqslant 0\}$$

liegen. Da hier das Simplexkriterium offenbar unabhängig von t ist, können wir uns auf die sog. Optimalbasen in A beschränken, also auf

$$\mathsf{B} = \{B \mid d' - \tilde{c}'B^{-1}D \geqslant 0\}.$$

Für $B \in \mathsf{B}$ haben wir dann

$$\begin{aligned} A_B &= \{t \in T \mid B^{-1}(b^{(0)} + Ft) \geqslant 0\} \\ &= T \cap \{t \mid B^{-1}Ft \geqslant -B^{-1}b^{(0)}\}. \end{aligned}$$

Diese sog. Entscheidungsbereiche in T sind also durch lineare Restriktionen definiert und damit nach Satz 1.7 konvexe Polyeder (da T beschränkt ist), sofern sie nicht leer sind.

Offenbar ist nun

$$\gamma(t) = \tilde{c}'B^{-1}(b^{(0)} + F\,t), \qquad \text{falls } t \in A_B,\ B \in \mathsf{B}.$$

Also ist $\gamma(t)$ auf einem Entscheidungsbereich linear in t und folglich stückweise linear auf T. ■

Besonders übersichtlich ist nun der Spezialfall, in dem in (1.55) nur ein Parameter vorkommt. T ist dann ein Intervall im $\mathbf{R}^1$ und die Entscheidungsbereiche sind Teilintervalle von T, deren Endpunkte als charakteristische Werte des Parameters bezeichnet werden. Mit Hilfe einer leichten Modifikation des Simplexverfahrens können wir den Optimalwert $\gamma(t)$ über T bestimmen. Sei $T = \{t \in \mathbf{R}^1 \mid \alpha \leqslant t \leqslant \beta\}$.
Für $t^{(0)} = \alpha$ lösen wir das LP mit der Simplexmethode, wobei wir, um $B^{-1}(b^{(0)} + b^{(1)}t) = B^{-1}b^{(0)} + B^{-1}b^{(1)}\,t$ zu erhalten, $b^{(0)}$ und $b^{(1)}$ transformieren. Wir erhalten so das optimale Tableau Tab. 1.9.

Tab. 1.9

	1	t	$-x_{j_1}$ ...	... $-x_{j_{n-m}}$
	α_{00}	β_{00}	α_{01} ...	... α_{0n-m}
x_{i_1}	α_{10}	β_{10}	α_{11} ...	... α_{1n-m}
⋮	⋮	⋮	⋮	⋮
x_{i_m}	α_{m0}	β_{m0}	α_{m1} ...	... $\alpha_{m,n-m}$

Hier ist $(\alpha_{10}, \ldots, \alpha_{m0})' = B^{-1}b^{(0)}, \quad (\beta_{10}, \ldots, \beta_{m0})' = B^{-1}b^{(1)}$,

und für $t^{(0)} = \alpha$ haben wir den Zielfunktionswert $\alpha_{00} + \beta_{00}t^{(0)}$. Da das Tableau optimal zulässig für $t^{(0)}$ ist, gilt $\alpha_{i0} + \beta_{i0}t^{(0)} > 0$, $i = 1, \ldots, m$, wenn wir Degeneration ausschließen, und $\alpha_{0j} \leqslant 0$, $j = 1, \ldots, n-m$.

Dieses Tableau ist offenbar auch optimal zulässig für alle $t \geqslant t^{(0)}$, für die $\alpha_{io} + \beta_{io} t \geqslant 0$, $i = 1, \ldots, m$ gilt, d. h. wir können t erhöhen bis

$$t^{(1)} = \min_{1 \leqslant i \leqslant m} \left\{ \frac{\alpha_{i0}}{|\beta_{i0}|} \mid \beta_{i0} < 0 \right\}.$$

Dieses Minimum werde für $i = \mu$ (Pivotzeile) angenommen, und es sei $t^{(1)} < \beta$ (wäre $t^{(1)} \geqslant \beta$, wäre der Optimalwert über T bestimmt als $\gamma(t) = \alpha_{00} + \beta_{00} t$).

So haben wir den ersten Entscheidungsbereich $\{t \mid t^{(0)} \leqslant t \leqslant t^{(1)}\}$ bestimmt. Nun müssen wir eine andere Optimalbasis finden, da für $t > t^{(1)}$ das obige Tableau unzulässig wird. Es muß in der Pivotzeile mindestens ein $j \geqslant 1$ mit $\alpha_{\mu j} < 0$ geben, denn sonst wäre

$$x_{i_\mu} = \alpha_{\mu 0} + \beta_{\mu 0} t - \sum_{\nu=1}^{n-m} \alpha_{\mu\nu} x_{j_\nu} < 0 \qquad \forall t > t^{(1)}, \forall x_{j_\nu} \geqslant 0,$$

d. h. für $t > t^{(1)}$ hätte unser Problem keine zulässige Lösung mehr im Widerspruch zur Annahme, das (1.55) lösbar ist für alle $t \in T$. Eines dieser negativen Elemente kommt als Pivotelement in Frage. Da durch den Austausch die Optimalitätsbedingung $\alpha_{0j} \leqslant 0$, $j = 1, \ldots, n - m$ nicht verletzt werden soll, muß man die Pivotspalte ρ, wie man auf Grund von (1.41) leicht nachrechnet, so auswählen, daß

$$\frac{\alpha_{0\rho}}{\alpha_{\mu\rho}} = \min_{1 \leqslant j \leqslant n-m} \left\{ \frac{\alpha_{0j}}{\alpha_{\mu j}} \mid \alpha_{\mu j} < 0 \right\}$$

gilt. Mit dem so gefundenen ρ führen wir den Pivotschritt nach den bekannten Rechenvorschriften aus und erhalten eine neue für $t = t^{(1)}$ optimale zulässige Basislösung. Nun erhöhen wir wieder t solange, als das zulässig möglich ist, also bis

$$t^{(2)} = \min_{1 \leqslant i \leqslant m} \left\{ \frac{\alpha_{i0}}{|\beta_{i0}|} \mid \beta_{i0} < 0 \right\}$$

Falls $t^{(2)} < \beta$, führen wir wieder einen Austauschschritt der eben beschriebenen Art durch; usw. Dieses Verfahren muß nach endlich vielen Schritten enden, da es nur endlich viele Optimalbasen gibt und eine Wiederholung derselben nicht möglich ist, da die Entscheidungsbereiche konvexe Polyeder, im $\mathbf{R}^1$ also zusammenhängende abgeschlossene Intervalle sind.

Führt man den Austausch in der eben beschriebenen Art durch, dann spricht man von einem d u a l e n P i v o t s c h r i t t. Der duale Pivotschritt geht also von einer unzulässigen (oder unzulässig werdenden) Basisvariablen aus (Wahl der Pivotzeile) und sucht die Pivotspalte so aus, daß die Optimalitätsbedingungen nicht verletzt werden.

Wir wollen zur Verdeutlichung ein Beispiel durchrechnen:

$$\begin{array}{ll} \min & 3x_1 + 5x_2 \\ \text{bzgl.} & 2x_1 + x_2 \geqslant 10 \\ & x_1 + x_2 \geqslant 8 \\ & x_1 + 2x_2 \geqslant 12 + t \\ & x_1 \geqslant 0, \quad x_2 \geqslant 0, \quad 0 \leqslant t \leqslant 10. \end{array}$$

Für $t = 0$ ist $(x_1 = 12, x_2 = y_3 = 0, y_1 = 14, y_2 = 4)$ eine zulässige Basislösung, wobei y_i, $i = 1, 2, 3$, die der i-ten Restriktion zugeordnete Schlupfvariable ist. Das zugehörige Tableau ist in Tab. 1.10 wiedergegeben.

Tab. 1.10

	1	t	$-x_2$	$-y_3$
	36	3	1	-3
x_1	12	1	2	-1
y_1	14	2	3	-2
y_2	4	1	$\boxed{1}$	-1

Für $t = 0$ bestimmen wir nach den Regeln des Simplexverfahrens das eingezeichnete Pivotelement und erhalten nach dem Austausch Tab. 1.11.

Tab. 1.11

	1	t	$-y_2$	$-y_3$
	32	2	-1	-2
x_1	4	-1	-2	1
y_1	2	-1	$\boxed{-3}$	1
x_2	4	1	1	-1

Dieses Tableau ist optimal und zulässig für $t^{(0)} = 0 \leqslant t \leqslant 2 = t^{(1)}$. Also ist der Optimalwert

$$\gamma(t) = 32 + 2\,t, \qquad \text{falls } 0 \leqslant t \leqslant 2\,.$$

Nach dem dualen Pivotschritt erhalten wir Tab. 1.12.

Tab. 1.12

	1	t	$-y_1$	$-y_3$
	$\frac{94}{3}$	$\frac{7}{3}$	$-\frac{1}{3}$	$-\frac{7}{3}$
x_1	$\frac{8}{3}$	$-\frac{1}{3}$	$\boxed{-\frac{2}{3}}$	$\frac{1}{3}$
y_2	$-\frac{2}{3}$	$\frac{1}{3}$	$-\frac{1}{3}$	$-\frac{1}{3}$
x_2	$\frac{14}{3}$	$\frac{2}{3}$	$\frac{1}{3}$	$-\frac{2}{3}$

Dieses Tableau ist zulässig für

$$t^{(1)} = 2 \leqslant t \leqslant 8 = t^{(2)}.$$

Folglich $\gamma(t) = \frac{94}{3} + \frac{7}{3}\,t$, falls $2 \leqslant t \leqslant 8$.

Der nächste duale Pivotschritt liefert Tab. 1.13.

Tab. 1.13

	1	t	$-x_1$	$-y_3$
	30	$\frac{15}{6}$		
y_1	−4	$\frac{1}{2}$		
y_2	−2	$\frac{1}{2}$		
x_2	6	$\frac{1}{2}$		

Da dieses Tableau für $t \geqslant 8$ offenbar stets zulässig ist, brauchen wir die übrigen Elemente nicht mehr auszurechnen. Wir haben also

$$\gamma(t) = 30 + \frac{15}{6}\,t, \qquad \text{falls } 8 \leqslant t \leqslant 10 = t^{(3)}.$$

Wir haben damit $\gamma(t)$ vollständig bestimmt. Die Steigung der stückweise linearen Funktion γ nimmt offenbar monoton zu, was gleichbedeutend mit Konvexität ist, wie wir später noch allgemein sehen werden. Dieses Beispiel ist von der speziellen Form

$$\begin{array}{ll} \min & c'x \\ \text{bzgl.} & Ax = b + e_i \cdot t \\ & x \geqslant 0, \quad \alpha \leqslant t \leqslant \beta, \end{array}$$

wo $e_i \in \mathbf{R}^m$ der i-te Einheitsvektor ist, d. h. man variiert lediglich die i-te Komponente von b. Interpretieren wir dieses LP als Produktionsproblem, in dem b für die Produkte und c für die Faktorpreise stehen, dann variieren wir also die produzierte Menge des i-ten Produktes. Zwischen zwei charakteristischen Werten $t^{(\nu)} \leqslant t \leqslant t^{(\nu+1)}$ sind die Minimalkosten von der Form

$$\gamma(t) = \delta + \epsilon \cdot t.$$

Wird also nur die produzierte Menge des i-ten Produktes variiert im Intervall $[b_i + t^{(\nu)}, b_i + t^{(\nu+1)}]$, dann gibt ϵ die Grenzkosten dieses Produktes an. Da (siehe Satz 1.23) mit der optimalen zulässigen Basis B

$$\begin{aligned}\epsilon \cdot t &= \tilde{c}' B^{-1} F t \\ &= \tilde{c}' B^{-1} e_i t\end{aligned}$$

und $(\tilde{c}' B^{-1})'$, wie wir wissen, Optimallösung des dualen Programmes ist, haben wir noch eine andere Interpretationsmöglichkeit der optimalen Dualvariablen: In der Optimallösung $\hat{u}$ des zu einem Produktionsprogramm dualen Programmes stimmt $\hat{u}_i$ mit den Grenzkosten des i-ten Produktes überein. Das stimmt selbstverständlich nur im Innern der Entscheidungsintervalle, da in den charakteristischen Werten im allgemeinen Knickstellen von $\gamma(t)$ auftreten. Wegen des erwähnten Zusammenhanges zwischen Konvexität und zunehmender Steigung von $\gamma(t)$ ergeben sich dann auch zunehmende Grenzkosten. Steht das LP für Erlösmaximierung bei Kapazitätsrestriktionen, so ergibt sich analog die Interpretation der optimalen Dualvariablen als Grenzerlöse der als Kapazitätsschranken auftretenden Produktionsmittel. Dann folgen auch abnehmende Grenzerlöse, da der Optimalwert dann eine konkave Funktion der Parameter ist.

1.3.6 Dekomposition

Das sogenannte Dekompositionsprinzip kann man dann anwenden, wenn die Koeffizientenmatrix eines LP eine spezielle Struktur aufweist. Sei etwa das folgende LP gegeben:

$$\begin{aligned} &\min \sum_{i=1}^{m} c_i' x_i \\ &\text{bzgl.} \quad \sum_{i=1}^{m} A_i x_i = b \\ &\qquad B_i x_i = b_i \qquad i = 1, \ldots, m \\ &\qquad\quad x_i \geqslant 0 \qquad i = 1, \ldots, m \end{aligned} \tag{1.57}$$

Hier seien nun $c_i \in \mathbf{R}^{n_i}$, $i = 1, \ldots, m$, $b \in \mathbf{R}^{m_0}$, $b_i \in \mathbf{R}^{m_i}$, $i = 1, \ldots, m$, die A_i seien $(m_0 \times n_i)$-Matrizen, und die B_i seien $(m_i \times n_i)$-Matrizen, $i = 1, \ldots, m$. Natürlich ist dann $x_i \in \mathbf{R}^{n_i}$, $i = 1, \ldots, m$, zu wählen. Schematisch ist also die gesamte Koeffizientenmatrix von (1.57) von der Gestalt der Fig. 1.7, d. h., man hat ein möglicherweise

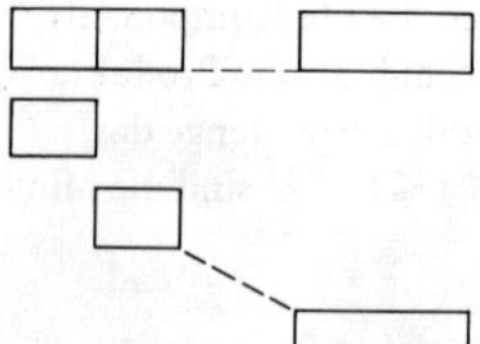

Fig. 1.7

alle Variablen umfassendes Band von Restriktionen und anschließend endlich viele Blöcke von Nebenbedingungen, die – bezüglich der in ihnen vorkommenden Variablen – disjunkt sind. Derartige Strukturen können in den Anwendungen z. B. dann auftreten, wenn die Produktion eines Konzerns in verschiedenen Zweigwerken stattfindet.

Theoretisch kann man auf (1.57) natürlich das Simplexverfahren anwenden. Praktisch kann das aber an der Größenordnung des Problems scheitern. Unterstellen wir beispielhaft, daß die Gesamtproduktion eines Konzerns $m_0 = 500$ gemeinsamen Restriktionen unterliegt, daß es im Konzern 50 Zweigwerke gibt, deren Produktion je an $m_i = 300$ Nebenbedingungen gebunden ist, $i = 1, \ldots, 50$, dann haben wir insgesamt $\sum_{i=0}^{m} m_i = 15\,500$ Restriktionen. Diese Größenordnung wurde in praktischen Anwendungen nicht nur erreicht, sondern auch schon mehrfach überschritten. Speichergröße und Speicherorganisation der heute verfügbaren Rechenanlagen legen deshalb den Versuch nahe, die spezielle Struktur von (1.57) im Verfahren auszunutzen. Dazu nehmen wir an, (1.57) sei lösbar. Dann sind auch die Mengen

$$\mathsf{B}_i = \{x_i \in \mathbf{R}^{n_i} \mid B_i x_i = b_i,\ x_i \geqslant 0\} \neq \emptyset, \qquad i = 1, \ldots, m.$$

Nach Satz 1.7 gilt

$$\mathsf{B}_i = \mathsf{P}_i + \mathsf{K}_i, \qquad i = 1, \ldots, m,$$

d. h. B_i ist die direkte Summe eines konvexen Polyeders $\mathsf{P}_i \subset \mathbf{R}^{n_i}$ und eines endlich erzeugten konvexen Kegels $\mathsf{K}_i \subset \mathbf{R}^{n_i}$.

Seien x_{ij}, $j = 1, \ldots, r_i$, die Eckpunkte von P_i und y_{ik}, $k = 1, \ldots, s_i$, die Erzeugenden von K_i. Dann gilt $x_i \in \mathsf{B}_i$ genau dann, wenn es eine Darstellung

$$x_i = \sum_{j=1}^{r_i} \lambda_{ij} x_{ij} + \sum_{k=1}^{s_i} \mu_{ik} y_{ik}$$

gibt mit $\lambda_{ij} \geqslant 0$, $\mu_{ik} \geqslant 0$ und $\sum_{j=1}^{r_i} \lambda_{ij} = 1$.

Folglich können wir (1.57) mit den neuen Variablen λ_{ij}, μ_{ik} äquivalent umschreiben in

$$\begin{aligned}
&\min \sum_{i=1}^{m} c_i' \left(\sum_{j=1}^{r_i} \lambda_{ij} x_{ij} + \sum_{k=1}^{s_i} \mu_{ik} y_{ik} \right) \\
&\text{bzgl.} \quad \sum_{i=1}^{m} A_i \left(\sum_{j=1}^{r_i} \lambda_{ij} x_{ij} + \sum_{k=1}^{s_i} \mu_{ik} y_{ik} \right) = b \\
&\qquad \sum_{j=1}^{r_i} \lambda_{ij} = 1, \qquad i = 1, \ldots, m \\
&\qquad \lambda_{ij} \geqslant 0, \quad \mu_{ik} \geqslant 0 \quad \forall\, i, j, k.
\end{aligned} \tag{1.58}$$

Führen wir noch die Bezeichnungen

$$\gamma_{ij} = c_i' x_{ij} \qquad \delta_{ik} = c_i' y_{ik}$$
$$a_{ij} = A_i x_{ij} \qquad d_{ik} = A_i y_{ik}$$

ein, dann geht (1.58) über in

$$\min \left\{ \sum_{i=1}^{m} \sum_{j=1}^{r_i} \gamma_{ij} \lambda_{ij} + \sum_{i=1}^{m} \sum_{k=1}^{s_i} \delta_{ik} \mu_{ik} \right\}$$

$$\text{bzgl.} \quad \sum_{i=1}^{m} \sum_{j=1}^{r_i} a_{ij} \lambda_{ij} + \sum_{i=1}^{m} \sum_{k=1}^{s_i} d_{ik} \mu_{ik} = b \tag{1.59}$$

$$\sum_{j=1}^{r_i} \lambda_{ij} = 1, \qquad i = 1, \ldots, m$$

$$\lambda_{ij} \geqslant 0, \; \mu_{ik} \geqslant 0 \quad \forall\, i, j, k.$$

Offenbar ist (1.59) äquivalent zu (1.57). In (1.59) haben wir $m_0 + m$ Restriktionen anstatt $m_0 + \sum_{i=1}^{m} m_i$ Nebenbedingungen in (1.57). In unserem Beispiel hätten wir also statt der 15 500 Nebenbedingungen nur noch deren 550. Diese Reduktion hat aber ihren Preis: Zum einen steigt in der Regel die Zahl der Variablen, und zum anderen – und das ist gravierender – müßte man alle Eckpunkte und Kegelerzeugenden der zulässigen Bereiche B_i kennen, um direkt (1.59) formulieren zu können. Um den mit der Bestimmung aller Eckpunkte und Kegelerzeugenden der B_i verbundenen immensen Aufwand zu vermeiden, geht man etwas anders vor.

Sei G eine zulässige Basis in (1.59). Dann ist auch der Vektor der Schattenpreise (vgl. revidierte Simplexmethode) $\pi = (\hat{\pi}, \overline{\pi})$ bekannt, wobei $\pi' \in \mathbf{R}^{m_0+m}$, $\hat{\pi}' \in \mathbf{R}^{m_0}$; $\overline{\pi}' \in \mathbf{R}^m$, und, wie der Vergleich mit (1.59) ergibt, das Simplexkriterium ist erfüllt, wenn

$$\gamma_{ij} - \hat{\pi}\, a_{ij} - \overline{\pi}_i \geqslant 0 \qquad \forall i, j$$
$$\delta_{ik} - \hat{\pi}\, d_{ik} \geqslant 0 \qquad \forall i, k.$$

S c h r i t t 1. Bestimme eine zulässige Basis G in (1.59) und damit G^{-1} und den zugehörigen Vektor der Schattenpreise $\pi = (\hat{\pi}, \overline{\pi})$.

S c h r i t t 2. Löse Hilfsprogramme

$$\begin{aligned} \rho_i = \min \quad & (c_i' - \hat{\pi} A_i) x_i \\ \text{bzgl.} \quad & B_i\, x_i = b_i \\ & x_i \geqslant 0 \qquad i \in \{1, \ldots, m\}. \end{aligned} \tag{1.60}$$

S c h r i t t 3. Falls ein $i_0 \in \{1, \ldots, m\}$ existiert mit $\rho_{i_0} = -\infty$, bestimme eine Kegelerzeugende $y_{i_0 k}$ von B_{i_0} (gemäß Satz 1.19).

Setze $\delta_{i_0 k} = c'_{i_0} y_{i_0 k}$

$d_{i_0 k} = A_{i_0} y_{i_0 k}$

und $f = (d'_{i_0 k}, \underline{0}')'$, wobei $\underline{0} = (0, \ldots, 0)' \in \mathbf{R}^m$,

und gehe zu Schritt 5.

Andernfalls gehe zu Schritt 4.

Schritt 4. Falls ein $i_1 \in \{1, \ldots, m\}$ existiert mit $\rho_{i_1} - \overline{\pi}_{i_1} < 0$, dann haben wir in (1.60) einen Eckpunkt $x_{i_1 j}$ von B_{i_1} bestimmt, dessen zugehörige Spalte in (1.59) sich ergibt aus

$\gamma_{i_1 j} = c'_{i_1} x_{i_1 j}, \quad a_{i_1 j} = A_{i_1} x_{i_1 j}$

zu $f = (a_{i_1 j}, e'_{i_1})'$,

wobei $e_{i_1} \in \mathbf{R}^m$ der i_1-te Einheitsvektor ist. Gehe zu Schritt 5.

Andernfalls – also $\rho_i - \overline{\pi}_i \geq 0$, $i = 1, \ldots, m$, – gehe zu Schritt 6.

Schritt 5. Benutze in der revidierten Simplexmethode, angewandt auf (1.59), G^{-1} f als Pivotspalte. Falls Pivotzeile existiert, führe den Pivotschritt aus und kehre nach Schritt 2 zurück; andernfalls stop, da die Zielfunktion von (1.59) nach unten unbeschränkt ist.

Schritt 6. Stop; die gegenwärtige Basis ist optimal.

Man wendet also die revidierte Simplexmethode auf (1.59) an, wobei die einzige Besonderheit darin liegt, daß man die jeweils neu in die Basis eintretende Spalte der Koeffizientenmatrix von (1.59) erst über die Hilfsprogramme (1.60) zu berechnen hat. Natürlich hat man alle im Laufe des Verfahrens benutzten Eckpunkte und Kegelerzeugenden der B_i zu speichern, um aus der Lösung von (1.59) mit Hilfe der oben erwähnten Darstellung der $x_i \in B_i$ die entsprechende Lösung von (1.57) ermitteln zu können.

Sofern die Größenordnung der LP (1.57) und der verfügbare Rechner die Anwendung der revidierten Simplexmethode noch zuläßt, stellt sich natürlich die Frage, ob bezüglich des Rechenaufwandes die revidierte Simplexmethode oder das Dekompositionsverfahren vorzuziehen ist. Theoretisch läßt sich diese Frage nicht allgemeingültig beantworten. Praktische Erfahrungen lassen jedoch die Empfehlung zu, die revidierte Simplexmethode zu benutzen, solange das speichertechnisch auf sinnvolle Art möglich ist.

Das eben beschriebene Dekompositionsverfahren läßt sich indirekt auch bei folgender Datenstruktur anwenden:

$$\begin{aligned} &\min \{c_0' x + \sum_{i=1}^{m} c_i' x_i\} \\ \text{bzgl.}\quad &A_i x + B_i x_i = b_i, \qquad i = 1, \ldots, m \\ &x \geq 0, \quad x_i \geq 0 \qquad i = 1, \ldots, m \end{aligned} \tag{1.61}$$

wobei A_i $(m_i \times n_0)$-Matrizen, B_i $(m_i \times n_i)$-Matrizen, $b_i \in \mathbf{R}^{m_i}$, $c_0 \in \mathbf{R}^{n_0}$ und $c_i \in \mathbf{R}^{n_i}$ sind und $x \in \mathbf{R}^{n_0}$, $x_i \in \mathbf{R}^{n_i}$ zu wählen sind, $i = 1, \ldots, m$. Die Koeffizientenmatrix hat hier das schematische Bild der Fig. 1.8.

Probleme mit dieser Datenstruktur treten unter anderem in Spezialfällen der zweistufigen stochastischen linearen Programmierung auf.

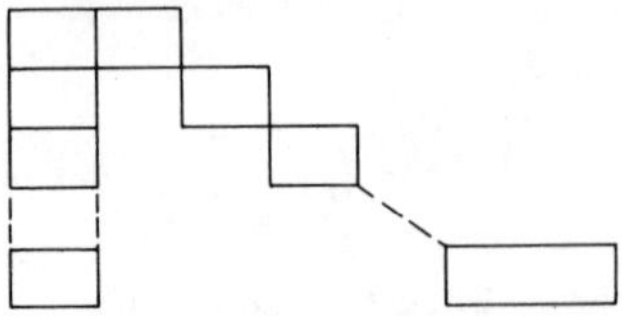

Fig. 1.8

Anschaulich erscheint das Datenschema von (1.61) als transponiert zu demjenigen von (1.57). Das legt die Idee nahe, zum zu (1.61) dualen Programm überzugehen:

$$\begin{aligned} &\max \sum_{i=1}^{m} b_i' u_i \\ \text{bzgl.} \quad &\sum_{i=1}^{m} A_i' u_i \leqslant c_0 \\ &B_i' u_i \leqslant c_i, \qquad i = 1, \ldots, m. \end{aligned} \tag{1.62}$$

Wir wollen der Einfachheit halber darauf verzichten, (1.62) durch Einfügen von Schlupfvariablen und vorzeichenbeschränkten Variablen auf die übliche Standardform zu bringen. Jedenfalls weist (1.62) eine Dekompositionsstruktur der in (1.57) dargestellten Art auf. Wir nehmen nun an, (1.62) und damit (1.61) seien lösbar. Seien dann – analog wie beim Übergang von (1.57) zu (1.59) –

u_{ij} , $j = 1, \ldots, r_i$, alle Eckpunkte

v_{ik} , $k = 1, \ldots, s_i$, alle Kegelerzeugenden

der Bereiche

$$B_i = \{u_i \in \mathbf{R}^{m_i} \mid B_i' u_i \leqslant c_i\}, \quad i = 1, \ldots, m.$$

Mit $a_{ij} = A_i' u_{ij}$, $\gamma_{ij} = b_i' u_{ij}$

$d_{ik} = A_i' v_{ik}$, $\delta_{ik} = b_i' v_{ik}$

erhalten wir dann das zu (1.62) äquivalente LP

$$\begin{aligned} &\max \{ \sum_{i=1}^{m} \sum_{j=1}^{r_i} \gamma_{ij} \lambda_{ij} + \sum_{i=1}^{m} \sum_{k=1}^{s_i} \delta_{ik} \mu_{ik} \} \\ \text{bzgl.} \quad &\sum_{i=1}^{m} \sum_{j=1}^{r_i} a_{ij} \lambda_{ij} + \sum_{i=1}^{m} \sum_{k=1}^{s_i} d_{ik} \mu_{ik} \leqslant c_0 \\ &\sum_{j=1}^{r_i} \lambda_{ij} = 1, \qquad i = 1, \ldots, m \\ &\lambda_{ij} \geqslant 0, \mu_{ik} \geqslant 0 \quad \forall\, i, j, k. \end{aligned} \tag{1.63}$$

Man löst nun (1.62), indem man nach dem Dekompositionsverfahren (1.63) mit der revidierten Simplexmethode löst. Damit hat man am Ende, d. h. mit der Lösung, auch einen Vektor der Schattenpreise $\pi = (\hat{\pi}, \overline{\pi})$, $\hat{\pi}' \in \mathbf{R}^{n_0}$, $\overline{\pi}' \in \mathbf{R}^m$, der nach Satz 1.20 Lösung des zu (1.63) dualen Programmes ist:

$$\begin{aligned} &\min \{c_0' y + \sum_{i=1}^{m} \eta_i\} \\ \text{bzgl.}\quad & a_{ij}' y + \eta_i \geqslant \gamma_{ij} \quad \forall i, j \\ & d_{ik}' y \geqslant \delta_{ik} \quad \forall i, k \\ & y \geqslant 0 \end{aligned} \tag{1.64}$$

Nun sind wir aber eigentlich an der Lösung von (1.61) und nicht an derjenigen von (1.64) interessiert. Dazu haben wir noch die Lösungen $\hat{x}_i$ der Hilfsprogramme

$$\begin{aligned} &\min\quad c_i' x_i \\ \text{bzgl.}\quad & B_i x_i = b_i - A_i y_* \\ & x_i \geqslant 0 . \end{aligned} \tag{1.65}$$

zu bestimmen, wobei y_* Teil der Lösung (y_*, η_i^*) von (1.64) ist. Dann gilt

Satz 1.24 Sei $\hat{x} = y^*$ und $\hat{x}_i$, $i = 1, \ldots, m$, Lösung von (1.65). Dann ist $(\hat{x}, \hat{x}_i)$ Lösung von (1.61) und es gilt $c_i' \hat{x}_i = \eta_i^*$, $i = 1, \ldots, m$.

B e w e i s. Wir zeigen, daß jedes der Hilfsprogramme (1.65) eine zulässige Lösung $\hat{x}_i$ mit $c_i'\hat{x}_i \leqslant \eta_i^*$ besitzt. Da die Optimalwerte von (1.61) und (1.64) übereinstimmen, muß dann $c_i'\hat{x}_i = \eta_i^*$, $i = 1, \ldots, m$, gelten.
Nach dem Lemma von Farkas ist

$$\{x_i \mid B_i x_i = b_i - A_i y^*, c_i' x_i \leqslant \eta_i^*, \ x_i \geqslant 0\} \neq \emptyset$$

genau dann, wenn für alle u_i, τ_i mit

$$B_i' u_i + c_i \tau_i \leqslant 0, \quad \tau_i \leqslant 0 \qquad (u_i \in \mathbf{R}^{m_i}, \ \tau_i \in \mathbf{R}^1) \tag{1.66}$$

auch $\quad (b_i - A_i y^*)' u_i + \eta_i^* \tau_i \leqslant 0 \qquad (1.67)$

gilt.

In (1.66) sind zwei Fälle möglich.
a) $\tau_i = 0$. Dann gilt $B_i' u_i \leqslant 0$, d. h. in $\mathsf{B}_i = \{u_i \mid B_i' u_i \leqslant c_i\} = \mathsf{P}_i + \mathsf{K}_i$ haben wir ein Kegelelement $u_i \in \mathsf{K}_i$, das sich durch die Erzeugenden v_{ik} darstellen läßt:

$$u_i = \sum_{k=1}^{s_i} \mu_{ik} v_{ik}, \quad \mu_{ik} \geqslant 0 \qquad \forall k.$$

Damit gilt

$$(b_i - A_i y^*)' u_i = \sum_{k=1}^{s_i} \mu_{ik} (\delta_{ik} - d_{ik}' y^*) \leqslant 0, \qquad \text{da } y^* \text{ in (1.64) zulässig ist.}$$

b) $\tau_i < 0$. Dann gilt

$$B_i' u_i \leqslant c_i (-\tau_i) \quad \text{oder} \quad B_i' \frac{u_i}{(-\tau_i)} \leqslant c_i,$$

d. h. $\frac{u_i}{-\tau_i} \in B_i$, und es gibt eine Darstellung

$$\frac{u_i}{-\tau_i} = \sum_{j=1}^{r_i} \lambda_{ij} u_{ij} + \sum_{k=1}^{s_i} \mu_{ik} v_{ik}, \ \lambda_{ij} \geqslant 0, \ \sum_{j=1}^{r_i} \lambda_{ij} = 1, \mu_{ik} \geqslant 0.$$

Damit gilt

$$(b_i - A_i y^*)' u_i + \eta_i^* \tau_i = (-\tau_i) \left[(b_i - A_i y^*)' \frac{u_i}{-\tau_i} - \eta_i^* \right]$$

$$= (-\tau_i) \left[\sum_{j=1}^{r_i} \lambda_{ij} (\gamma_{ij} - a_{ij}' y^*) + \sum_{k=1}^{s_i} \mu_{ik} (\delta_{ik} - d_{ik}' y^*) - \eta_i^* \right] \leqslant 0$$

wegen der Zulässigkeit von y^* in (1.64).
Damit folgt aus (1.66) in jedem Falle (1.67). ■

In dem oben erwähnten Beispiel der stochastischen Programmierung vereinfacht sich das Problem insofern, als man dort nur an dem x-Teil und dem gesamten Zielfunktionswert der Lösung von (1.61) interessiert ist, nicht jedoch an den Vektoren x_i. Diese Angaben kann man nach Satz 1.24 aber direkt der Lösung von (1.64) entnehmen. Man erspart sich dann also die Hilfsprogramme (1.65).

1.4 Spezielle Linearprogramme

In diesem Abschnitt werden Linearprogramme behandelt, die sehr spezielle Datenstrukturen aufweisen. Dazu zählen Transportprobleme, Zuordnungsprobleme und Netzwerkflußprobleme. Natürlich könnte man zur Lösung dieser Probleme auch das Simplexverfahren mit den Rechenvorschriften (1.41) anwenden. Es erweist sich jedoch als vorteilhaft, die Eigenschaften der in Abschnitt 1.1 ersichtlichen Datenstrukturen genau zu analysieren. Für das Transportproblem ergeben sich aus dieser Analyse stark vereinfachte Rechenvorschriften des Simplexverfahrens. Und unter Verwendung der im Unterabschnitt 1.2.2 bewiesenen Dualitätsaussagen erhalten wir für die übrigen Probleme sehr einfache, effiziente Algorithmen.

1.4.1 Transportprobleme

Entsprechend dem Beispiel in Abschn. 1.1.3 verstehen wir unter einem T r a n s p o r t - p r o b l e m eine Aufgabe folgender Art:

Gegeben sind für ein Gut m Lager und n Verteiler. Der Verteiler j benötigt die Menge b_j, $j = 1, \ldots, n$, und der Vorrat des Lagers i beträgt a_i, $i = 1, \ldots, m$. Wir setzen voraus, daß

$$\sum_{i=1}^{m} a_i = \sum_{j=1}^{n} b_j \tag{1.68}$$

gilt. Wird die Menge x_{ij} vom Lager i zum Verteiler j transportiert, so entstehen dafür Transportkosten in Höhe von $c_{ij}\, x_{ij}$. Damit lautet das Transportproblem:

$$\begin{aligned} &\min \sum_{i=1}^{m} \sum_{j=1}^{n} c_{ij}\, x_{ij} \\ \text{bzgl.}\quad &\sum_{j=1}^{n} x_{ij} = a_i, \qquad i = 1, \ldots, m \\ &\sum_{i=1}^{m} x_{ij} = b_j, \qquad j = 1, \ldots, n \\ &x_{ij} \geqslant 0. \end{aligned} \tag{1.69}$$

Vom praktischen Standpunkt aus erscheinen die Restriktionen in (1.69) zunächst als zu stark. Es würde ja genügen,

$$\sum_{j=1}^{n} x_{ij} \leqslant a_i, \qquad i = 1, \ldots, m$$

und

$$\sum_{i=1}^{m} x_{ij} \geqslant b_j, \qquad j = 1, \ldots, n$$

zu verlangen. Für die Existenz einer zulässigen Lösung wäre dann an Stelle von (1.68) offensichtlich

$$\sum_{j=1}^{n} b_j \leqslant \sum_{i=1}^{m} a_i$$

notwendig. Da im praktischen Problem in der Regel die Transportkostensätze c_{ij} positiv sind, würde die Überbelieferung eines Verteilers, d. h. $\sum_{i=1}^{m} x_{ij} > b_j$ für ein $j \in \{1, \ldots, n\}$, vermeidbare Kosten verursachen. Im Optimum müßte also $\sum_{i=1}^{m} x_{ij} = b_j$, $j = 1, \ldots, n$, gelten. Führt man nun in das Modell einen fiktiven Verteiler $n + 1$ ein mit dem Bedarf $b_{n+1} = \sum_{i=1}^{m} a_i - \sum_{j=1}^{n} b_j$ und den Kostensätzen $c_{in+1} = 0$, $i = 1, \ldots, m$, dann ist (1.68) für das so erweiterte Modell erfüllt, und für jede zulässige Lösung müssen alle Restriktionen als Gleichungen erfüllt sein, d. h. das erweiterte Modell ist von der Art (1.69).

Wir wollen uns nun die Koeffizientenmatrix A von (1.69), die sog. Transportmatrix, genauer ansehen. A hat m + n Zeilen und m · n Spalten und folgende Struktur

$$A = \begin{pmatrix} 1\ 1 \ldots 1 & 0\ 0 \ldots 0 \ldots & \ldots 0 \ldots & 0 \\ 0\ 0 \ldots 0 & 1\ 1 \ldots 1 & 0 & 0 \\ & & \ddots & \\ 0\ 0 & \ldots 0\ 0\ 0 \ldots & 0\ 1\ 1 \ldots & 1 \\ 1\ 0 & 0\ 1\ 0 & 0 & 1\ 0 \quad 0 \\ 0\ 1\ 0 & 0\ 0\ 1 & & 0\ 1\ 0 \quad 0 \\ \ddots & \ddots & & \\ 0 \ldots 0\ 1 & 0 \ldots 0\ 1 & & 0 \ldots 0\ 1 \end{pmatrix}$$

$$= \begin{pmatrix} e' & & & \\ & e' & & \\ & & \ddots & \\ & & & e' \\ E_n & E_n & & E_n \end{pmatrix}$$

wobei $e = (1, \ldots, 1)' \in \mathbf{R}^n$ und E_n die n-reihige Einheitsmatrix ist. Aus dieser Struktur von A ergeben sich die folgenden Aussagen:

Satz 1.25 Die Transportmatrix A hat den Rang $r(A) = m + n - 1$.

Beweis. Sei A_i die i-te Zeile von A. Dann gilt offenbar

$$\sum_{i=1}^{m} A_i = \sum_{i=m+1}^{m+n} A_i.$$

Folglich gilt $r(A) < m + n$.

Sei nun

$$\tilde{A} = \begin{pmatrix} A_1 \\ \vdots \\ A_{m+n-1} \end{pmatrix}$$

d. h. $\tilde{A}$ ist die Untermatrix von A, die durch Weglassen der letzten Zeile von A entsteht. Sei ferner $\tilde{P}_{ij}$ die $[(i-1) \cdot n + j]$-te Spalte von $\tilde{A}$.

Sei dann $\tilde{B}$ die folgende Untermatrix von A:

$$\tilde{B} = (\tilde{P}_{1n}, \tilde{P}_{2n}, \ldots, \tilde{P}_{mn}, \tilde{P}_{11}, \tilde{P}_{12}, \ldots \tilde{P}_{1n-1})$$

$$= \begin{pmatrix} E_m & R \\ & \\ 0 & E_{n-1} \end{pmatrix},$$

d. h. $\tilde{B}$ ist eine obere Dreiecksmatrix, deren Hauptdiagonalelemente sämtlich gleich 1 sind. Folglich hat $\tilde{B}$ die Determinante det $\tilde{B} = 1$. Damit haben wir $r(A) \geqslant r(\tilde{A}) \geqslant r(\tilde{B}) = m + n - 1$. ■

Satz 1.26 Sei D eine beliebige quadratische Untermatrix von A. Dann ist D entweder singulär, d. h. det $D = 0$, oder $|\det D| = 1$.

B e w e i s. Wir führen den Beweis über vollständige Induktion. Für jede einreihige Untermatrix ist die Behauptung richtig, da A nur die Elemente 0 und 1 enthält. Für irgend eine natürliche Zahl r $(r < m + n)$ sei die Behauptung richtig für alle r-reihigen Untermatrizen von A. Sei D eine $(r + 1)$-reihige Untermatrix von A. Da jede Spalte von A zweimal eine „1" enthält, gibt es in jeder Spalte von D höchstens zweimal eine „1".

Wir können drei Fälle unterscheiden:

a) D enthält eine Spalte $D_j = \underline{0} = (0, \ldots, 0)' \in \mathbf{R}^{r+1}$. Dann ist offenbar det $D = 0$.

b) Jede Spalte von D enthält genau zweimal eine „1". Dann stammt je eine „1" aus einem e' und aus einem E_n in A. Folglich gibt es ein k mit $1 \leqslant k < r + 1$ derart, daß für die Zeilen D_i von D gilt

$$\sum_{i=1}^{k} D_i = \sum_{i=k+1}^{r+1} D_i, \qquad \text{d. h.} \quad \det D = 0.$$

c) D enthält eine Spalte, in der genau eine „1" vorkommt. Diese „1" sei das Element d_{ij} von D.

Für den Betrag der Determinante gilt dann nach dem Entwicklungssatz

$$|\det D| = 1 \cdot |\det \tilde{D}|,$$

wobei $\tilde{D}$ die r-reihige Untermatrix von D ist, die durch Streichen der i-ten Zeile und j-ten Spalte entsteht. Nach unserer Induktionsvoraussetzung gilt aber

$$|\det \tilde{D}| = 0 \quad \text{oder} \quad |\det \tilde{D}| = 1.$$ ■

Aus dem Beweis von Satz 1.25 und der Voraussetzung (1.68) ergibt sich sofort, daß z. B. die letzte Restriktion in (1.69) von den übrigen linear abhängig ist. Wir können sie also weglassen. Jede zulässige Basislösung des Transportproblems hat dann nach Satz 1.25 $m + n - 1$ Basisvariable. Hierfür gilt nun der wichtige

Satz 1.27 Sind in (1.69) alle a_i und b_j ganzzahlig, dann ist jede zulässige Basislösung ganzzahlig.

B e w e i s. In jeder zulässigen Basislösung von (1.69) ist der Vektor der Nichtbasisvariablen der Nullvektor, und der Vektor der Basisvariablen ergibt sich aus der Cramerschen Regel. Aus Satz 1.26 folgt hier die Ganzzahligkeit sofort. ∎

Dieser Satz ist insbesondere dann von Interesse, wenn es sich bei dem Transportproblem um Stückgut handelt, wenn also die Gütermenge in Stückzahlen gemessen wird. Die dann natürlicherweise zu fordernde Ganzzahligkeit der Lösung ist bei Anwendung des Simplexverfahrens von selbst gewährleistet.

Aus der speziellen Struktur der Matrix A ergibt sich ferner ein anschauliches Kriterium für lineare Abhängigkeit von Matrixspalten, das schließlich einfache Rechenvorschriften für das Simplexverfahren liefert.

Satz 1.28 Sei die Matrix T gebildet aus einer Teilmenge der Spalten der Transportmatrix A. Die Spalten von T sind genau dann linear abhängig, wenn das homogene Gleichungssystem $T y = 0$ eine nichttriviale Lösung besitzt, in der die nichtverschwindenden Komponenten von y die Werte $+1$ oder -1 annehmen.

B e w e i s. Sei P_{ij} die $[(i-1) \cdot n + j]$-te Spalte von A, also $P_{ij} = e_i + e_{m+j}$, wenn $e_\nu \in \mathbf{R}^{m+n}$ der ν-te Einheitsvektor ist. Sei T gebildet aus den Spalten P_{ij} mit $(i, j) \in J$. Sei $\hat{y} \neq 0$ eine Lösung von

$$T y = 0,$$

d. h. die Spalten $\{P_{ij} \mid (i, j) \in J\}$ sind linear abhängig. Sei $P_{k\ell}$ eine Spalte von T, deren zugehörige Komponente von $\hat{y}$ nicht verschwindet. Bilden wir aus T die Untermatrix $\hat{T}$ durch Streichen der Spalte $P_{k\ell}$, also

$$\hat{T} = \{P_{ij} ; (i, j) \in J - (k, \ell)\},$$

dann muß danach das Gleichungssystem

$$P_{k\ell} = \hat{T} z$$

lösbar sein. Sei r die maximale Anzahl linear unabhängiger Spalten von $\hat{T}$ und S eine Untermatrix mit r linear unabhängigen Spalten von $\hat{T}$. Dann muß auch das Gleichungssystem

$$P_{k\ell} = S u$$

lösbar sein. Für die Zeilen S_i der Untermatrix S von A besteht natürlich auch (vgl. Satz 1.25) die Beziehung

$$\sum_{i=1}^{m} S_i = \sum_{i=m+1}^{m+n} S_i$$

und daher

$$S_k = \sum_{i=m+1}^{m+n} S_i - \sum_{\substack{i=1 \\ i \neq k}}^{m} S_i .$$

Da für $b = P_{k\ell}$ offenbar die analoge Abhängigkeit

$$b_k = 1 = \sum_{i=m+1}^{m+n} b_i - \sum_{\substack{i=1 \\ i \neq k}}^{m} b_i$$

besteht, lösen wir das obige Gleichungssystem bereits, wenn wir

$$S_i u = \begin{cases} 0, & \text{falls } i \neq m + \ell \\ 1, & \text{falls } i = m + \ell \end{cases} \quad ; \quad i = 1, \ldots k-1, k+1, \ldots m+n$$

lösen. In der Lösung $\hat{u}$ dieses Systems hat jede Komponente einen der Werte $+1, -1$ oder 0, wie sich unschwer aus der Cramerschen Regel und Satz 1.26 ergibt. Folglich ist die behauptete Bedingung notwendig für die lineare Abhängigkeit der Spalten von T. Hinreichend ist sie nach Definition der linearen Abhängigkeit. ■

Sei nun $\{P_{ij} \mid (i, j) \in J\}$ eine Menge von verschiedenen Spalten der Transportmatrix A. Nach Satz 1.28 sind diese Spalten linear abhängig genau dann, wenn für ein $(k, \ell) \in J$ und für $J_1 \subset J - \{(k, \ell)\}$ die Darstellung

$$P_{k\ell} = \sum_{(i,j) \in J_1} \delta_{ij} P_{ij}$$

besteht mit $|\delta_{ij}| = 1$. Da $P_{ij} = e_i + e_{m+j}$, muß es ein $(k, j_1) \in J_1$ mit $\delta_{kj_1} = 1$ geben. Da nach Konstruktion $(k, \ell) \notin J_1$, muß der in P_{kj_1} auftretende Einheitsvektor e_{m+j_1} in der obigen Darstellung wieder eliminiert werden, d. h. es muß ein $(i_1, j_1) \in J_1$ geben mit $\delta_{i_1 j_1} = -1$. Nunmehr muß in der Darstellung der in $-P_{i_1 j_1}$ negativ auftretende Einheitsvektor $-e_{i_1}$ wieder beseitigt werden durch ein $(i_1, j_2) \in J_1$ mit $\delta_{i_1 j_2} = +1$, usw.

Die obige Darstellung hat also die Form

$$P_{k\ell} = P_{kj_1} - P_{i_1 j_1} + P_{i_1 j_2} \ldots + P_{i_{r-1} j_r} - P_{i_r j_r} + P_{i_r j_{r+1}},$$

wobei $j_{r+1} = \ell$ erreichbar sein muß. Betrachten wir das sog. Transporttableau in Tab. 1.14, in dem die Zeilen den Lagern und die Spalten den Verteilern entsprechen, dann haben wir auf natürliche Weise eine eindeutige Zuordnung der Zellen des Tableaus zu den Spalten der Transportmatrix, wenn wir der Spalte P_{ij} die Zelle in der i-ten Zeile und j-ten Spalte zuordnen. Nehmen wir nun eine Teilmenge von Spalten, die den schraffierten Zellen in Tab. 1.14 entspricht, dann ist deren lineare Abhängigkeit durch die obige Darstellung charakterisiert, die im Tableau der eingezeichneten Schleife entspricht, welche sich aus waagerechten und senkrechten Pfeilen zusammensetzt mit Anfangs- und Endpunkten jeweils in Zellen, die zur Teilmenge gehören. Waagerecht angelaufene Zellen (i, j) erhalten in der Darstellung den Koeffizienten $\delta_{ij} = +1$, senkrecht angelaufene entsprechend $\delta_{ij} = -1$. Im Beispiel des Tableaus haben wir etwa

$$P_{m-1,1} = P_{m-1,n-1} - P_{2,n-1} + P_{27} - P_{37} + P_{35} - P_{45} + P_{43} - P_{m3} + P_{m1}.$$

In diesem Beispiel gibt es noch andere Schleifen, z. B.

$$P_{m-1,1} = P_{m-1,6} - P_{m,6} + P_{m,1}$$

oder $$P_{34} = P_{35} - P_{45} + P_{44}.$$

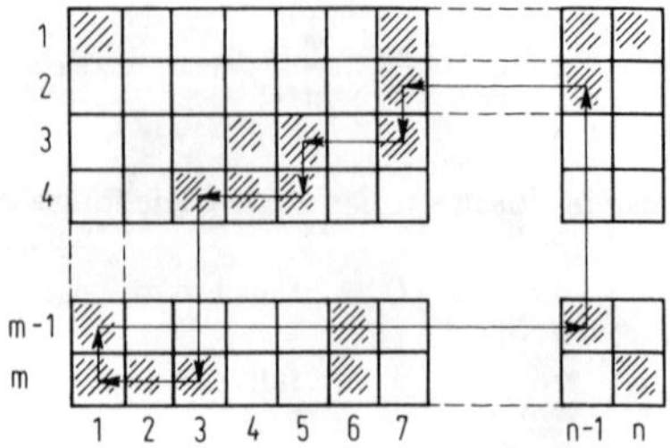

Tab. 1.14

Damit besagt Satz 1.28 anschaulich: Eine Teilmenge von Spalten der Transportmatrix ist linear abhängig genau dann, wenn es in der entsprechenden Teilmenge von Zellen des Transporttableaus mindestens eine Schleife der beschriebenen Art gibt. Folglich entspricht jeder Basis von $m + n - 1$ Spalten aus A eine Teilmenge von Zellen, die keine Schleifen zuläßt. Nimmt man zu diesen $m + n - 1$ sog. Basiszellen eine weitere (Nichtbasis-)Zelle hinzu, dann gibt es genau eine Schleife – vorausgesetzt, daß man in der Nichtbasiszelle mit einem waagrechten Pfeil beginnt –, da alle $m + n$ Spalten zusammen linear abhängig sind und die Nichtbasisspalte eindeutig durch die Basisspalten darstellbar ist. Mit dieser sogenannten Basisschleife bestimmt man direkt die dieser Nichtbasisspalte entsprechende Spalte des Simplextableaus für die gegebene Basis; denn in der Bezeichnungsweise von Abschn. 1.3.2 war die j-te Spalte des Simplextableaus gegeben als

$$\alpha_j = (\alpha_{1j}, \alpha_{2j}, \ldots, \alpha_{mj})' = B^{-1} D_j,$$

wobei B eine $(m \times m)$-Basis und D_j eine Nichtbasisspalte war. Folglich ist α_j Lösung von

$$B\,\alpha_j = D_j.$$

Wie wir oben ausgeführt haben, lösen wir aber genau das entsprechende Gleichungssystem durch Bestimmung der Schleife im Transporttableau. Anschließend können wir leicht die für die Feststellung der Optimalität benötigte Größe (negative reduzierte Kosten)

$$\alpha_{0j} = -(d_j - \tilde{c}'B^{-1}D_j) = \tilde{c}'\alpha_j - d_j$$

ausrechnen.

Degeneration kann beim Transportproblem nur unter speziellen Bedingungen an die Lagervorräte a_i und Nachfragemengen b_j auftreten. Wir können voraussetzen, daß $a_i > 0, i = 1, \ldots, m$, und $b_j > 0, j = 1, \ldots, n$, gilt. Denn für negative a_i oder b_j hat das Transportproblem (1.69) offensichtlich keine zulässige Lösung. Und falls einzelne $a_i = 0$ oder $b_j = 0$ vorkommen, kann man die zugehörigen Variablen x_{ij} (die dann notwendigerweise verschwinden) und Restriktionen weglassen und damit die Aufgabe reduzieren.

Satz 1.29 Hat das Transportproblem (1.69) eine zulässige Lösung mit höchstens $m + n - 2$ nicht verschwindenden Variablen, dann gibt es echte Teilmengen $I \subsetneqq \{1, \ldots, m\}$ und $J \subsetneqq \{1, \ldots, n\}$ derart, daß $I \neq \emptyset$, $J = \emptyset$ und

$$\sum_{i \in I} a_i = \sum_{j \in J} b_j$$

gilt.

B e w e i s. (1.69) habe eine zulässige Lösung mit höchstens $m + n - 2$ Variablen $x_{ij} > 0$.

Wir bilden eine Menge I von Lagern und eine Menge J von Verteilern auf folgende Art: Sei zunächst

$$I = \{1\}, \quad J = \emptyset .$$

Dann fügen wir abwechselnd zu jeder der beiden Mengen Elemente hinzu nach den folgenden Vorschriften:

$$J := J \cup \{j \mid j \notin J, \quad \exists\, i \in I : x_{ij} > 0\}$$
$$I := I \cup \{i \mid i \notin I, \quad \exists\, j \in J : x_{ij} > 0\} .$$

Diese Erweiterungen enden, wenn man zu J oder I kein neues Element mehr hinzufügen kann, also nach höchstens $m + n - 2$ Schritten. Offensichtlich haben dann I und J zusammen höchstens $m + n - 1$ Elemente. Folglich gilt $I \subsetneqq \{1, \ldots, m\}$ oder $J \subsetneqq \{1, \ldots, n\}$. Ohne Einschränkung der Allgemeinheit sei $I \subsetneqq \{1, \ldots, m\}$. Nach Konstruktion von I und J gilt

$$\sum_{i \in I} a_i = \sum_{i \in I} \sum_{j \in J} x_{ij} = \sum_{j \in J} b_j .$$

Wegen (1.68) und $a_i > 0$, $i = 1, \ldots, m$, muß dann

$$J \subsetneqq \{1, \ldots, n\} \text{ sein.}$$ ■

Degeneration kann also nur auftreten, wenn echte Teilsummen der Lagervorräte mit echten Teilsummen der Bedarfsmengen übereinstimmen. Diese Teilsummeneigenschaft kann man sehr einfach brechen und damit Degeneration vermeiden.

Satz 1.30 Sei o.B.d.A. $m \leqslant n$. Ersetzt man in (1.69) die a_i und b_j durch $\hat{a}_i = a_i + \epsilon$, $i = 1, \ldots, m$, $\hat{b}_j = b_j$, $j = 1, \ldots, n-1$, und $\hat{b}_n = b_n + m \cdot \epsilon$, dann existiert ein $\epsilon_0 > 0$ derart, daß für $\epsilon \in (0, \epsilon_0)$ keine degenerierten Basislösungen auftreten.

B e w e i s. Nach Satz 1.29 folgt aus der Degeneration die Existenz von Teilmengen $I \subsetneqq \{1, \ldots, m\}$ und $J \subsetneqq \{1, \ldots, n\}$ derart, daß

$$\sum_{i \in I} \hat{a}_i = \sum_{j \in J} \hat{b}_j .$$

Sei K die Anzahl der Elemente von I, also $K < m$. Aus der Teilsummeneigenschaft folgt entweder

a) falls $n \notin J : K \cdot \epsilon = \sum_{j \in J} b_j - \sum_{i \in I} a_i$ oder

b) falls $n \in J : (m-K) \cdot \epsilon = \sum_{i \in I} a_i - \sum_{j \in J} b_j$.

Diese Gleichungen in ϵ sind aber entweder für $\epsilon > 0$ überhaupt nicht erfüllbar, oder es gibt ein $\epsilon(I, J) > 0$ so, daß die Gleichungen im offenen Intervall $0 < \epsilon < \epsilon(I, J)$ nicht erfüllbar sind. Da es nur endlich viele Teilmengen I und J gibt, folgt die Behauptung sofort. ■

Wäre entgegen der Annahme in Satz 1.30 $m > n$, so würde man analog $\hat{b}_j = b_j + \epsilon$, $j = 1, \ldots, n$, $\hat{a}_i = a_i$, $i = 1, \ldots, m-1$ und $\hat{a}_m = a_m + n \cdot \epsilon$ setzen.
Diese spezielle Störung der rechten Seite des Transportproblems ist rechentechnisch wesentlich vorteilhafter als die früher beschriebene Störung bei allgemeinen Linearprogrammen. Ist nämlich $\widetilde{B}$ eine $(m + n - 1)$-reihige Basis aus der Transportmatrix A, dann ist der Vektor der Basisvariablen des gestörten Problems

$$\widetilde{B}^{-1} \begin{pmatrix} \hat{a}_1 \\ \hat{a}_m \\ \hat{b}_1 \\ \hat{b}_{n-1} \end{pmatrix} .$$

Da nach Satz 1.26 $\widetilde{B}^{-1}$ nur aus den Elementen 0, + 1 und − 1 besteht, setzt sich eine Basisvariable folgendermaßen zusammen: $\hat{x}_{ij} = x_{ij} + \rho \cdot \epsilon$, wobei ρ eine ganze Zahl ist mit der Schranke $|\rho| \leq m$, falls $m \leq n$, oder $|\rho| \leq n$ sonst. x_{ij} ist die entsprechende – ganzzahlige – Komponente der ungestörten Basislösung

$$\widetilde{B}^{-1} \begin{pmatrix} a_1 \\ a_m \\ b_1 \\ b_{n-1} \end{pmatrix} .$$

Folglich ist auch x_{ij} beschränkt:

$$|x_{ij}| \leq \sum_{i=1}^{m} a_i + \sum_{j=1}^{n-1} b_j < 2 \sum_{i=1}^{m} a_i .$$

Nach den Überlegungen im Anschluß an Satz 1.28 kann beim Transportproblem eine Pivotspalte α_j nur die Elemente 0, + 1 und − 1 enthalten, und das Pivotelement ist gleich + 1. Nach den Rechenvorschriften der Simplexmethode kommen in einem Pivotschritt folglich nur Additionen und Subtraktionen vor. Für die Basisvariablen des gestörten Problems empfiehlt sich damit an Stelle von $x_{ij} + \rho \cdot \epsilon$ die Darstellung $10^K \cdot x_{ij} + \rho$, wobei K so zu wählen ist, daß stets $|\rho| < 10^K$ gilt. Das hat den Vorteil, daß man im Rechner die beiden Werte x_{ij} und ρ in einem Wort speichern und mit einer einzigen Operation – Addition oder Subtraktion – umrechnen kann. Damit verursacht diese Störung für den einzelnen Pivotschritt keinen zusätzlichen Rechenaufwand. Haben wir z. B. ein Transportproblem mit 1 000 Lagern und 5 000 Verteilern derart, daß $\sum_{i=1}^{1000} a_i \leqslant 100\,000\,000$, dann haben wir für die Basisvariablen $\hat{x}_{ij} = x_{ij} + \rho \cdot \epsilon$ die Schranken $|x_{ij}| < 2 \cdot 10^8$ und $|\rho| \leqslant 10^3$. Wir brauchen also 4 Dezimalstellen für ρ und 9 Dezimalstellen für x_{ij} sowie eine weitere Stelle zur Kontrolle des Vorzeichens von ρ. Damit kommen wir bei diesem relativ großen Problem auf eine Wortlänge von 14 Dezimalstellen, die sich in den gängigen Rechnern, notfalls als Doppelwort, verwirklichen läßt.

Nunmehr können wir den Transportalgorithmus, d. h. die Simplexmethode in ihrer für das Transportproblem spezialisierten Form darstellen. Wir nehmen dazu an, daß keine Degeneration auftritt, was nötigenfalls durch die beschriebene Störung erreicht wird. Eine erste zulässige Basislösung bestimmen wir für gegebene a_i und b_j nach der sogenannten Nordwesteckenregel.

Schritt 1. Setze $i := 1, j := 1$.

Schritt 2. $x_{ij} := \min [a_i, b_j]$

Schritt 3. $a_i := a_i - x_{ij}$
$b_j := b_j - x_{ij}$

Falls $a_i = 0$ und $b_j = 0$: stop

Falls nur $a_i = 0 : i := i + 1$, gehe zu Schritt 2.

Falls nur $b_j = 0 : j := j + 1$, gehe zu Schritt 2.

Satz 1.31 Sei im Transportproblem die Teilsummeneigenschaft gemäß Satz 1.29 nicht erfüllt. Dann liefert die Nordwesteckenregel eine nichtdegenerierte zulässige Basislösung.

Beweis. Nach r Schritten der Nordwesteckenregel sind die Variablen $x_{i_\nu j_\nu}, \nu = 1, \ldots, r$, bestimmt und genügen den Beziehungen

$$\sum_{i=1}^{i_r} a_i - \alpha_{i_r} = \sum_{\nu=1}^{r} x_{i_\nu j_\nu} = \sum_{j=1}^{j_r} b_j - \beta_{j_r},$$

in denen α_{i_r} einen Restvorrat des Lagers i_r und β_{j_r} einen Restbedarf des Verteilers j_r bedeuten. Nach Schritt 2 verschwindet mindestens einer der beiden Restposten α_{i_r} und β_{j_r}.

Folgende Situationen sind unmöglich:

a) $\alpha_{i_r} = \beta_{j_r} = 0$, und $i_r < m$ oder $j_r < n$.

Nach den obigen Gleichungen würde dann nämlich die Teilsummeneigenschaft gelten im Widerspruch zur Voraussetzung.

b) $i_r = m, \beta_{j_r} > 0$; oder $j_r = n, \alpha_{i_r} > 0$.

Für $i_r = m, \beta_{j_r} > 0$ ergäbe sich aus den obigen Gleichungen, da dann $\alpha_{i_r} = 0$ sein muß,

$$\sum_{i=1}^{m} a_i = \sum_{j=1}^{j_r} b_j - \beta_{j_r}$$

oder
$$\sum_{j=1}^{j_r} b_i = \sum_{i=1}^{m} a_i + \beta_{j_r} > \sum_{i=1}^{m} a_i ,$$

was zum Widerspruch mit (1.68) führt. Analog schließt man den Fall $j_r = n$, $\alpha_{i_r} > 0$ aus. Da diese Fälle unmöglich sind, muß das Verfahren enden mit $i_r = m$, $j_r = n$, $\alpha_m = \beta_n = 0$. Damit haben wir offenbar eine zulässige Lösung. Die Zellen, denen positive Werte x_{ij} zugeordnet werden, bilden im Transporttableau eine von links oben (Zelle (1, 1)) nach rechts unten (Zelle (m, n)) absteigende Treppe. Da es in einer derartigen Teilmenge von Zellen offensichtlich keine Schleifen gibt, sind die zugehörigen Spalten der Transportmatrix linear unabhängig. Damit haben wir also eine zulässige Basislösung bestimmt, die nach unseren Voraussetzungen nicht degeneriert sein muß. ∎

Betrachten wir ein Beispiel mit 3 Lagern und 5 Verteilern. Seien $a_1 = 6$, $a_2 = 1$, $a_3 = 5$ und $b_1 = 4$, $b_2 = 2$, $b_3 = 1$, $b_4 = 2$, $b_5 = 3$. Nach der Nordwesteckenregel würden wir setzen $x_{11} = 4$, $x_{12} = 2$ und könnten dann nicht mehr fortfahren, da $x_{11} = b_1$, $x_{12} = b_2$ und $x_{11} + x_{12} = a_1$. Wir müssen die Teilsummengleichheit $b_1 + b_2 = a_1$ durch die oben beschriebene Störung beseitigen. Im Transporttableau erhalten wir dann in Tab. 1.15 die erste zulässige Basislösung nach der Nordwesteckenregel.

Tab. 1.15

						a_i
	4	2	ε			$6+\varepsilon$
			$1-\varepsilon$	2ε		$1+\varepsilon$
				$2-2\varepsilon$	$3+3\varepsilon$	$5+\varepsilon$
b_j	4	2	1	2	$3+3\varepsilon$	

Zu einer zulässigen Basis berechnet man dann die negativen reduzierten Kosten der Nichtbasisvariablen durch Bestimmung der Basisschleifen. Ist für eine Nichtbasiszelle das Simplexkriterium nicht erfüllt (entsprechend $\alpha_{0\rho} > 0$), dann können wir im nächsten Austauschschritt diese Zelle (Spalte) in die Basis nehmen. Die Pivotzeile μ und damit die die Basis verlassende Zelle bestimmt man bekanntlich aus

$$\min\left\{\frac{\alpha_{i0}}{\alpha_{i\rho}} \mid \alpha_{i\rho} > 0\right\}.$$

Da $\alpha_{i\rho} > 0$ im Transporttableau nur gilt für die in der Basisschleife waagerecht angelaufenen Basiszellen – dafür ist, wie wir wissen, $\alpha_{i\rho} = +1$ –, verläßt die waagerecht angelaufene Basiszelle mit dem kleinsten Wert der Basisvariablen die Basis. Dieser Wert wird nach den Rechenvorschriften der Simplexmethode – $\alpha^*_{\mu 0} = \alpha_{\mu 0}/\alpha_{\mu\rho}$ – übertragen auf die neue Basisvariable und – gemäß $\alpha^*_{i0} = \alpha_{i0} - \alpha_{i\rho}\,\alpha_{\mu 0}/\alpha_{\mu\rho}$ für $i \neq \mu$ – den übrigen Basisvariablen subtrahiert bzw. addiert, sofern die betreffenden Basiszellen in der Basisschleife waagerecht bzw. senkrecht angelaufen werden. Alle übrigen Zellen bleiben unverändert. In dem folgenden Beispiel mit 3 Lagern und 4 Verteilern kommen wir trotz Teilsummeneigenschaft ohne Störung aus. Seien $a_1 = 5$, $a_2 = 7$, $a_3 = 2$ und $b_1 = 2$, $b_2 = 5$, $b_3 = 3$, $b_4 = 4$. Die Transportaufgabe wird durch Tab. 1.16 wiedergegeben, in das wir nun auch die Kostensätze c_{ij} (z. B. $c_{23} = 4$, $c_{31} = 5$ usw.) eintragen.

Tab. 1.16

					a_i
	[4]	[3]	[4]	[4]	5
	[1]	[2]	[4]	[2]	7
	[5]	[4]	[4]	[3]	2
b_j	2	5	3	4	

Tab. 1.17

					a_i
	[4] ②	[3] ③	[4] 1	[4] −1	5
	[1] 2	[2] ⓪	[4] ③	[2] ②	7
	[5] −1	[4] −1	[4] 1	[3] ②	2
b_j	2	5	3	4	

Nach der Nordwesteckenregel erhalten wir in Tab. 1.17 die Basisvariablen mit den eingekreisten Werten.

Basiszellen sind also hier die Zellen (1, 1), (1, 2), (2, 2), (2, 3), (2, 4) und (3, 4). In den übrigen Zellen haben wir die negativen reduzierten Kosten eingetragen. Z. B. läuft die Basisschleife der Zelle (3, 1) über die Basiszellen (3, 4), (2, 4), (2, 2), (1, 2), (1, 1). Das ergibt die negativen reduzierten Kosten $3 - 2 + 2 - 3 + 4 - 5 = -1$.

Das Simplexkriterium ist verletzt in den Nichtbasiszellen (1, 3), (2, 1) und (3, 3). Wir entscheiden, Zelle (2, 1) zur Basiszelle zu machen. Die zugehörige Basisschleife geht über die Basiszellen (2, 2), (1, 2), (1, 1), von denen die beiden waagerecht angelaufenen den gleichen Wert + 2 der Basisvariablen aufweisen. Folglich ist die die Basis verlassende Zelle nicht eindeutig bestimmt und die nächste Basislösung degeneriert. Wir nehmen willkürlich die Zelle (2, 2) aus der Basis. Deren Wert + 2 ist auf die neue Basiszelle (2, 1) zu übertragen, von x_{11} zu subtrahieren und zu x_{12} zu addieren. Wir erhalten Tab. 1.18.

Tab. 1.18

					a_i
	[4] ⓪	[3] ⑤	[4] 3	[4] 1	5
	[1] ②	[2] −2	[4] ③	[2] ②	7
	[5] −3	[4] −3	[4] 1	[3] ②	2
b_j	2	5	3	4	

Tab. 1.19

					a_i
	[4] −3	[3] ⑤	[4] ⓪	[4] −2	5
	[1] ②	[2] 1	[4] ③	[2] ②	7
	[5] −3	[4] 0	[4] 1	[3] ②	2
b_j	2	5	3	4	

Die eingekreisten Zahlen sind wieder die Werte der neuen Basisvariablen, und in den übrigen Zellen sind die neuen negativen reduzierten Kosten abzulesen. Wir nehmen Zelle (1, 3) in die Basis. Die zugehörige Basisschleife läuft über die Basiszellen (1, 1), (2, 1), (2, 3). Folglich muß Zelle (1, 1) mit dem Wert 0 die Basis verlassen, d. h. (1, 3) erhält den Wert 0, und alle übrigen Zellen bleiben unverändert. Das nächste Tableau finden wir in Tab. 1.19.

Als nächste Basiszellen kommen (2, 2) oder (3, 3) in Frage. Wir wählen (2, 2). Die zugehörige Basisschleife geht über (2, 3), (1, 3), (1, 2). Der kleinste Wert einer waagerecht angelaufenen Basiszelle ist + 3 in Zelle (2, 3), d. h. (2, 3) verläßt die Basis, und der Wert + 3 wird auf (2, 2) übertragen, von x_{12} subtrahiert und zu x_{13} addiert. Damit erhalten wird in Tab. 1.20 das optimale Tableau.

Tab. 1.20

					a_i
	[4] -2	[3] (2)	[4] (3)	[4] -1	5
	[1] (2)	[2] (3)	[4] -1	[2] (2)	7
	[5] -3	[4] -1	[4] 0	[3] (2)	2
b_j	2	5	3	4	

Der größte Aufwand bei dieser sogenannten Stepping-Stone-Methode wird dadurch verursacht, daß man jeweils in einem Suchverfahren einen mehr oder weniger großen Anteil der zu den $m \cdot n - m - n + 1$ Nichtbasiszellen gehörenden Basisschleifen zu bestimmen hat, um neue Kandidaten für die Basis zu finden. In unserer früheren Schreibweise ist man an $\alpha_{0j} = \tilde{c}'B^{-1} D_j - d_j$ interessiert. In diesem Ausdruck kommt der Vektor der Schattenpreise $(B^{-1})' \tilde{c} = (B')^{-1} \tilde{c}$ vor, der als Lösung des Gleichungssystems

$$B'y = \tilde{c}$$

aufzufassen ist. Ist $\tilde{B}$ eine $(m + n - 1)$-reihige Basis aus der Transportmatrix unter Weglassung der letzten Zeile, so haben wir das Gleichungssystem

$$\tilde{B}'y = \tilde{c}, \qquad y \in \mathbf{R}^{m+n-1}.$$

Fügen wir zu $\tilde{B}$ die den Basisspalten entsprechenden Elemente der letzten Zeile der Transportmatrix hinzu und nennen die so entstehende Matrix $\hat{B}$, dann ist das folgende Gleichungssystem zu dem obigen gleichwertig:

$$\begin{aligned} \hat{B}'z &= \tilde{c}, \qquad z \in \mathbf{R}^{m+n}, \\ z_{m+n} &= 0. \end{aligned}$$

Setzen wir $z = \binom{u}{v}$ mit $u \in \mathbf{R}^m$, $v \in \mathbf{R}^n$, so lautet dieses Gleichungssystem wegen der speziellen Struktur von $\hat{B}$

$$\begin{aligned} u_i + v_j &= c_{ij} \qquad \forall (i, j) \text{ in der Basis}, \\ v_n &= 0\,. \end{aligned}$$

Dieses Gleichungssystem ist sehr einfach lösbar. Haben wir eine Lösung $(u_i, v_j\,; i = 1, \ldots, m; j = 1, \ldots, n)$, dann finden wir den uns interessierenden Wert der negativen reduzierten Kosten

$$\tilde{c}'\tilde{B}^{-1}\,\tilde{P}_{k\ell} - c_{k\ell}$$

für jede Nichtbasiszelle (k, ℓ) als

$$u_k + v_\ell - c_{k\ell}.$$

Nachdem wir dann entschieden haben, welche Zelle in die Basis kommen soll, haben wir lediglich hierfür eine einzige Basisschleife für den Austauschschritt zu bestimmen. Diese sogenannte u - v - M e t h o d e wollen wir am zuletzt durchgerechneten Beispiel im ersten zulässigen Tableau Tab. 1.21 vorführen.

Das Gleichungssystem

$$u_i + v_j = c_{ij} \qquad \forall\,(i, j) \text{ in der Basis,}$$
$$v_n = 0$$

lautet hier

$$u_1 + v_1 = 4$$
$$u_1 + v_2 = 3$$
$$u_2 + v_2 = 2$$
$$u_2 + v_3 = 4$$
$$u_2 + v_4 = 2$$
$$u_3 + v_4 = 3$$
$$v_4 = 0.$$

Tab. 1.21

					a_i	u_i
	4 (2)	3 (3)	4	4	5	3
	1	2 (2)	4 (3)	2 (2)	7	2
	5	4	4	3 (2)	2	3
b_j	2	5	3	4		
v_j	1	0	2	0		

Die oben im Tableau eingetragenen Lösungswerte für u_i und v_j kann man offenbar direkt ablesen, wenn man von $v_4 = 0$ ausgeht. Daraus erhalten wir die negativen reduzierten Kosten z. B. für

$$(2, 1) \text{ als } u_2 + v_1 - c_{21} = 2$$

oder für $(3, 2)$ als $u_3 + v_2 - c_{32} = -1$ wie früher.

Wollen wir nun (2, 1) in die Basis nehmen, haben wir lediglich hierfür die Basisschleife zu bestimmen, um den Pivotschritt durchführen zu können.

1.4.2 Zuordnungsprobleme

Unter einem Z u o r d n u n g s p r o b l e m verstehen wir, wie in Abschn. 1.1.4 schon dargestellt, die Aufgabe

$$\begin{aligned} &\min \sum_{i=1}^{n} \sum_{j=1}^{n} c_{ij}\, x_{ij} \\ \text{bzgl.}\quad &\sum_{j=1}^{n} x_{ij} = 1, \qquad i = 1, \ldots, n \\ &\sum_{i=1}^{n} x_{ij} = 1, \qquad j = 1, \ldots, n \\ &x_{ij} \geqslant 0, \end{aligned} \tag{1.70}$$

wobei wir zusätzlich verlangen, daß x_{ij} nur die Werte 0 oder 1 annimmt. Da (1.70) offenbar ein spezielles Transportproblem ist, ist diese Forderung nach Satz 1.27 nicht sonderlich gravierend. Wir setzen im übrigen voraus, daß die c_{ij} ganzzahlig sind. Auch diese Voraussetzung ist praktisch nicht einschränkend, da man im Rechner die c_{ij} jedenfalls als rationale Zahlen darstellt und eine Erweiterung der Zielfunktion (Multiplikation mit einer Konstanten) die Lösungsmenge nicht berührt.

Die Anwendung des Transportalgorithmus empfiehlt sich zur Lösung von (1.70) aus folgendem Grunde nicht. In jeder zulässigen Basislösung von (1.70) verschwinden von den 2 n − 1 Basisvariablen genau n − 1, d. h. alle zulässigen Basislösungen sind stark degeneriert. Daher führt man beim Transportalgorithmus, d. h. beim Simplexverfahren, möglicherweise sehr viele Austauschschritte durch, die die Zielfunktionswerte des ungestörten Problems nicht verringern. Es lohnt sich also, für (1.70) ein anderes Lösungsverfahren zu suchen, das die besonderen Eigenschaften des Problems besser ausnutzt.

Eine wesentliche Eigenart des Zuordnungsproblems finden wir in

Satz 1.32 Seien β_i, i = 1, . . . , n, und γ_j, j = 1, . . . , n, beliebige Konstanten. Ersetzt man in (1.70) jeden Koeffizienten c_{ij} durch $c_{ij}^* = c_{ij} + \beta_i + \gamma_j$, dann bleibt die Lösungsmenge des Zuordnungsproblems unverändert.

B e w e i s. Für jede zulässige Lösung $\{x_{ij}\}$ von (1.70) gilt

$$\begin{aligned} \sum_{i=1}^{n} \sum_{j=1}^{n} c_{ij}^* x_{ij} &= \sum_{i=1}^{n} \sum_{j=1}^{n} (c_{ij} + \beta_i + \gamma_j)\, x_{ij} \\ &= \sum_{i=1}^{n} \sum_{j=1}^{n} c_{ij}\, x_{ij} + \sum_{i=1}^{n} \beta_i + \sum_{j=1}^{n} \gamma_j\,, \end{aligned}$$

d. h. die Zielfunktion des abgeänderten Problemes unterscheidet sich von der ursprünglichen nur durch eine additive Konstante

$$\sum_{i=1}^{n} \beta_i + \sum_{j=1}^{n} \gamma_j\,.$$ ■

Für das Zuordnungsproblem wurde die u n g a r i s c h e M e t h o d e entwickelt, die wir jetzt in ihren einzelnen Teilen beschreiben und erklären wollen.

Teil 1.

Schritt 1. Sei $\beta_i = \min_j c_{ij}$, $i = 1, \ldots, n$ minimales Kostenelement je Zeile

Schritt 2. $c'_{ij} := c_{ij} - \beta_i$, $\forall (i, j)$

Schritt 3. Sei $\gamma_j := \min_i c'_{ij}$, $j = 1, \ldots, n$ minimales Kostenelement je Spalte

Schritt 4. $c^*_{ij} := c'_{ij} - \gamma_j$, $\forall (i, j)$.

Nach Satz 1.32 erhalten wir damit ein äquivalentes Zuordnungsproblem. Die c^*_{ij} sind ganzzahlig, es gilt $c^*_{ij} \geqslant 0 \; \forall (i, j)$, und in jeder Zeile und in jeder Spalte der Kostenmatrix (c^*_{ij}) gibt es mindestens ein Element $c^*_{ij} = 0$.

Würde es uns gelingen, in diesem Problem n Zuordnungen zu treffen derart, daß für (i, j) mit $x_{ij} = 1$ auch $c^*_{ij} = 0$ gilt, dann hätten wir sicher eine Lösung gefunden, da $c^*_{ij} \geqslant 0$ $\forall (i, j)$. In der Regel ist das jedoch nicht möglich. Deshalb beschränkt man sich zunächst darauf, eine maximale Anzahl – in der Regel also weniger als n – Zuordnungen zu treffen unter der Bedingung, daß $x_{ij} = 1$ nur möglich ist, wenn $c^*_{ij} = 0$ gilt. Diese Aufgabe läßt sich formulieren als

Teil 2 (Maximale Zuordnung auf Γ)

Sei $\Gamma = \{(i, j) \mid c^*_{ij} = 0\}$. Bestimme eine ganzzahlige Lösung von

$$\begin{aligned} \max \quad & \sum_{(i,j)\in\Gamma} x_{ij} \\ \text{bzgl.} \quad & \sum_{j:(i,j)\in\Gamma} x_{ij} \leqslant 1, \qquad i = 1, \ldots, n \\ & \sum_{i:(i,j)\in\Gamma} x_{ij} \leqslant 1, \qquad j = 1, \ldots, n \\ & x_{ij} \geqslant 0 \quad \forall (i, j) \in \Gamma . \end{aligned} \tag{1.71}$$

Für die Koeffizientenmatrix des LP (1.71) gilt, wie man sofort sieht, wieder Satz 1.26. Jede Unterdeterminante hat also den Wert 0,1 oder – 1, und folglich hat jede Basisinverse nur Elemente mit diesen Werten. Daher ist die Ganzzahligkeit für jede zulässige Basislösung erfüllt. Ist der Optimalwert von (1.71) kleiner als n, so haben wir die in (1.70) verlangten n Zuordnungen nicht treffen können. Um das ursprüngliche Problem weiter bezüglich der Lösungsmenge äquivalent verändern zu können, gehen wir zu

Teil 3 (Minimale Überdeckung von Γ)

Bestimme eine ganzzahlige Lösung des zu (1.71) dualen LP

$$\begin{aligned} \min \quad & \{ \sum_{i=1}^{n} u_i + \sum_{j=1}^{n} v_j \} \\ \text{bzgl.} \quad & u_i + v_j \geqslant 1, \quad \forall (i, j) \in \Gamma \\ & u_i \geqslant 0, \quad v_j \geqslant 0 \end{aligned} \tag{1.72}$$

Die Ganzzahligkeitsforderung ist auch hier nicht erschwerend.

Satz 1.33 Das LP (1.72) hat Lösungen, in denen die Variablen u_i und v_j nur die Werte 0 oder 1 annehmen.

B e w e i s. Sei B eine optimale zulässige Basis von (1.71). Wie wir bei der Darstellung der revidierten Simplexmethode sahen, liefert dann $(B^{-1})'$ e eine Lösung von (1.72), wobei $e' = (1, \ldots, 1)$ die der Basis entsprechenden Komponenten der rechten Seite von (1.72) enthält. Da wir im Anschluß an Teil 2 schon feststellten, daß B^{-1} nur die Elemente 0,1 und -1 enthält, haben wir also eine ganzzahlige Lösung von (1.72). Ferner gilt für jede Lösung von (1.72) $u_i \leqslant 1$ und $v_j \leqslant 1$. Wäre z. B. ein $u_{i_0} > 1$ und im übrigen $\{u_i, v_j\}$ zulässig, dann wäre auch $\{u_i', v_j'\}$, definiert gemäß

$$\begin{aligned} u_i' &= u_i & \forall i \neq i_0 \\ u_{i_0}' &= 1 = u_{i_0} - (u_{i_0} - 1) \\ v_j' &= v_j & \forall j, \end{aligned}$$

offenbar zulässig, aber

$$\sum_{i=1}^{n} u_i' + \sum_{j=1}^{n} v_j' = \sum_{i=1}^{n} u_i + \sum_{j=1}^{n} v_j - (u_{i_0} - 1),$$

d. h. $\{u_i', v_j'\}$ hätte einen kleineren Zielfunktionswert. Folglich ist $u_i > 1$ und analog $v_j > 1$ in der Lösung nicht möglich. ∎

Dieses Ergebnis läßt eine Interpretation von (1.72) zu, die den Untertitel von Teil 3 plausibel macht. Deuten wir $u_i = 1$ als Durchstreichen der i-ten Zeile der Matrix (c_{ij}^*) und analog $v_j = 1$ als Streichen der j-ten Spalte, dann verlangen die Restriktionen von (1.72), daß jedes c_{ij}^* mit $(i, j) \in \Gamma$ mindestens einmal gestrichen wird. Dies hat – gemäß Zielfunktion – mit der minimalen Anzahl von Streichungen zu geschehen. Nachdem wir eine minimale Überdeckung von Γ bestimmt haben, können wir eine neue, bezüglich der Lösungsmenge äquivalente, Fassung des Zuordnungsproblems bestimmen.

T e i l 4

Sei $\gamma = \min \{c_{ij}^* \mid u_i = v_j = 0\}$, d. h. γ ist das kleinste nicht durchgestrichene Element von (c_{ij}^*) und folglich $\gamma > 0$. Definiere eine neue Kostenmatrix (c_{ij}^*) gemäß

$$c_{ij}^* := \begin{cases} c_{ij}^* - \gamma, & \text{falls } u_i = v_j = 0 \\ c_{ij}^*, & \text{falls } u_i + v_j = 1 \\ c_{ij}^* + \gamma, & \text{falls } u_i + v_j = 2\,, \end{cases} \tag{1.73}$$

d. h. von den nicht durchgestrichenen Elementen wird γ subtrahiert, die einmal durchgestrichenen Elemente bleiben unverändert, und zu den zweimal durchgestrichenen Elementen wird γ addiert.

Die hier in Teil 4 gegebene Umformung (1.73) können wir auch anders formulieren.

Sei nämlich

$$\beta_i = \begin{cases} -\frac{\gamma}{2}, & \text{falls } u_i = 0 \\ \\ +\frac{\gamma}{2}, & \text{falls } u_i = 1 \end{cases} \quad \text{und} \quad \delta_j = \begin{cases} -\frac{\gamma}{2}, & \text{falls } v_j = 0 \\ \\ +\frac{\gamma}{2}, & \text{falls } v_j = 1, \end{cases}$$

dann ist (1.73) offensichtlich gleichbedeutend mit

$$c_{ij}^* := c_{ij}^* + \beta_i + \delta_j.$$

Folglich bleibt bei (1.73) nach Satz 1.32 die Lösungsmenge des Zuordnungsproblems unverändert.

Die ungarische Methode läßt sich nun folgendermaßen zusammenfassen:

Schritt 1. Forme die ursprüngliche Kostenmatrix (c_{ij}) gemäß Teil 1 um in (c_{ij}^*).

Schritt 2. Bestimme die maximale Zuordnung auf Γ gemäß Teil 2. Ist $\sum\limits_{(i,j)\in\Gamma} x_{ij} = n$, dann ist das ursprüngliche Problem gelöst; stop. Andernfalls gehe zu Schritt 3.

Schritt 3. Bestimme die minimale Überdeckung von Γ gemäß Teil 3.

Schritt 4. Bilde eine neue Kostenmatrix (c_{ij}^*) entsprechend Teil 4 und kehre zurück zu Schritt 2.

Satz 1.34 Die ungarische Methode liefert nach endlich vielen Schritten die Lösung des Zuordnungsproblems.

Beweis. Nach Voraussetzung sind alle c_{ij} ganzzahlig. Nach Teil 1 sind dann alle $c_{ij}^* \geqslant 0$ ganzzahlig. Folglich ist in Teil 4 $\gamma > 0$ und ganzzahlig, also $\gamma \geqslant 1$.

Sei in Teil 3 $\sum\limits_{i=1}^{n} u_i + \sum\limits_{j=1}^{n} v_j = r < n.$

Dann nimmt in Schritt 4 die Summe $\sum\limits_{i=1}^{n} \sum\limits_{j=1}^{n} c_{ij}^*$ um den Betrag $n \cdot \gamma(n-r)$ ab.

Da auch nach der Umformung (1.73) die c_{ij}^* nichtnegativ und ganzzahlig sind, würde die Matrix (c_{ij}^*) in endlich vielen Durchläufen zur Nullmatrix, wenn nicht vorher in Schritt 2 n Zuordnungen getroffen werden können. In der Nullmatrix kann man aber offensichtlich die Hauptdiagonale wählen, also n Zuordnungen treffen. ∎

Das LP (1.71) für die maximale Zuordnung auf Γ löst man wegen seiner speziellen Struktur nicht etwa mit dem Simplexverfahren, sondern auf einfachere Art. Wir wollen das Vorgehen zunächst an einem Beispiel demonstrieren. Sei $n = 4$ und $\Gamma = \{(1,2), (1,3), (2,1), (2,3), (2,4), (3,1), (3,2), (4,3)\}$. Unmittelbar können wir folgende Zuordnungen treffen: $x_{12} = 1, x_{21} = 1, x_{43} = 1$. In der Zeile $i = 3$ war zunächst keine Zuordnung mehr möglich, da in den in Frage kommenden Spalten $j = 1$ und $j = 2$ bereits mit $x_{12} = 1$ und $x_{21} = 1$ zugeordnet wurde. Wollen wir aber nachträglich in Zeile $i = 3$ eine Zuordnung treffen und zugleich die Anzahl Zuordnungen erhöhen, dann ist das hier möglich, indem wir $x_{31} = 1$ setzen und dann die ursprüngliche Zuordnung abändern in $x_{21} = 0$ und $x_{24} = 1$. Damit haben wir $x_{12} = 1, x_{24} = 1, x_{31} = 1, x_{43} = 1$ und folglich eine maximale Zuordnung auf Γ.

Allgemein läßt sich dieses Vorgehen folgendermaßen beschreiben.

Maximale Zuordnung auf Γ (Teil 2)

Schritt 1. Setze $x_{ij} := 0 \quad \forall (i, j) \in \Gamma$

Schritt 2. Sei $I_0 = \{i \mid \sum_{j:(i,j)\in\Gamma} x_{ij} = 0\}$ *Indizes der nicht gestrichenen Zeilen*

Schritt 3. Falls $I_0 = \emptyset$, gehe zu Schritt 8.
Sonst setze $\ell(j) := 0, j = 1, \ldots, n$, und $v(i) := 0, i = 1, \ldots, n$.
Wähle ein $i_0 \in I_0$ und setze $v(i_0) := \infty$, $I_1 = \{i_0\}$ und $K := 1$.

Schritt 4. Setze $J_K = \{j \mid \exists i \in I_K : (i, j) \in \Gamma, x_{ij} = 0, \ell(j) = 0\}$.
Falls $J_K = \emptyset$, gehe zu Schritt 7.
Sonst bestimme für jedes $j \in J_K$ ein $i \in I_K$ derart, daß $(i, j) \in \Gamma$ und $x_{ij} = 0$ und setze $\ell(j) := i$. *Index der gefundenen "0" in der Zeile*
Falls $\exists j_0 \in J_K$ mit $\sum_{i:(i,j_0)\in\Gamma} x_{ij_0} = 0$, gehe zu Schritt 6, sonst zu Schritt 5.

Schritt 5. Setze $I_{K+1} = \{i \mid \exists j \in J_K : (i, j) \in \Gamma, x_{ij} = 1, v(i) = 0\}$
Falls $I_{K+1} = \emptyset$, gehe zu Schritt 7.
Sonst bestimme für jedes $i \in I_{K+1}$ ein $j \in J_K$ derart, daß $(i, j) \in \Gamma$ und $x_{ij} = 1$ und setze $v(i) = j$. Setze $K := K + 1$ und gehe zu Schritt 4.

Schritt 6. Bestimme die Folge $\{j_0, i_1, j_1, \ldots, j_{r-1}, i_r\}$ gemäß $i_{\nu+1} = \ell(j_\nu)$ und $j_{\nu+1} = v(i_{\nu+1}), \nu = 0, \ldots, r-1$, bis $v(i_r) = \infty$, d. h. $i_r = i_0$. Setze $x_{i_r j_{r-1}} := 1$ und, falls $r \geqslant 2$, $x_{i_{\nu+1} j_\nu} := 1$ und $x_{i_{\nu+1} j_{\nu+1}} := 0, \nu = 0, \ldots, r-2$.

Schritt 7. Setze $I_0 := I_0 - \{i_0\}$ und gehe zu Schritt 3.

Schritt 8. Stop; die Zuordnung $\{x_{ij}\}$ ist maximal.

Mit der so erhaltenen Lösung $\{x_{ij}\}$ von (1.71) können wir unmittelbar eine Lösung von (1.72) bestimmen.

Minimale Überdeckung von Γ (Teil 3)

Schritt 9. Setze $u_i := -1, v_j := -1 \quad \forall i, j$.

Schritt 10. Sei $I = \{i \mid \sum_{j:(i,j)\in\Gamma} x_{ij} = 0\}$.
Setze $u_i := 0 \quad \forall i \in I$.

Schritt 11. Sei $J = \{j \mid v_j = -1; \exists i : (i, j) \in \Gamma \text{ und } u_i = 0\}$.
Falls $J = \emptyset$, gehe zu Schritt 13.
Sonst setze $v_j := 1 \quad \forall j \in J$.

Schritt 12. Sei $I = \{i \mid j : (i, j) \in \Gamma, x_{ij} = 1 \text{ und } v_j = 1; u_i = -1\}$
Falls $I = \emptyset$, gehe zu Schritt 13.
Sonst setze $u_i := 0 \quad \forall i \in I$ und gehe zu Schritt 11.

Schritt 13. Sei $I = \{i \mid u_i = -1\}$ und $J = \{j \mid v_j = -1\}$.
Setze $u_i := 1 \quad \forall i \in I$ und $v_j := 0 \quad \forall j \in J$. Stop.

Satz 1.35 Die Verfahren Schritt 1 bis 8 und Schritt 9 bis 13 sind endlich und liefern Lösungen $\{x_{ij}\}$ bzw. $\{u_i, v_j\}$ der Linearprogramme (1.71) bzw. (1.72).

B e w e i s. Die Endlichkeit der beiden Verfahren folgt sofort aus der Endlichkeit von Γ.

In Schritt 1 wird offensichtlich eine zulässige Lösung von (1.71) definiert. Diese wird nur in Schritt 6 geändert, und zwar nur bezüglich der Zeilen $i_1, \dots, i_r$ und der Spalten $j_0, \dots, j_{r-1}$. Für die entsprechenden Restriktionen haben wir nach der Änderung

$$\sum_{i:(i,j_0)\in\Gamma} x_{ij_0} = x_{i_1 j_0} = 1 \qquad \text{(s. Schritt 4)}$$

und, sofern $r > 1$,

$$\sum_{i:(i,j_\nu)} x_{ij_\nu} = x_{i_{\nu+1} j_\nu} + x_{i_\nu j_\nu} = 1, \qquad \nu = 1, \dots, r-1,$$

und ferner

$$\sum_{j:(i_\nu,j)} x_{i_\nu j} = x_{i_\nu j_\nu} + x_{i_\nu j_{\nu-1}} = 1, \qquad \nu = 1, \dots, r.$$

Alle übrigen Restriktionen werden durch die Änderung nicht berührt. Folglich wird in Schritt 6 jeweils eine zulässige Lösung in eine – bezüglich der Zielfunktion bessere – zulässige Lösung übergeführt. Damit endet das aus Schritt 1 bis 8 bestehende Verfahren mit einer zulässigen Lösung $\{x_{ij}\}$ von (1.71).

Gemäß Schritt 10 bis 13 gilt am Ende dieses zweiten Verfahrens $u_i \geqslant 0$ und $v_j \geqslant 0$ $\forall i, j$. Sei $(i, j) \in \Gamma$ beliebig gewählt.

Falls $u_i = 1$, folgt $u_i + v_j \geqslant 1$. Falls $u_i = 0$, dann ist entweder nach Schritt 10 $\sum_{j:(i,j)\in\Gamma} x_{ij} = 0$ und dann $v_j = 1$ (nach Schritt 11), oder es gibt nach Schritt 12 ein j_1 mit $v_{j_1} = 1$, $(i, j_1) \in \Gamma$, $x_{ij_1} = 1$. Falls nicht $j_1 = j$, wird dann in Schritt 11 $v_j = 1$. Damit gilt wieder $u_i + v_j \geqslant 1$.

Da $(i, j) \in \Gamma$ beliebig war, haben wir also am Ende des aus Schritt 9 bis 13 bestehenden Verfahrens eine zulässige Lösung $\{u_i, v_j\}$ von (1.72).

Die Optimalität der beiden zulässigen Lösungen zeigen wir mit Hilfe der Komplementaritätsbedingungen, die hier lauten:

a) $$(1 - \sum_{j:(i,j)\in\Gamma} x_{ij})\, u_i = 0, \qquad i = 1, \dots, n,$$

b) $$(1 - \sum_{i:(i,j)\in\Gamma} x_{ij})\, v_j = 0, \qquad j = 1, \dots, n,$$

c) $$(u_i + v_j - 1) \qquad = 0 \qquad \forall (i, j) \in \Gamma.$$

Diese Bedingungen sind erfüllt, denn

a) entweder ist

$$\sum_{j:(i,j)\in\Gamma} x_{ij} = 1, \quad \text{oder} \quad \sum_{j:(i,j)\in\Gamma} x_{ij} = 0$$

und $u_i = 0$ nach Schritt 10;

c) entweder ist

$$u_i + v_j = 1, \quad \text{oder} \quad u_i = 1 \text{ und } v_j = 1;$$

dann ist nach Schritt 12 $x_{ij} = 0$;

b) entweder ist

$$\sum_{i:(i,j)\in\Gamma} x_{ij} = 1, \quad \text{oder} \quad \sum_{i:(i,j)\in\Gamma} x_{ij} = 0,$$

woraus $v_j = 0$ folgen muß.

Aus der gegenteiligen Annahme $v_j = 1$ folgt nämlich mit $j_0 = j$:

nach Schritt 11 $\exists\, i_1 \;:\; (i_1, j_0) \in \Gamma,\ u_{i_1} = 0,$
nach Schritt 12 $\exists\, j_1 \;:\; (i_1, j_1) \in \Gamma,\ x_{i_1 j_1} = 1,\ v_{j_1} = 1,$
nach Schritt 11 $\exists\, i_2 \;:\; (i_2, j_1) \in \Gamma,\ u_{i_2} = 0,$
nach Schritt 12 $\exists\, j_2 \;:\; (i_2, j_2) \in \Gamma,\ x_{i_2 j_2} = 1,\ v_{j_2} = 1$
usw. bis schließlich
nach Schritt 11 $\exists\, i_{r-1} : (i_{r-1}, j_{r-2}) \in \Gamma,\ u_{i_{r-1}} = 0,$
nach Schritt 12 $\exists\, j_{r-1} : (i_{r-1}, j_{r-1}) \in \Gamma,\ x_{i_{r-1} j_{r-1}} = 1,\ v_{j_{r-1}} = 1$
nach Schritt 11 $\exists\, i_r \;:\; (i_r, j_{r-1}) \in \Gamma,\ u_{i_r} = 0,$
nach Schritt 10 gilt $\sum_{j:(i_r,j)\in\Gamma} x_{i_r j} = 0.$

Damit wäre nach Schritt 2 $i_r \in I_0$ gewesen, und wir hätten die Folge $(j_0, i_1, \ldots, j_{r-1}, i_r)$ in den Schritten 4 und 5 finden müssen und dann in Schritt 6 insbesondere $x_{i_1 j_0} = 1$ gesetzt im Widerspruch zur obigen Voraussetzung, daß $\sum_{i:(i,j_0)\in\Gamma} x_{ij_0} = 0$.

Damit sind $\{x_{ij}\}$ und $\{u_i, v_j\}$ Lösungen von (1.71) bzw. (1.72). ■

Abschließend wollen wir die ungarische Methode insgesamt an einem Beispiel vorführen.

Sei $n = 10$ und die Kostenmatrix gegeben als

$$(c_{ij}) = \begin{pmatrix} 2 & 5 & 0 & -3 & -2 & 1 & -1 & 0 & 1 & -1 \\ 4 & 3 & 2 & 4 & 7 & 3 & 2 & 5 & 4 & 2 \\ 8 & 7 & 6 & 5 & 4 & 3 & 2 & 1 & 9 & 8 \\ -3 & -2 & -1 & -2 & -1 & 0 & -4 & -3 & 1 & 2 \\ 4 & 2 & 8 & 2 & 0 & 2 & 1 & 3 & 4 & 1 \\ 5 & 4 & 3 & 2 & 1 & 6 & 7 & 5 & 4 & 8 \\ 4 & 2 & 3 & 7 & 6 & 5 & 8 & 3 & 4 & 6 \\ 5 & 6 & 3 & 4 & 2 & 3 & 4 & 3 & 7 & 6 \\ -3 & -2 & -1 & -3 & -4 & -5 & 3 & -1 & 2 & -3 \\ 1 & 3 & 8 & 2 & 0 & 4 & 3 & 1 & 5 & 4 \end{pmatrix}$$

Wenden wir von Teil 1 Schritt 1 und 2 an, erhalten wir

$$
(c'_{ij}) = \begin{pmatrix}
5 & 8 & 3 & 0 & 1 & 4 & 2 & 3 & 4 & 2 \\
2 & 1 & 0 & 2 & 5 & 1 & 0 & 3 & 2 & 0 \\
7 & 6 & 5 & 4 & 3 & 2 & 1 & 0 & 8 & 7 \\
1 & 2 & 3 & 2 & 3 & 4 & 0 & 1 & 5 & 6 \\
4 & 2 & 8 & 2 & 0 & 2 & 1 & 3 & 4 & 1 \\
4 & 3 & 2 & 1 & 0 & 5 & 6 & 4 & 3 & 7 \\
2 & 0 & 1 & 5 & 4 & 3 & 6 & 1 & 2 & 4 \\
3 & 4 & 1 & 2 & 0 & 1 & 2 & 1 & 5 & 4 \\
2 & 3 & 4 & 2 & 1 & 0 & 8 & 4 & 7 & 2 \\
1 & 3 & 8 & 2 & 0 & 4 & 3 & 1 & 5 & 4
\end{pmatrix}
$$

Schritt 3 und 4 von Teil 1 ergeben dann

$$
(c^*_{ij}) = \begin{pmatrix}
4 & 8 & 3 & \boxed{0} & 1 & 4 & 2 & 3 & 2 & 2 \\
1 & 1 & 0 & 2 & 5 & 1 & \boxed{0} & 3 & 0 & 0 \\
6 & 6 & 5 & 4 & 3 & 2 & 1 & \boxed{0} & 6 & 7 \\
\boxed{0} & 2 & 3 & 2 & 3 & 4 & 0 & 1 & 3 & 6 \\
3 & 2 & 8 & 2 & \boxed{0} & 2 & 1 & 3 & 2 & 1 \\
3 & 3 & 2 & 1 & 0 & 5 & 6 & 4 & 1 & 7 \\
1 & \boxed{0} & 1 & 5 & 4 & 3 & 6 & 1 & 0 & 4 \\
2 & 1 & 1 & 2 & 0 & 1 & 2 & 1 & 3 & 4 \\
1 & 3 & 4 & 2 & 1 & \boxed{0} & 8 & 4 & 5 & 2 \\
0 & 3 & 8 & 2 & 0 & 4 & 3 & 1 & 3 & 4
\end{pmatrix}
$$

Nach dem Verfahren für die maximale Zuordnung auf Γ können wir bereits folgende Zuordnung treffen:

$x_{14} = 1$, $x_{27} = 1$ (diese Zuordnung ist willkürlich), $x_{38} = 1$, $x_{41} = 1$, $x_{55} = 1$, $x_{72} = 1$, $x_{96} = 1$, die wir oben in (c^*_{ij}) bereits durch $\boxed{0}$ angedeutet haben. Danach ist

$I_0 = \{i | \sum_{j:(i,j)\in\Gamma} x_{ij} = 0\} = \{6, 8, 10\}$.

Wählen wir nach Schritt 3 $i_0 = 6$ mit $v(6) = +\infty$, d. h. $I_1 = \{6\}$. Dann wird

nach Schritt 4 $J_1 = \{5\}, \ell(5) = 6$

nach Schritt 5 $I_2 = \{5\}, v(5) = 5$

nach Schritt 4 $J_2 = \emptyset$

nach Schritt 7 $I_0 = \{8, 10\}$.

Für $i_0 = 8$ erhalten wir wieder $J_1 = \{5\}, I_2 = \{5\}, J_2 = \emptyset$, also wird nach Schritt 7 $I_0 = \{10\}$. Mit $i_0 = 10$ erhalten wir dann

$I_1 = \{10\}, \qquad v(10) = +\infty$

$J_1 = \{1, 5\}, \qquad \ell(1) = \ell(5) = 10$

$I_2 = \{4, 5\}, \qquad v(4) = 1, v(5) = 5$

$$
\begin{aligned}
J_2 &= \{7\}, & \ell(7) &= 4 \\
I_3 &= \{2\}, & v(2) &= 7 \\
J_3 &= \{3, 9, 10\}, & \ell(3) &= \ell(9) = \ell(10) = 2.
\end{aligned}
$$

Als j_0 nach Schritt 4 und 6 kommt hier jedes Element von J_3 in Frage. Wir wählen $j_0 = 3$. Dann ist nach Schritt 6

$$
\begin{aligned}
i_1 &= \ell(3) = 2, \quad j_1 = v(2) = 7 \\
i_2 &= \ell(7) = 4, \quad j_2 = v(4) = 1 \\
i_3 &= \ell(1) = 10 \text{ und } v(10) = +\infty, \text{ d. h. } i_3 = i_0.
\end{aligned}
$$

Danach wird $x_{23} = x_{47} = x_{10,1} = 1$ und $x_{27} = x_{41} = 0$, und alle übrigen Zuordnungen bleiben unverändert. In Schritt 7 wird dann $I_0 = \emptyset$, d. h. wir haben die folgende maximale Zuordnung:

$$
(c^*_{ij}) = \begin{pmatrix}
4 & 8 & 3 & \boxed{0} & 1 & 4 & 2 & 3 & 2 & 2 \\
1 & 1 & \boxed{0} & 2 & 5 & 1 & 0 & 3 & 0 & 0 \\
6 & 6 & 5 & 4 & 3 & 2 & 1 & \boxed{0} & 6 & 7 \\
0 & 2 & 3 & 2 & 3 & 4 & \boxed{0} & 1 & 3 & 6 \\
3 & 2 & 8 & 2 & \boxed{0} & 2 & 1 & 3 & 2 & 1 \\
3 & 3 & 2 & 1 & 0 & 5 & 6 & 4 & 1 & 7 \\
1 & \boxed{0} & 1 & 5 & 4 & 3 & 6 & 1 & 0 & 4 \\
2 & 4 & 1 & 2 & 0 & 1 & 2 & 1 & 3 & 4 \\
1 & 3 & 4 & 2 & 1 & \boxed{0} & 8 & 4 & 5 & 2 \\
\boxed{0} & 3 & 8 & 2 & 0 & 4 & 3 & 1 & 3 & 4
\end{pmatrix}
$$

Bestimmen wir nun die minimale Überdeckung von Γ nach Schritt 9–13, so erhalten wir

$$
\begin{aligned}
&u_6 = 0, \quad u_8 = 0 && \text{nach Schritt 10} \\
&v_5 = 1 && \text{nach Schritt 11} \\
&u_5 = 0 && \text{nach Schritt 12} \\
&u_1 = u_2 = u_3 = u_4 = u_7 = u_9 = u_{10} = 1 && \text{nach Schritt 13.}
\end{aligned}
$$

und $v_i = 0 \quad \forall i \neq 5$.

Diese Überdeckung ist oben in (c^*_{ij}) durch Streichungen von Zeilen und Spalten angedeutet.

Nach Teil 4 bestimmen wir nun das Minimum γ der nicht durchgestrichenen Elemente von (c^*_{ij}), also $\gamma = 1$, und bestimmen (c^*_{ij}) neu gemäß (1.73).

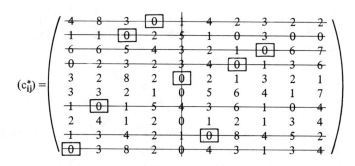

$$(c^*_{ij}) = \begin{pmatrix} 4 & 8 & 3 & \boxed{0} & 2 & 4 & 2 & 3 & 2 & 2 \\ 1 & 1 & 0 & 2 & 6 & 1 & 0 & 3 & \boxed{0} & 0 \\ 6 & 6 & 5 & 4 & 4 & 2 & 1 & \boxed{0} & 6 & 7 \\ 0 & 2 & 3 & 2 & 4 & 4 & \boxed{0} & 1 & 3 & 6 \\ 2 & 1 & 7 & 1 & 0 & 1 & 0 & 2 & 1 & \boxed{0} \\ 2 & 2 & 1 & 0 & \boxed{0} & 4 & 5 & 3 & 0 & 6 \\ 1 & \boxed{0} & 1 & 5 & 5 & 3 & 6 & 1 & 0 & 4 \\ 1 & 3 & \boxed{0} & 1 & 0 & 0 & 1 & 0 & 2 & 3 \\ 1 & 3 & 4 & 2 & 2 & \boxed{0} & 8 & 4 & 5 & 2 \\ \boxed{0} & 3 & 8 & 2 & 1 & 4 & 3 & 1 & 3 & 4 \end{pmatrix}$$

Nach dem Verfahren für die maximale Zuordnung auf Γ können wir hier die eingezeichnete Zuordnung treffen. Da hierfür $\sum_{(i,j)\in\Gamma} x_{ij} = 10 = n$, haben wir mit $x_{14} = x_{29} = x_{38} = x_{47} = x_{5,10} = x_{65} = x_{72} = x_{83} = x_{96} = x_{10,1} = 1$, $x_{ij} = 0$, sonst, eine Lösung des ursprünglichen Zuordnungsproblems mit dem Optimalwert $\sum_{i=1}^{10} \sum_{i=1}^{10} c_{ij} x_{ij} = 1$.

Aus diesem Beispiel wird deutlich, wie zweckmäßig die ungarische Methode für Zuordnungsprobleme ist. Denn immerhin haben wir hier mit verhältnismäßig wenig Aufwand ein Problem gelöst, das als LP aufgefaßt neben den Vorzeichenbeschränkungen 20 Restriktionen und 100 Variable aufweist.

Aufgabe Zeige: In Teil 4 der ungarischen Methode nimmt $\sum_{i,j} c^*_{ij}$ um $n \cdot \gamma(n-r)$ ab, wenn in Teil 3 $\sum_i u_i + \sum_j v_j = r$ ist.

1.4.3 Netzwerkflußmaximierung

Wie schon einführend in Abschn. 1.1.5 dargelegt wurde, handelt es sich bei *Netzwerkflußproblemen* darum, von einer Quelle q aus ein Gut durch ein Verkehrs- oder Leitungsnetz zu einer Senke s zu transportieren, wobei wir von folgenden Annahmen ausgehen: Gegeben sind

1. eine endliche Menge N von *Knoten* derart, daß $q \in N$, $s \in N$;
2. eine endliche Menge Γ von geordneten Paaren (i, j), wobei $i \in N$, $j \in N$; (i, j) wird als *Bogen* vom Knoten i zum Knoten j bezeichnet, d.h. der Transport kann auf diesem Bogen nur von i nach j stattfinden und nicht umgekehrt;
3. für jeden Bogen $(i, j) \in \Gamma$ ein *Zwangsfluß* d_{ij} und eine *Kapazität* c_{ij}, d.h. auf dem Bogen (i, j) muß mindestens die Menge d_{ij} und darf höchstens die Menge c_{ij} transportiert werden.

Wir setzen zwecks formaler Geschlossenheit voraus, daß $(s, q) \in \Gamma$, d.h. daß das Gut von der Senke direkt zur Quelle zurückgeführt werden kann, und daß $(s, i) \notin \Gamma$, falls $i \neq q$, und $(i, q) \notin \Gamma$, falls $i \neq s$, d. h. (s, q) ist der einzige Bogen, der in s beginnt, und auch der einzige Bogen, der in q endet. Ferner setzen wir *Konservativität* voraus, d.h., die Übereinstimmung der in einem Knoten i einfließenden und der aus dem Knoten i ausfließenden Menge für jedes $i \in N$. Wollen wir die von q nach s durch das Netzwerk (N, Γ) transportierte Menge möglichst groß festlegen, so ist das wegen der Konservativität gleichbedeutend mit der Maximierung der auf dem Bogen (s, q) transportierten Menge. Ist x_{ij} der Fluß, d.h. die transportierte Menge auf (i, j), so haben wir das LP

$$\max \; x_{sq}$$

$$\text{bzgl.} \quad \sum_{j:(i,j)\in\Gamma} x_{ij} - \sum_{k:(k,i)\in\Gamma} x_{ki} = 0 \qquad \forall i \in N \tag{1.74}$$

$$x_{ij} \leqslant c_{ij} \;\; \forall (i,j) \in \Gamma \;\; \text{und} \;\; x_{ij} \geqslant d_{ij} \;\; \forall (i,j) \in \Gamma.$$

Den Bogen (s, q) haben wir nur aus formalen Gründen eingeführt, denn praktisch dürfte es kaum sinnvoll sein, eine möglichst große Menge durch ein komplexes Netz von q nach s zu transportieren, um sie dann unmittelbar wieder nach q zurückzuschicken. Da dem Bogen (s, q) also in der Regel keine reale Bedeutung zukommt, sollten die zugehörigen Restriktionen $x_{sq} \leqslant c_{sq}$ und $x_{sq} \geqslant d_{sq}$ redundant sein, d. h. den zulässigen Bereich nicht beeinflussen. Formal könnte man diese Forderung durch $c_{sq} = \infty$, $d_{sq} = -\infty$ erfüllen. Es genügt aber auch, $c_{sq} > \sum_{j:(q,j)\in\Gamma} c_{qj}$ und $d_{sq} < \sum_{j:(q,j)\in\Gamma} d_{qj}$ zu wählen, da dann wegen der Konservativität für jede zulässige Lösung gilt

$$d_{sq} < \sum_{j:(q,j)\in\Gamma} d_{qj} \leqslant x_{sq} = \sum_{j:(q,j)\in\Gamma} x_{qj} \leqslant \sum_{j:(q,j)\in\Gamma} c_{qj} < c_{sq},$$

$$\text{also} \quad d_{sq} < x_{sq} < c_{sq} \tag{1.75}$$

für alle zulässigen Lösungen, was wir voraussetzen. Das LP löst man zweckmäßigerweise nicht mit dem Simplexverfahren, sondern mit einem sog. Markierverfahren, das wir zunächst an einem einfachen Beispiel vorführen.

Sei $N = \{q, 1, 2, s\}$ und $\Gamma = \{(q,1), (q,2), (1,2), (1,s), (2,s), (s,q)\}$. Das Netzwerk (N, Γ) läßt sich durch Fig. 1.9 veranschaulichen:

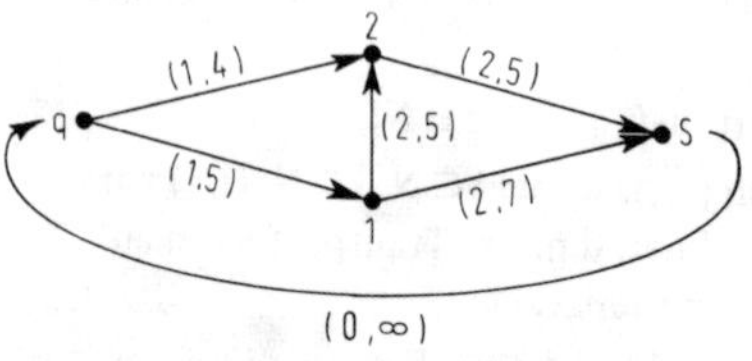

Fig. 1.9

An jedem Bogen haben wir in Klammern den Zwangsfluß und die Kapazität notiert, also z.B. $d_{12} = 2$, $c_{12} = 5$. Mit $x_{q1} = 5$, $x_{q2} = 2$, $x_{12} = 3$, $x_{1s} = 2$, $x_{2s} = 5$ und $x_{sq} = 7$ haben wir einen zulässigen Fluß durch (N, Γ). Wir versuchen nun, x_{sq} zu vergrößern. Dazu müssen wir eine zusätzliche Menge von q aus durch (N, Γ) schicken. Das deuten wir an, indem wir q markieren mit $(+s, \infty)$, d.h. in q kann eine beliebige zusätzliche Menge von s aus ankommen. Wir müssen nun prüfen, wieviel davon wir zusätzlich an die

Knoten 1 und 2 weiterleiten können. Da $x_{q1} = 5 = c_{q1}$, ist auf dem Bogen (q, 1) keine Flußerhöhung möglich. Jedoch ist $x_{q2} = 2$ und $c_{q2} = 4$, d.h. wir könnten x_{q2} um 2 erhöhen. Das merken wir uns, indem wir den Knoten 2 markieren mit (+ q, 2). Da $x_{2s} = 5 = c_{2s}$, können wir nichts von der im Knoten 2 zusätzlich verfügbaren Menge direkt nach s weiterschicken. Wenn wir über (q, 2) eine zusätzliche Menge im Knoten 2 anliefern, dann müssen wir wegen der Konservativität die entsprechende Menge vom Knoten 1 aus weniger schicken. Da $x_{12} = 3$ und $d_{12} = 2$, können wir x_{12} höchstens um 1 verringern. Das deuten wir an durch die Markierung des Knotens 1 mit (−2, 1). Wenn wir vom Knoten 1 weniger nach dem Knoten 2 schicken, muß in Knoten 1 entweder weniger ankommen, was hier unserer Zielsetzung, von q mehr abzuschicken, zuwiderläuft, oder es muß vom Knoten 1 zum Knoten s mehr fließen, was angesichts $x_{15} = 2$ und $c_{12} = 7$ möglich ist.

Die im Knoten 1 verfügbare zusätzliche Menge 1 kann also direkt nach s fließen, weshalb wir s markieren mit (+ 1, 1). Wenn wir s markiert haben, wissen wir, daß wir eine zusätzliche Menge vom Betrage 1 von q nach s durch (N, Γ) transportieren können, und über die Markierungen können wir den Weg rekonstruieren, auf dem das geschieht, nämlich:

s ist markiert mit (+ 1, 1), also $\hat{x}_{1s} = x_{1s} + 1 = 3$,

1 ist markiert mit (− 2, 1), also $\hat{x}_{12} = x_{12} - 1 = 2$,

2 ist markiert mit (+ q, 2), also $\hat{x}_{q2} = x_{q2} + 1 = 3$,

q ist markiert mit (+ s, ∞), also $\hat{x}_{sq} = x_{sq} + 1 = 8$.

Alle übrigen x_{ij} bleiben unverändert. Wir haben die neue zulässige Lösung $x_{q1} = 5$, $x_{q2} = 3$, $x_{12} = 2$, $x_{1s} = 3$, $x_{2s} = 5$, $x_{sq} = 8$. Löschen wir jetzt alle Markierungen an den Knoten und versuchen dieselbe Prozedur noch einmal, so können wir markieren q mit (+ s, ∞), 2 mit (+ q, 1), und dann kommen wir nicht mehr weiter, da wir x_{2s} nicht erhöhen und x_{12} nicht verringern können; es gelingt also nicht mehr, s zu markieren. Zugleich überzeugt man sich leicht, daß in diesem Beispiel $x_{sq} = 8$ das Maximum ist.

Nunmehr beschreiben wir allgemein das Markierverfahren für (1.74):

Schritt 1. Bestimme eine zulässige Lösung $\{x_{ij}\}$.

Schritt 2. Markiere q mit (+ s, ∞). Dann ist die Menge der markierten Knoten $M = \{q\}$. Setze $\rho := 0$.

Schritt 3. Falls $\exists\,(i, j) \in \Gamma$ mit $i \in M$, $j \notin M$ und $x_{ij} < c_{ij}$, gehe zu Schritt 4; sonst gehe zu Schritt 8, falls $\rho = 1$, oder setze $\rho := 1$ und gehe zu Schritt 5.

Schritt 4. Setze $\rho := 0$. Markiere j mit $(+i, \epsilon_j)$, wobei $\epsilon_j = \min\,[\epsilon_i; c_{ij} - x_{ij}]$, und setze $M := M \cup \{j\}$.
Falls $s \in M$, gehe zu Schritt 7, sonst gehe zu Schritt 3.

Schritt 5. Falls $\exists\,(i, j) \in \Gamma$ mit $i \notin M$, $j \in M$, $i \neq s$, und $x_{ij} > d_{ij}$, gehe zu Schritt 6; sonst gehe zu Schritt 8, falls $\rho = 1$, oder setze $\rho := 1$ und gehe zu Schritt 3.

Schritt 6. Setze $\rho := 0$. Markiere i mit $(-j, \epsilon_i)$, wobei $\epsilon_i = \min\,[\epsilon_j, x_{ij} - d_{ij}]$, und setze $M := M \cup \{i\}$. Gehe zu Schritt 5.

S c h r i t t 7. Bestimme $\{s, i_1, i_2, \ldots, i_r, q\}$ derart,
daß s markiert ist mit $(+i_1, \epsilon_s)$
i_1 markiert ist mit $(\pm i_2, \epsilon_{i_1})$
.
.
.
i_r markiert ist mit $(+q, \epsilon_{i_r})$.

Für $K = 0, 1, \ldots, r$ setze $x_{i_{K+1} i_K} := x_{i_{K+1} i_K} + \epsilon_s$, falls i_K mit $(+i_{K+1}, \epsilon_{i_K})$ markiert ist, $x_{i_K i_{K+1}} := x_{i_K i_{K+1}} - \epsilon_s$, falls i_K mit $(-i_{K+1}, \epsilon_{i_K})$ markiert ist. Hierbei ist $i_0 = s$, $i_{r+1} = q$. Setze ferner $x_{sq} := x_{sq} + \epsilon_s$, lasse alle übrigen x_{ij} unverändert und lösche alle Markierungen, d.h. $M := \emptyset$, und gehe zu Schritt 2.

S c h r i t t 8. Stop; x_{sq} ist maximal in (N, Γ).

Zunächst sieht man leicht ein, daß in diesem Verfahren nur zulässige Lösungen erzeugt werden.

Satz 1.36 Jede Lösung $\{x_{ij}\}$, die in Schritt 7 bestimmt wird, ist zulässig in (1.74).

B e w e i s. Nach Schritt 4 und Schritt 6 gilt $0 < \epsilon_s \leqslant \epsilon_{i_K}$, $K = 1, \ldots, r$. Sei vor der Änderung im Schritt 7 $\{x_{ij}\}$ eine zulässige Lösung, sei also $d_{ij} \leqslant x_{ij} \leqslant c_{ij} \quad \forall (i,j) \in \Gamma$, und die Konservativitätsbedingungen seien erfüllt.
Wir unterscheiden die beiden Fälle:

a) i_K ist markiert mit $(+i_{K+1}, \epsilon_{i_K})$.
Dann ist nach Schritt 3 und 4 $(i_{K+1}, i_K) \in \Gamma$ und

$$x_{i_{K+1} i_K} + \epsilon_s \leqslant x_{i_{K+1} i_K} + \epsilon_{i_K} \leqslant x_{i_{K+1} i_K} + (c_{i_{K+1} i_K} - x_{i_{K+1} i_K})$$
$$= c_{i_{K+1} i_K},$$

d.h. der neue Fluß auf dem Bogen (i_{K+1}, i_K) genügt der Kapazitätsbeschränkung.

b) i_K ist markiert mit $(-i_{K+1}, \epsilon_{i_K})$.
Dann ist nach Schritt 5 und 6 $(i_K, i_{K+1}) \in \Gamma$ und

$$x_{i_K i_{K+1}} - \epsilon_s \geqslant x_{i_K i_{K+1}} - \epsilon_{i_K} \geqslant x_{i_K i_{K+1}} - (x_{i_K i_{K+1}} - d_{i_K i_{K+1}})$$
$$= d_{i_K i_{K+1}},$$

d.h. der neue Fluß auf dem Bogen (i_K, i_{K+1}) erfüllt die Zwangsflußbedingung.
Insgesamt gilt also auch nach der Änderung im Schritt 7

$$d_{ij} \leqslant x_{ij} \leqslant c_{ij} \qquad \forall (i,j) \in \Gamma.$$

Die Konservativität des neuen Flusses in jedem durch Schritt 7 berührten Knoten i_K sieht man am besten anschaulich ein. Es sind folgende vier Fälle möglich:
α) i_K ist markiert mit $(+i_{K+1}, \epsilon_{i_K})$ und i_{K-1} ist markiert mit $(+i_K, \epsilon_{i_{K-1}})$.

Die Änderung des Flusses durch i_K können wir wie in Fig. 1.10 darstellen.

$$\begin{array}{ccccc} 0 & \xrightarrow{+\epsilon_s} & 0 & \xrightarrow{+\epsilon_s} & 0 \\ i_{K+1} & & i_K & & i_{K-1} \end{array}$$

Fig. 1.10

β) i_K ist markiert mit $(+i_{K+1}, \epsilon_{i_K})$ und i_{K-1} ist markiert mit $(-i_K, \epsilon_{i_{K-1}})$.
Dann haben wir das Bild von Fig. 1.11.

$$\begin{array}{ccccc} 0 & \xrightarrow{+\epsilon_s} & 0 & \xleftarrow{-\epsilon_s} & 0 \\ i_{K+1} & & i_K & & i_{K-1} \end{array}$$

Fig. 1.11

γ) i_K ist markiert mit $(-i_{K+1}, \epsilon_{i_K})$ und i_{K-1} ist markiert mit $(+i_K, \epsilon_{i_{K-1}})$.
Dem entspricht Fig. 1.12.

$$\begin{array}{ccccc} 0 & \xleftarrow{-\epsilon_s} & 0 & \xrightarrow{+\epsilon_s} & 0 \\ i_{K+1} & & i_K & & i_{K-1} \end{array}$$

Fig. 1.12

δ) i_K ist markiert mit $(-i_{K+1}, \epsilon_{i_K})$ und i_{K-1} ist markiert mit $(-i_K, \epsilon_{i_{K-1}})$.
Das entsprechende Bild ist in Fig. 1.13 wiedergegeben.

$$\begin{array}{ccccc} 0 & \xleftarrow{-\epsilon_s} & 0 & \xleftarrow{-\epsilon_s} & 0 \\ i_{K+1} & & i_K & & i_{K-1} \end{array}$$

Fig. 1.13

Aus diesen vier Skizzen ist ohne weiteres ersichtlich, daß durch die eingetragenen Flußänderungen $\pm \epsilon_s$ die Konservativität in i_K nicht verletzt wird. ∎

Wir setzen von nun an voraus, daß alle c_{ij} und d_{ij} ganzzahlig sind. Das ist nicht besonders einschränkend, wenn wir davon ausgehen, daß wir beim praktischen Rechnen ohnehin nur rationale Zahlen verwenden und dann die Ganzzahligkeit durch entsprechende Skalierung der x_{ij} erreichen können. Damit erreichen wir aber, daß das Markierverfahren endlich wird, wenn wir im Schritt 1 eine ganzzahlige zulässige Lösung bestimmen. Denn wegen der Endlichkeit von N können die Schritte 3 bis 6 jeweils nur endlich oft durchlaufen werden, bevor man zu Schritt 7 kommt. In den Markierungen sind dann alle ϵ_i ganzzahlig und demzufolge $\epsilon_s \geqslant 1$, d.h. x_{sq} wird jeweils in Schritt 7 mindestens um 1 erhöht. Demzufolge muß das Verfahren endlich sein, wenn (1.74) lösbar ist.

Wir haben noch zu zeigen, daß das Markierverfahren tatsächlich eine Lösung von (1.74) liefert. Dazu formulieren wir das zu (1.74) duale LP

$$\min \left[\sum_{(i,j)\in\Gamma} c_{ij} v_{ij} - \sum_{(i,j)\in\Gamma} d_{ij} w_{ij} \right]$$

$$\begin{aligned} \text{bzgl.}\quad & v_{ij} - w_{ij} + u_i - u_j = 0 \quad \forall (i,j)\in\Gamma \text{ mit } (i,j) \neq (s,q) \\ & v_{sq} - w_{sq} + u_s - u_q = 1 \\ & v_{ij} \geqslant 0, \quad w_{ij} \geqslant 0 \qquad \forall (i,j)\in\Gamma. \end{aligned} \tag{1.76}$$

Sei M die Menge der markierten Knoten am Ende des Markierverfahrens (Schritt 8) und $\overline{M} = N - M$. Dann gilt $q \in M$, $s \in \overline{M}$, $M \cap \overline{M} = \emptyset$ und $M \cup \overline{M} = N$. Eine derartige Zerlegung der Knotenmenge N nennt man einen S c h n i t t.

Wir definieren

$$\begin{aligned} u_i &= \begin{cases} 0, & \text{falls } i \in M \\ 1, & \text{falls } i \in \overline{M} \end{cases}; && \forall i \in N, \\ v_{ij} &= \begin{cases} 1, & \text{falls } u_i - u_j = -1; \\ 0, & \text{sonst} \end{cases} && \forall (i,j)\in\Gamma \\ w_{ij} &= \begin{cases} 1, & \text{falls } u_i - u_j = 1; \\ 0, & \text{sonst} \end{cases} && \forall (i,j)\in\Gamma \text{ mit } (i,j) \neq (s,q) \\ w_{sq} &= 0 \end{aligned} \tag{1.77}$$

Satz 1.37 Der Fluß $\{x_{ij}\}$ am Ende des Markierverfahrens und $\{v_{ij}, w_{ij}, u_i\}$ gemäß (1.77) sind Lösungen von (1.74) bzw. (1.76).

B e w e i s. Nach Satz 1.36 ist $\{x_{ij}\}$ zulässig in (1.74). Die in (1.77) definierten $\{v_{ij}, w_{ij}, u_i\}$ sind offenbar zulässig in (1.76). Die Komplementaritätsbedingungen für (1.74) und (1.76) lauten

$$\left.\begin{aligned} (c_{ij} - x_{ij})\, v_{ij} &= 0 \\ (x_{ij} - d_{ij})\, w_{ij} &= 0 \end{aligned}\right\} \quad \forall (i,j)\in\Gamma$$

Falls $v_{ij} = 0$ oder $w_{ij} = 0$, ist die entsprechende Komplementaritätsbedingung erfüllt. Ist $v_{ij} = 1$, dann ist nach (1.77) $u_i - u_j = -1$, d.h. $u_i = 0$ und $u_j = 1$.
Folglich ist $i \in M$ und $j \in \overline{M}$. Dann muß nach Schritt 3 des Markierverfahrens $x_{ij} = c_{ij}$ sein. Ist $w_{ij} = 1$, dann folgt $u_i = 1$ und $u_j = 0$, $(i,j) \neq (s,q)$, also $i \in \overline{M}$ und $j \in M$. Nach Schritt 5 ist dann $x_{ij} = d_{ij}$.

Also sind alle Komplementaritätsbedingungen erfüllt.

Wählen wir irgend einen Schnitt, d.h. eine Zerlegung von N derart, daß $N = M \cup \overline{M}$, $M \cap \overline{M} = \emptyset$, $q \in M$, $s \in \overline{M}$, wobei M im übrigen beliebig gewählt werden kann, dann liefert (1.77) offenbar wieder eine zulässige Lösung von (1.76). Der Zielfunktionswert dieser Lösung ist mindestens so groß wie der Optimalwert und ergibt sich zu

$$\sum_{(i,j)\in\Gamma} c_{ij} v_{ij} - \sum_{(i,j)\in\Gamma} d_{ij} w_{ij} = \sum_{(i,j)\in Q} c_{ij} - \sum_{(i,j)\in P} d_{ij},$$

wobei $Q = \{(i,j) \mid (i,j) \in \Gamma, i \in M, j \in \bar{M}\}$

und $P = \{(i,j) \mid (i,j) \in \Gamma, i \in \bar{M}, j \in M\}$.

Dieser Wert gibt also die Summe der Kapazitäten der in M beginnenden und in $\bar{M}$ endenden Bögen abzüglich der Summe der Zwangsflüsse der in $\bar{M}$ beginnenden und in M endenden Bögen an und stellt somit eine obere Schranke der von M nach $\bar{M}$ transportierbaren Gesamtmenge dar. Man bezeichnet diesen Wert als S c h n i t t k a p a z i t ä t. Aus dem Dualitätssatz und Satz 1.37 folgt somit

Satz 1.38 Für jedes Flußmaximierungsproblem stimmen der maximale Fluß und die minimale Schnittkapazität überein.

Wir haben uns noch zu überlegen, wie wir in Schritt 1 des Markierverfahrens eine erste zulässige Lösung bestimmen. Dazu ist es nützlich, daß wir uns die Idee verdeutlichen, die hinter dem Markierverfahren steckt: Man versucht dort, ausgehend von einem konservativen Fluß, mit Hilfe der Vorwärts- und Rückwärtsmarkierungen (Schritt 4 und 6) einen Zyklus, d.h. einen geschlossenen Weg $\{s, i_r, \ldots, i_1, s\}$, in (N, Γ) zu finden, auf dem man eine die Konservativität erhaltende Flußänderung um $+\epsilon_s$ durchführen kann. Auf dieselbe Art können wir auch eine zulässige Lösung bestimmen. Sei $\{x_{ij}\}$ irgend ein ganzzahliger konservativer Fluß, z. B. $x_{ij} = 0 \quad \forall (i,j) \in \Gamma$. Wir definieren $\Gamma_1 = \{(i,j) \mid (i,j) \in \Gamma, d_{ij} \leqslant x_{ij} \leqslant c_{ij}\}$. Ferner setzen wir neue Zwangsflüsse und Kapazitäten auf Γ gemäß

$$\hat{d}_{ij} = \begin{cases} d_{ij}, & \text{falls } (i,j) \in \Gamma_1 \\ -\infty, & \text{sonst,} \end{cases} \quad \text{und} \quad \hat{c}_{ij} = \begin{cases} c_{ij}, & \text{falls } (i,j) \in \Gamma_1 \\ +\infty, & \text{sonst} \end{cases} .$$

Wir wählen nun einen Bogen $(i_0, j_0) \in \Gamma$ aus derart, daß $(i_0, j_0) \notin \Gamma_1$, und suchen einen Zyklus $\{j_0, i_1, \ldots, i_r, i_0, j_0\}$ nach den bekannten Markierregeln, wobei zuerst zu markieren ist

$$j_0 \text{ mit } (+i_0, d_{i_0j_0} - x_{i_0j_0}), \qquad \text{falls } x_{i_0j_0} < d_{i_0j_0}$$

und $$i_0 \text{ mit } (-j_0, x_{i_0j_0} - c_{i_0j_0}), \qquad \text{falls } x_{i_0j_0} > c_{i_0j_0} .$$

Haben wir einen solchen Zyklus gefunden, ändern wir darauf den Fluß entsprechend den Regeln in Schritt 7. Entweder gilt nun $d_{i_0j_0} \leqslant x_{i_0j_0} \leqslant c_{i_0j_0}$, oder wir wiederholen diese Prozedur, bis $(i_0, j_0) \in \Gamma_1$. Anschließend wählen wir einen anderen Bogen $(i_0, j_0) \notin \Gamma_1$ und versuchen für diesen auf die gleiche Art wie oben einen zulässigen Fluß zu bestimmen. Man macht sich leicht klar, daß man so bei ganzzahligen c_{ij} und d_{ij} nach endlich vielen Schritten einen insgesamt zulässigen ganzzahligen Fluß $\{x_{ij}\}$ findet, sofern (1.74) überhaupt eine zulässige Lösung hat.

Abschließend wollen wir auf diese Art an einem Beispiel (Fig. 1.14) eine erste zulässige Lösung bestimmen. An jedem Bogen notieren wir (x_{ij}, d_{ij}, c_{ij}) und starten mit $x_{ij} = 0$ $\forall\ (i,j) \in \Gamma$ (den Bogen $(s, q) \in \Gamma$ zeichnen wir nicht ein).

Hier sind alle Bögen unzulässig. Wählen wir $(i_0, j_0) = (q, 1)$, so können wir markieren

1 mit (+ q, 5)
s mit (+ 1, 5)
q mit (+ s, 5)

und haben so einen Zyklus gefunden. Damit erhalten wir den in Fig. 1.15 angegebenen Fluß.

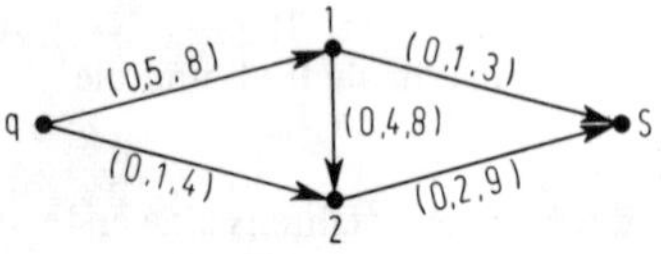

Fig. 1.14

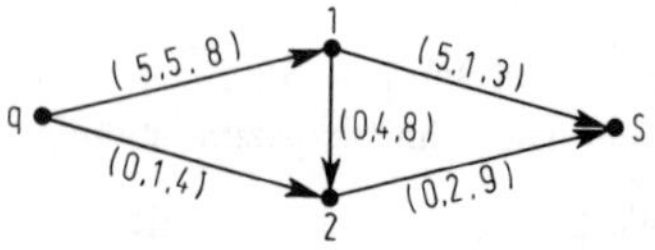

Fig. 1.15

Jetzt gehört (q, 1) zu Γ_1. Wir wählen $(i_0, j_0) = (1, s)$ und können markieren

1 mit (– s, 2)
2 mit (+ 1, 2)
s mit (+ 2, 2).

Das liefert den Fluß in Fig. 1.16.

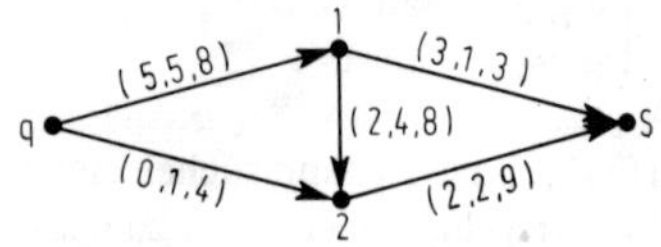

Fig. 1.16

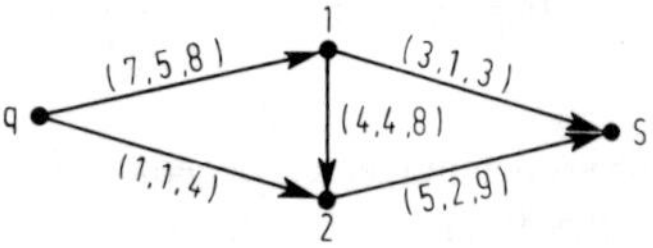

Fig. 1.17

Neben (q, 1) sind jetzt auch (1, s) und (2, s) in Γ_1. Anschließend können wir analog noch die Zyklen {2, s, q, 2} und danach {2, s, q, 1, 2} finden und damit in Fig. 1.17 die erste zulässige Lösung bestimmen.

Damit ist Schritt 1 des Markierverfahrens abgeschlossen.

Aufgabe Zeige: Ist $\{x_{ij} \mid (i, j) \in \Gamma\}$ ein konservativer Fluß und läßt sich für ein $(i_0, j_0) \notin \Gamma_1$ kein Zyklus der oben beschriebenen Art finden, dann gibt es keinen zulässigen Fluß.

1.4.4 Terminplanung (CPS)

In der Praxis treten Terminplanungsprobleme dann auf, wenn größere Projekte durchzuführen sind, die sich aus vielen einzelnen Aktivitäten zusammensetzen. Die einzelnen Aktivitäten können in der Regel nicht zeitlich völlig unabhängig voneinander ausgeführt werden, sondern sie tragen eine mindestens partielle Präzedenzstruktur, d.h. gewisse Aktivitäten können erst begonnen werden, wenn bestimmte andere Tätigkeiten vorher erledigt worden sind. Beispielsweise kann bei einem Projekt „Hausbau" die Aktivität „Errichten des Fundamentes" erst erfolgen, wenn die Aktivität „Aushub" beendet ist, während die Aktivitäten „Kacheln von Bad und Küche" und „Tapezieren der Wohnräume" zeitlich parallel durchgeführt werden könnten. Derartige Präzedenzstrukturen lassen sich sehr gut durch gerichtete Netzwerke veranschaulichen, etwa nach dem Muster von Fig. 1.18.

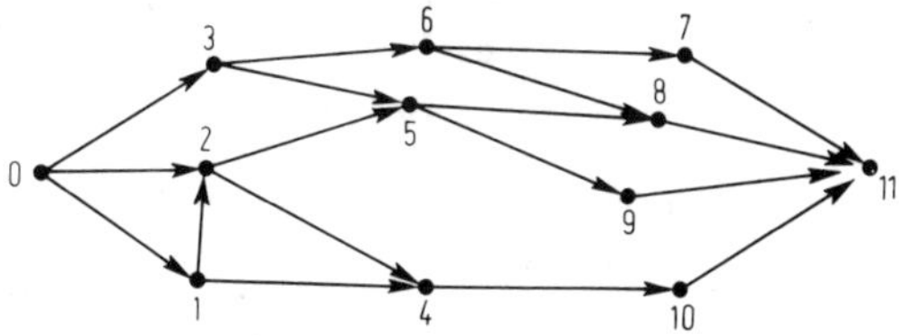

Fig. 1.18

Jeder Aktivität entspricht im Netzwerk ein Pfeil. Umgekehrt kann es Pfeile geben, die keiner realen Tätigkeit entsprechen, sogenannte S c h e i n a k t i v i t ä t e n. Diese haben nur den Sinn, eine durch reale Erfordernisse bestimmte zeitliche Abfolge der Tätigkeiten zu sichern. Im Modell brauchen wir zwischen echten und Schein-Aktivitäten nicht zu unterscheiden. Bei Terminplanungsproblemen zugeordneten Netzwerken numeriert man die Knoten zweckmäßigerweise von 0 bis n (0 für Projektstart und n für Projektende) derart, daß für alle Aktivitäten (i, j) gilt: $j > i$. Diese Art der Numerierung gestattet eine einfache Überprüfung der Schleifenfreiheit, die man hier wegen der realen Interpretation verlangen muß. Eine Schleife $\{i_1, i_2, \ldots, i_r, i_1\}$ würde ja bedeuten, daß die Tätigkeit (i_1, i_2) vor (i_2, i_3), (i_2, i_3) vor (i_3, i_4) usw. und schließlich (i_r, i_1) vor (i_1, i_2) auszuführen ist, was zu der unsinnigen Forderung führen würde, daß (i_1, i_2) vor (i_1, i_2) auszuführen ist. Die Knoten bezeichnet man als E r e i g n i s s e. Mit Ausnahme von 0 und n hat jedes Ereignis mindestens einen Vorgänger und Nachfolger. Ein Terminplan enthält nun zumindest die E r e i g n i s z e i t e n t_i, d.h. man ordnet jedem Ereignis i einen Zeitpunkt zu, und die T ä t i g k e i t s z e i t e n τ_{ij}, die die Ausführungszeit jeder Aktivität (i, j) wiedergeben. Sind die Ereignisse i und j durch die Aktivität (i, j) verbunden, dann muß offensichtlich $t_j \geqslant t_i + \tau_{ij}$ gelten. Sind nun die Tätigkeitszeiten τ_{ij} fest vorgegeben, so kann man nach der kleinsten möglichen Endzeit t_n des Projektes fragen, wenn die Startzeit t_0 vorgegeben wird. Diese Frage läßt sich mit C P M (Critical Path Method) beantworten. Man bestimmt dann zugleich alle Ereigniszeiten t_i, die man zur Überwachung des Projektablaufes benötigt. Sind die Tätigkeitszeiten nicht fest vorgegeben, so kann das entweder daran liegen, daß sie im voraus nicht genau bestimmbar sind, weil sie von Zufallsereignissen abhängen und damit selbst Zufallsvariable sind – z. B. Konstruktionstätigkeiten –, oder es kann damit zusammenhängen, daß sie in vorgegebenen Intervallen gewählt werden können, was dann die Ausführungskosten und natürlich die Projektdauer beeinflussen kann. Für den Fall stochastischer Tätigkeitszeiten hat man Methoden entwickelt, die unter speziellen Annahmen bestimmte Schätzungen der Projektdauer und der Ereigniszeiten liefern. Das am meisten verbreitete Verfahren hierfür ist wohl P E R T (Program Evaluation and Review Technique). Den Fall der in festen Grenzen wählbaren Tätigkeitszeiten behandelt C P S (Critical Path Scheduling) unter folgenden Annahmen: Für jede Aktivität (i, j) gibt es eine kürzeste Tätigkeitszeit m_{ij} und eine längste Tätigkeitszeit $M_{ij} > m_{ij}$ (für Scheinaktivitäten wählen wir $m_{ij} = 0$ und M_{ij} hinreichend groß), und die Ausführungskosten für jede Aktivität sind von der Form $c_{ij}(\tau_{ij}) = \beta_{ij} - a_{ij} \cdot \tau_{ij}$ für $m_{ij} \leqslant \tau_{ij} \leqslant M_{ij}$, wobei $a_{ij} \geqslant 0$ sein soll (für Scheinaktivitäten $\beta_{ij} = a_{ij} = 0$). Die Annahme dieses Kostenverlaufes trägt dem Tatbestand Rechnung, daß in der Regel kürzere Tätigkeitszeiten mit höheren Kosten verbunden sind (Überstunden, zusätzlicher Arbeitseinsatz etc.). Offensichtlich wird das Projekt bezüglich der Ausführungskosten am billigsten, wenn wir für alle Aktivitäten (i, j) die längsten Tätigkeitszeiten $\tau_{ij} = M_{ij}$ wählen. Da aber in realen Projekten auch noch sog. indirekte, von der Projektdauer abhängige Kosten, die nicht unmittelbar durch die Ausführung der einzelnen Tätigkeiten verursacht sind, auftreten können (z. B. Kapitalbindungskosten), benötigt man zur Gesamtkostenminimierung den Verlauf der minimalen Ausführungskosten des Projektes in Abhängigkeit von der Projektdauer. Setzen wir willkürlich die Startzeit $t_0 = 0$ und bezeichnen wir die Projektdauer mit T, so haben wir also das folgende parametrische LP mit T als Parameter, in dem Γ die Menge der Aktivitäten bezeichnet:

$$
\begin{aligned}
&\min \sum_{(i,j)\in\Gamma} -a_{ij}\,\tau_{ij} \\
&\text{bzgl.} \quad t_i + \tau_{ij} - t_j \leqslant 0 \qquad \forall (i,j)\in\Gamma \\
&\qquad m_{ij} \leqslant \tau_{ij} \leqslant M_{ij} \qquad \forall (i,j)\in\Gamma \\
&\qquad t_0 = 0, \quad t_n \leqslant T.
\end{aligned}
\tag{1.78}
$$

Wählen wir nun zu Beginn $\tau_{ij} = M_{ij} \quad \forall (i, j) \in \Gamma$, dann erhalten wir offenbar zulässige Ereigniszeiten auf folgende Art: Zu Beginn setze $t_i := 0 \quad \forall\, i$.

Mit $N(i) = \{j \mid (i,j) \in \Gamma\}$

sei $t_j = \max\,[t_j, t_i + M_{ij}] \ \forall j \in N(i)$ für $i = 0, 1, \dots, n-1$.

Für alle Projektdauern T, die größer sind als die so erhaltene Zeit t_n des Projektendes, sind die Ausführungskosten konstant gleich $\{\sum_{(i,j)\in\Gamma} \beta_{ij} - \sum_{(i,j)\in\Gamma} a_{ij} M_{ij}\}$.

Damit haben wir für $T \geqslant t_n$ eine Lösung von (1.78).

Hat man nun für irgend einen Wert von T eine Lösung $\{t_i, \tau_{ij}\}$ von (1.78) und sucht eine Lösung für eine kürzere Projektdauer T', so ist das gleichbedeutend damit, daß man zu der Verkürzung $\Delta T = T - T'$ die entsprechenden Änderungen Δt_i und $\Delta\tau_{ij}$ so bestimmt, daß

$$t'_i = t_i - \Delta t_i$$

und $$\tau'_{ij} = \tau_{ij} - \Delta\tau_{ij}$$

eine Lösung von (1.78) für die Projektdauer $T' = T - \Delta T$ ist. Damit haben wir das LP

$$\begin{aligned} \min \quad & \sum_{(i,j)\in\Gamma} a_{ij}\,\Delta\tau_{ij} \\ \text{bzgl.} \quad & \Delta t_j - \Delta t_i - \Delta\tau_{ij} \leqslant t_j - t_i - \tau_{ij} \quad && \forall (i,j)\in\Gamma \\ & \Delta\tau_{ij} \leqslant \tau_{ij} - m_{ij} && \forall (i,j)\in\Gamma \\ & \Delta\tau_{ij} \geqslant \tau_{ij} - M_{ij} && \forall (i,j)\in\Gamma \\ & \Delta t_n \geqslant t_n - T + \Delta T, \quad \Delta t_0 = 0. \end{aligned} \tag{1.79}$$

Falls $T > t_n$ ist, können wir jede Verkürzung der Projektdauer um $\Delta T \leqslant T - t_n$ erreichen, ohne Ereigniszeiten und Tätigkeitszeiten zu ändern. Ist $T = t_n$, dann ist bei optimal durchgeführter Verkürzung offenbar $\Delta t_n = \Delta T$. Davon gehen wir aus. Ferner normieren wir $\Delta t_n = 1$ und berücksichtigen zunächst nur die Restriktionen, die unmittelbar bindend sind. Für die so erhaltene Lösung $\{\Delta\tau_{ij}, \Delta t_i\}$ bestimmen wir dann den größten konstanten Faktor K derart, daß $\{K \cdot \Delta\tau_{ij}, K \cdot \Delta t_i\}$ allen Restriktionen genügt. Man überlegt sich leicht, daß dann für alle Verkürzungen $\Delta T = \lambda$ mit $0 \leqslant \lambda \leqslant K$ die Änderungen $\{\lambda \cdot \Delta\tau_{ij}, \lambda \cdot \Delta t_i\}$ optimal sind.

Unmittelbar bindende Restriktionen liefern die folgenden Mengen von Aktivitäten:

$$\begin{aligned} J_1 &= \{(i,j) \mid (i,j)\in\Gamma,\ t_j - t_i - \tau_{ij} = 0\} \\ J_2 &= \{(i,j) \mid (i,j)\in\Gamma,\ \tau_{ij} = M_{ij}\} \\ J_3 &= \{(i,j) \mid (i,j)\in\Gamma,\ \tau_{ij} = m_{ij}\}\ . \end{aligned}$$

Die Tätigkeiten in J_1 nennt man, bezogen auf die Ausgangslösung $\{t_i, \tau_{ij}\}$, *kritische* Tätigkeiten; sie weisen keine sogenannte *Schlupfzeit* auf. Für die Aktivitäten in J_2 kann die Tätigkeitszeit offenbar nicht verlängert und in J_3 nicht verkürzt werden. Wir berücksichtigen zunächst also nur Restriktionen für $(i,j)\in J_1$ und – bezüglich $\Delta\tau_{ij}$ – Vorzeichenbeschränkungen für $(i,j)\in J_2$ und $(i,j)\in J_3$. Ferner setzen wir $\Delta t_0 = 0$ und $\Delta t_n = 1$ ein und erhalten so aus (1.79) das vereinfachte LP

$$\begin{aligned} \min \quad & \sum_{(i,j)\in J_1} a_{ij} \cdot \Delta\tau_{ij} \\ & \Delta\tau_{0j} \qquad - \Delta t_j \geqslant 0 \quad && \forall (0,j)\in J_1 \\ \text{bzgl.} \quad & \Delta\tau_{ij} + \Delta t_i - \Delta t_j \geqslant 0 && \forall (i,j)\in J_1;\ i\neq 0,\ j\neq n \\ & \Delta\tau_{in} + \Delta t_i \geqslant 1 && \forall (i,n)\in J_1 \\ & \Delta\tau_{ij} \geqslant 0 && \forall (i,j)\in J_1\cap J_2 \\ & -\Delta\tau_{ij} \geqslant 0 && \forall (i,j)\in J_1\cap J_3 \end{aligned} \tag{1.80}$$

Wir unterstellen, daß es ein $(i,n)\in J_1$ gibt. Bestimmen wir einen ersten Terminplan mit längsten Tätigkeitszeiten auf die oben unmittelbar nach (1.78) angegebene Weise, dann überzeugt man sich leicht, daß ein i mit $t_n - t_i - M_{in} = 0$ existiert. Betrachten wir das zu (1.80) duale LP:

$$\max \sum_{(i,n)\in J_1} x_{in}$$

$$\text{bzgl.} \quad \sum_{j:(i,j)\in J_1} x_{ij} - \sum_{k:(k,i)\in J_1} x_{ki} = 0 \qquad \forall i: i \neq 0,\ i \neq n \tag{1.81}$$

$$\begin{aligned} x_{ij} &\geqslant a_{ij} && \forall (i,j) \in J_1 \cap J_3 \\ x_{ij} &\leqslant a_{ij} && \forall (i,j) \in J_1 \cap J_2 \\ x_{ij} &= a_{ij} && \forall (i,j) \in J_1 - J_2 - J_3 \\ x_{ij} &\geqslant 0 && \forall (i,j) \in J_1 \\ x_{ij} &= 0 && \forall (i,j) \in \Gamma - J_1 . \end{aligned}$$

Dieses ist ein Flußmaximierungsproblem. Formale Übereinstimmung mit (1.74) erhalten wir, wenn wir x_{n0} einfügen und in den Knoten n und 0 auch noch die Konservativitätsbedingungen stellen. Auf (1.81) wenden wir das Markierverfahren an, an dessen Ende wir die Menge M der markierten Knoten und die Menge $\overline{\mathsf{M}}$ der nicht markierten Knoten erhalten, wobei $0 \in \mathsf{M}$ und $n \in \overline{\mathsf{M}}$.

Damit können wir eine Lösung von (1.80) bestimmen, nämlich:

$$\begin{aligned} \Delta t_i &= \begin{cases} 1, & \text{falls } i \in \overline{\mathsf{M}} \\ 0, & \text{sonst} \end{cases} \\ \Delta \tau_{ij} &= \begin{cases} 1, & \text{falls } i \in \mathsf{M},\ j \in \overline{\mathsf{M}},\ (i,j) \in J_1 - J_3 \\ -1, & \text{falls } i \in \overline{\mathsf{M}},\ j \in \mathsf{M},\ (i,j) \in J_1 - J_2 \\ 0, & \text{sonst} \end{cases} \end{aligned} \tag{1.82}$$

Satz 1.39 Die in (1.82) definierten $\{\Delta t_i, \Delta\tau_{ij}\}$ sind eine Lösung von (1.80).

B e w e i s. a) In (1.82) wird eine zulässige Lösung von (1.80) definiert.

Sei $(i, j) \in J_1$. Wir zeigen zunächst, daß $\Delta\tau_{ij} + \Delta t_i - \Delta t_j \geqslant 0$ gilt. Wir unterscheiden folgende Fälle

$$\begin{aligned} &i \in \mathsf{M},\ j \in \mathsf{M} \Rightarrow \Delta t_i = \Delta t_j = 0,\ \Delta\tau_{ij} = 0; \\ &i \in \overline{\mathsf{M}},\ j \in \overline{\mathsf{M}} \Rightarrow \Delta t_i = \Delta t_j = 1,\ \Delta\tau_{ij} = 0; \\ &i \in \mathsf{M},\ j \in \overline{\mathsf{M}} \Rightarrow \Delta t_i = 0, \Delta t_j = 1,\ \Delta\tau_{ij} = 1, \end{aligned}$$

da aus den Regeln des Markierverfahrens $(i, j) \notin J_1 \cap J_3$ folgt;

$$i \in \overline{\mathsf{M}},\ j \in \mathsf{M} \Rightarrow \Delta t_i = 1,\ \Delta t_j = 0,\ \Delta\tau_{ij} \geqslant -1.$$

Für $(i, n) \in J_1$ folgt $\Delta\tau_{in} + \Delta t_i \geqslant 1$, da $n \in \overline{\mathsf{M}}$ und entweder $i \in \overline{\mathsf{M}} \Rightarrow \Delta t_i = 1, \Delta\tau_{in} = 0$; oder $i \in \mathsf{M} \Rightarrow \Delta t_i = 0, \Delta\tau_{in} = 1$, da dann $(i, n) \notin J_1 \cap J_3$.

Analog folgert man $\Delta\tau_{0j} - \Delta t_j \geqslant 0$, da $0 \in \mathsf{M}$.

Die Vorzeichenbeschränkungen für $\Delta\tau_{ij}$ sind offensichtlich erfüllt.

b) Die zulässige Lösung $\{\Delta t_i, \Delta\tau_{ij}\}$ ist optimal in (1.80).

Die Komplementaritätsbedingungen für (1.80) und (1.81) lauten:

1. $(x_{ij} - a_{ij})\ \Delta\tau_{ij} = 0 \qquad \forall\ (i,j) \in J_1 \cap J_3$
2. $(a_{ij} - x_{ij})\ \Delta\tau_{ij} = 0 \qquad \forall\ (i,j) \in J_1 \cap J_2$
3. $(\Delta\tau_{0j} - \Delta t_j)\ x_{0j} = 0 \qquad \forall\ (0,j) \in J_1$
4. $(\Delta\tau_{ij} + \Delta t_i - \Delta t_j)\ x_{ij} = 0 \qquad \forall\ (i,j) \in J_1;\ i \neq 0, j \neq n$
5. $(\Delta\tau_{in} + \Delta t_i - 1)\ x_{in} = 0 \qquad \forall\ (i,n) \in J_1.$

Wir weisen nur 4 nach; die übrigen Bedingungen sind analog zu verifizieren.

Wie aus dem obigen Nachweis der Zulässigkeit ersichtlich ist, gilt $\Delta\tau_{ij} + \Delta t_i - \Delta t_j = 0$ für die drei Fälle $i \in M, j \in M$ oder $i \in \overline{M}, j \in \overline{M}$ oder $i \in M, j \in \overline{M}$.

Falls $i \in \overline{M}, j \in M$, dann ist $\Delta t_i = 1$ und $\Delta t_j = 0$. Nun ist entweder $(i,j) \in J_1 - J_2$ und folglich $\Delta\tau_{ij} = -1$, also $\Delta\tau_{ij} + \Delta t_i - \Delta t_j = 0$; oder $(i,j) \in J_1 \cap J_2$. Dann muß nach den Markierregeln $x_{ij} = 0$ sein, da i nicht von j aus markiert wurde. ∎

Nunmehr haben wir festzustellen, um wieviel wir die Projektdauer mit der so bestimmten, auf $\Delta t_n = 1$ basierenden Änderung $\{\Delta t_i, \Delta\tau_{ij}\}$ verkürzen können, ohne die Restriktionen von (1.79) zu verletzen. Dazu haben wir die einfache Aufgabe

$$
\begin{aligned}
&\max\ K \\
\text{bzgl.}\quad & K \cdot [\Delta t_j - \Delta t_i - \Delta\tau_{ij}] \leqslant t_j - t_i - \tau_{ij} && \forall\ (i,j) \in \Gamma - J_1 \\
& K \cdot \Delta\tau_{ij} \leqslant \tau_{ij} - m_{ij} && \forall\ (i,j) \in \Gamma - J_3 \\
& K \cdot \Delta\tau_{ij} \geqslant \tau_{ij} - M_{ij} && \forall\ (i,j) \in \Gamma - J_2 \\
& \Delta t_0 = 0
\end{aligned}
$$

zu lösen.

Offenbar wird hier der Optimalwert $K > 0$. Für die Projektdauer $T - \lambda$ erhält man so die Lösung $\{t_i - \lambda\Delta t_i, \tau_{ij} - \lambda\Delta\tau_{ij}\}$ für alle λ mit $0 \leqslant \lambda \leqslant K$. Die Ausführungskosten steigen für die Verkürzung λ um den Betrag $\lambda \cdot \sum_{(i,j)\in J_1} a_{ij}\, \Delta\tau_{ij}$, also linear von T bis $T - K$, was sich mit unseren Überlegungen zur parametrischen Programmierung deckt. Die Lösung für die Projektdauer $T - K$ können wir als neue Ausgangslösung nehmen, um wiederum mit Hilfe von (1.81) eine weitere kostenoptimale Verkürzung zu berechnen, wofür natürlich die Tätigkeitsmengen J_1, J_2 und J_3 neu zu bestimmen sind. Es zeigt sich, daß man in (1.81) nicht für jede Verkürzung erneut eine zulässige Lösung zu bestimmen braucht, sondern daß die jeweils letzte optimale Lösung des Flußmaximierungsproblems ein zulässiger Fluß des neuen Problems (1.81) ist. Dadurch wird das Verfahren sehr schnell. Projekte mit einigen tausend Aktivitäten bieten keine besonderen Schwierigkeiten. Das Verfahren endet, wenn in (1.81) ein nach oben unbeschränkter Gesamtfluß auftritt. (1.80) hat dann keine zulässige Lösung, d. h. eine weitere Verkürzung der Projektdauer ist unmöglich.

Abschließend ist noch anzumerken, daß man dieses Verfahren auch dann einsetzen kann, wenn die Ausführungskosten der einzelnen Aktivitäten $c_{ij}\ (\tau_{ij})$ monoton fallende, stückweise lineare, konvexe Funktionen sind. Man hat dann eine solche Aktivität in mehrere Teilaktivitäten zu unterteilen, die sich im Netzplan unmittelbar folgen und deren Zeiten sich addieren. Jede dieser Teilaktivitäten hat dann wieder eine lineare Kostenfunktion.

Aufgabe Zeige: Unter den Annahmen von CPS sind die optimalen Kosten (in Abhängigkeit von der Projektdauer) eine konvexe, stückweise lineare Funktion.

1.4.5 Allgemeine Netzwerkflußprobleme

Wir haben in Abschn. 1.4.3 zunächst die einfache Flußmaximierung behandelt, weil dafür das Markierverfahren besonders einfach ist. In Abschn. 1.4.4 haben wir an einem Modell der Terminplanung gesehen, daß Flußmaximierungsprobleme formal auch vorkommen können nach Umformung von Aufgabenstellungen, deren konkrete Interpretation zunächst nicht mit einem Netzwerkfluß in Verbindung zu bringen ist. Jetzt wollen wir zeigen, wie man für konservative Netzwerkflußprobleme nicht nur den Gesamtfluß, sondern auch allgemeine lineare Zielfunktionen optimieren kann. Bezüglich des Netzwerkes treffen wir dieselben Annahmen wie in Abschn. 1.4.3, insbesondere auch, daß für jeden zulässigen Fluß gilt

$$d_{sq} < x_{sq} < c_{sq}. \qquad (1.75)$$

Unsere Aufgabe heißt nun

$$\begin{aligned} &\max \sum_{(i,j)\in\Gamma} \gamma_{ij}\, x_{ij} \\ &\text{bzgl.} \sum_{j:(i,j)\in\Gamma} x_{ij} - \sum_{k:(k,i)\in\Gamma} x_{ki} = 0 && \forall i \in N \\ &\qquad x_{ij} \leqslant c_{ij} && \forall (i,j)\in\Gamma \\ &\qquad -x_{ij} \leqslant -d_{ij} && \forall (i,j)\in\Gamma. \end{aligned} \qquad (1.83)$$

Die zu (1.83) duale Aufgabe ist dann

$$\begin{aligned} &\min \left[\sum_{(i,j)\in\Gamma} c_{ij}\, v_{ij} - \sum_{(i,j)\in\Gamma} d_{ij}\, w_{ij}\right] \\ &\text{bzgl.}\quad v_{ij} - w_{ij} + u_i - u_j = \gamma_{ij} && \forall (i,j)\in\Gamma \\ &\qquad v_{ij} \geqslant 0,\quad w_{ij} \geqslant 0 && \forall (i,j)\in\Gamma. \end{aligned} \qquad (1.84)$$

Wegen der Komplementaritätsbedingungen

$$(c_{sq} - x_{sq})\, v_{sq} = 0, \quad (x_{sq} - d_{sq})\, w_{sq} = 0$$

und (1.75) können wir ein für allemal

$$v_{sq} = w_{sq} = 0$$

setzen. Ferner können wir uns in (1.84) beschränken auf zulässige Lösungen, die der Bedingung

$$v_{ij} \cdot w_{ij} = 0 \qquad \forall (i,j) \in \Gamma$$

genügen. Ist nämlich $\{v_{ij}, w_{ij}, u_i\}$ zulässig und existiert ein $(i_0, j_0) \in \Gamma$ mit

$$v_{i_0j_0} \cdot w_{i_0j_0} > 0,$$

so ist mit $\lambda_0 = \min [v_{i_0j_0}, w_{i_0j_0}]$ die Lösung $\{v'_{ij}, w'_{ij}, u'_i\}$, definiert als

$$v'_{ij} = v_{ij}, w'_{ij} = w_{ij} \qquad \forall (i,j) \in \Gamma - \{(i_0, j_0)\}$$

$$v'_{i_0j_0} = v_{i_0j_0} - \lambda_0, \; w_{i_0j_0} = w_{i_0j_0} - \lambda_0$$

$$u'_i = u_i \qquad \forall i \in N,$$

ebenfalls zulässig, und für die Zielfunktion folgt

$$\begin{aligned} \Sigma c_{ij} v'_{ij} - \Sigma d_{ij} w'_{ij} &= \Sigma c_{ij} v_{ij} - \Sigma d_{ij} w_{ij} + \lambda_0 (d_{i_0j_0} - c_{i_0j_0}) \\ &\leqslant \Sigma c_{ij} v_{ij} - \Sigma d_{ij} w_{ij}, \end{aligned}$$

da $\lambda_0 > 0$ und $d_{i_0j_0} \leqslant c_{i_0j_0}$, wenn (1.83) überhaupt zulässige Lösungen besitzen soll. Nun ist es leicht, eine erste zulässige Lösung von (1.84) anzugeben, die den Bedingungen $v_{ij} \cdot w_{ij} = 0$, $v_{sq} = w_{sq} = 0$ genügt:

Setze $u_s = \gamma_{sq}$, $u_i = 0 \quad \forall i \in N - \{s\}$ und mit $\bar{\gamma}_{ij} = \gamma_{ij} + u_j - u_i$

$$v_{ij} = \begin{cases} \bar{\gamma}_{ij}, & \text{falls } \bar{\gamma}_{ij} \geqslant 0 \\ 0, & \text{sonst} \end{cases} \qquad w_{ij} = \begin{cases} -\bar{\gamma}_{ij}, & \text{falls } \bar{\gamma}_{ij} < 0 \\ 0, & \text{sonst}. \end{cases} \tag{1.85}$$

Für andere u_i müssen dann v_{ij} und w_{ij} gemäß (1.85) angepaßt werden.

Die Komplementaritätsbedingungen für (1.83) und (1.84) lauten

$$(c_{ij} - x_{ij}) v_{ij} = 0 \quad \text{und} \quad (x_{ij} - d_{ij}) w_{ij} = 0.$$

Sei $\{x_{ij}\}$ zulässig in (1.83) und $\{v_{ij}, w_{ij}, u_i\}$ zulässig in (1.84) derart, daß (1.85) gilt. Diese zulässigen Lösungen sind optimal, wenn entsprechend den Komplementaritätsbedingungen folgende Bedingungen erfüllt sind für alle $(i,j) \in \Gamma$:

α) Falls $\bar{\gamma}_{ij} > 0$, gilt $x_{ij} = c_{ij}$;

β) falls $\bar{\gamma}_{ij} = 0$, genügt x_{ij} den Ungleichungen $d_{ij} \leqslant x_{ij} \leqslant c_{ij}$;

γ) falls $\bar{\gamma}_{ij} < 0$, gilt $x_{ij} = d_{ij}$.

Hier ist β) für einen zulässigen Fluß ohnehin erfüllt. Einen Bogen (i, j) bezeichnet man als out of kilter, wenn eine der Bedingungen α) bis γ) verletzt ist. Das Markierverfahren, mit dem man durch zulässige Änderungen von zulässigen Lösungen $\{x_{ij}\}$ und $\{v_{ij}, w_{ij}, u_i\}$ α) bis γ) zu erreichen versucht, heißt deshalb Out-of-Kilter-Methode

Schritt 1. Bestimme eine zulässige Lösung $\{x_{ij}\}$ und $\{v_{ij}, w_{ij}, u_i\}$ gemäß (1.85),

Schritt 2. Falls $\exists (i_0, j_0) \in \Gamma$: $\bar{\gamma}_{i_0j_0} > 0$, $x_{i_0j_0} < c_{i_0j_0}$; dann markiere j_0 mit $(+i_0, \epsilon_{j_0})$, wobei $\epsilon_{j_0} = c_{i_0j_0} - x_{i_0j_0}$, setze $k := i_0$, $\ell := j_0$, $M := \{j_0\}$ und gehe zu Schritt 3; falls $\exists (i_0, j_0) \in \Gamma : \gamma_{i_0j_0} < 0$, $x_{i_0j_0} > d_{i_0j_0}$; dann markiere i_0 mit $(-j_0, \epsilon_{i_0})$, wobei

$\epsilon_{i_0} = x_{i_0 j_0} - d_{i_0 j_0}$, setze $k := j_0$, $\ell := i_0$, $M := \{i_0\}$ und gehe zu Schritt 3; sonst Stop; $\{x_{ij}\}$ und $\{v_{ij}, w_{ij}, u_i\}$ sind Lösungen.

Schritt 3. Nach den folgenden Regeln sind Knoten zu markieren, bis entweder $k \in M$ oder keine weitere Markierung mehr möglich ist:

a) Falls $(i, j) \in \Gamma$, $i \in M$, $j \in \overline{M}$, $\overline{\gamma}_{ij} \geqslant 0$, $x_{ij} < c_{ij}$, markiere j mit $(+i, \epsilon_j)$, wobei $\epsilon_j = \min[\epsilon_i, c_{ij} - x_{ij}]$, und setze $M := M \cup \{j\}$;

b) falls $(i, j) \in \Gamma$, $i \in \overline{M}$, $j \in M$, $\overline{\gamma}_{ij} \leqslant 0$, $x_{ij} > d_{ij}$, markiere i mit $(-j, \epsilon_i)$, wobei $\epsilon_i = \min[\epsilon_j, x_{ij} - d_{ij}]$, und setze $M := M \cup \{i\}$.

Falls $k \in M$, gehe zu Schritt 4,

falls $k \notin M$ und keine weitere Markierung möglich ist, gehe zu Schritt 5.

Schritt 4. Bestimme den Zyklus markierter Knoten $\{k, i_1, i_2 \ldots \ell, k\}$ und setze für jeden Ast (μ, ν) aus diesem Zyklus

$$x_{\mu\nu} := \begin{cases} x_{\mu\nu} + \epsilon_k, & \text{falls } \nu \text{ markiert ist mit } (+\mu, \epsilon_\nu) \\ x_{\mu\nu} - \epsilon_k, & \text{falls } \mu \text{ markiert ist mit } (-\nu, \epsilon_\mu) \end{cases}$$

Falls anschließend (k, ℓ) bzw. (ℓ, k) immer noch „out of kilter" ist, setze $\epsilon_\ell := \epsilon_\ell - \epsilon_k$, $M := \{\ell\}$ und gehe zu Schritt 3; andernfalls setze $M := \emptyset$ und gehe zu Schritt 2.

Schritt 5. Bestimme $\tilde{\delta}$ aus

$$\begin{aligned} \tilde{\delta} = \ & \max \ \delta \\ \text{bzgl.} \quad & \delta \leqslant -\overline{\gamma}_{ij} \quad \forall (i,j) \in \Gamma : i \in M,\ j \in \overline{M},\ \overline{\gamma}_{ij} < 0 \\ & \delta \leqslant \overline{\gamma}_{ij} \quad \forall (i,j) \in \Gamma : i \in \overline{M},\ j \in M,\ \overline{\gamma}_{ij} > 0\,. \end{aligned}$$

Setze $$u_i := \begin{cases} u_i + \tilde{\delta}, & \text{falls } i \in \overline{M} \\ u_i & \text{sonst,} \end{cases}$$

und bestimme anschließend v_{ij} und w_{ij} gemäß (1.85).

Setze $M := \emptyset$ und gehe zu Schritt 2.

Hier ist wie in Abschn. 1.4.3 stets $\overline{M} = N - M$.

Satz 1.40 Sind alle γ_{ij}, c_{ij}, d_{ij} ganzzahlig, dann liefert die Out-of-Kilter-Methode nach endlich vielen Schritten eine Lösung von (1.83).

Beweis. Eine erste ganzzahlige zulässige Lösung $\{x_{ij}\}$ von (1.83) findet man auf die in Abschn. 1.4.3 beschriebene Art. Eine erste zulässige ganzzahlige Lösung von (1.84) ist durch $u_s = \gamma_{sq}$, $u_i = 0\ \forall i \neq s$, v_{ij}, w_{ij} gemäß (1.85) gegeben. Dabei ist insbesondere $v_{sq} = w_{sq} = 0$.

In Schritt 4 wird eine zulässige Lösung $\{x_{ij}\}$ in eine zulässige Lösung $\{x'_{ij}\}$ übergeführt, was analog wie in Satz 1.36 bewiesen wird. Ist $\{x_{ij}\}$ ganzzahlig, dann ist dort offenbar auch ϵ_k und folglich $\{x'_{ij}\}$ ganzzahlig ($\epsilon_k > 0$).

In Schritt 5 geht eine ganzzahlige zulässige Lösung $\{v_{ij}, w_{ij}, u_i\}$ in eine ebensolche $\{v'_{ij}, w'_{ij}, u'_i\}$ über, da $\tilde{\delta} > 0$ ganzzahlig ist.

Wir zeigen jetzt, daß nach jeder Änderung in Schritt 4 oder Schritt 5 mindestens eines der nichtnegativen Produkte

$$(c_{ij} - x_{ij})\, v_{ij} \text{ oder } (x_{ij} - d_{ij})\, w_{ij}$$

um eine ganze Zahl abnimmt, während keines zunimmt. Daraus folgt die Endlichkeit des Verfahrens.

Ändern wir $\{x_{ij}\}$ in Schritt 4, so treten Änderungen der Flüsse $x_{\mu\nu}$ nur auf für solche $(\mu, \nu) \in \Gamma$, die zum Zyklus gehören. Folgende beiden Fälle sind möglich:

a) ν ist markiert mit $(+\mu, \epsilon_\nu)$. Dann ist nach Schritt 3 $\overline{\gamma}_{\mu\nu} \geqslant 0$ und $x_{\mu\nu} < c_{\mu\nu}$, und $(c_{\mu\nu} - x_{\mu\nu})\, v_{\mu\nu}$ geht über in $(c_{\mu\nu} - x_{\mu\nu} - \epsilon_k)\, v_{\mu\nu}$, während $w_{\mu\nu} = 0$ ist.

b) μ ist markiert mit $(-\nu, \epsilon_\mu)$. Folglich ist nach Schritt 3 $\overline{\gamma}_{\mu\nu} \leqslant 0$ und daher $v_{\mu\nu} = 0$, und $(x_{\mu\nu} - d_{\mu\nu})\, w_{\mu\nu}$ geht über in $(x_{\mu\nu} - \epsilon_k - d_{\mu\nu})\, w_{\mu\nu}$.

Folglich wird keines der Produkte erhöht, aber mindestens dasjenige, das gemäß Schritt 2 zu (i_0, j_0) gehört, nimmt um eine ganze Zahl ab.

Ändern wir $\{v_{ij}, w_{ij}, u_i\}$ gemäß Schritt 5, so haben wir für $(i, j) \in \Gamma$ folgende Fälle zu unterscheiden:

a) $i \in M,\ j \in M$; dann bleibt $\overline{\gamma}_{ij}$ unverändert, und folglich ändern sich v_{ij} und w_{ij} nicht.

b) $i \in \overline{M},\ j \in \overline{M}$; dann bleibt wieder $\overline{\gamma}_{ij}$ unverändert.

c) $i \in M,\ j \in \overline{M}$; dann geht $\overline{\gamma}_{ij}$ über in $\overline{\gamma}_{ij} + \tilde{\delta}$. Nach Schritt 3 ist entweder $\overline{\gamma}_{ij} \geqslant 0$, d. h. $w_{ij} = 0$, und $x_{ij} = c_{ij}$; dann sind und bleiben $(c_{ij} - x_{ij})\, v_{ij} = (x_{ij} - d_{ij})\, w_{ij} = 0$; oder es ist $w_{ij} = -\overline{\gamma}_{ij} > 0$ und folglich $v_{ij} = 0$, dann ist nach der Bestimmung von $\tilde{\delta}$ auch $\overline{\gamma}_{ij} + \tilde{\delta} \leqslant 0$ und $w_{ij}\,(x_{ij} - d_{ij})$ geht über in $(w_{ij} - \tilde{\delta})\,(x_{ij} - d_{ij})$.

d) $i \in \overline{M},\ j \in M$; dann geht $\overline{\gamma}_{ij}$ über in $\overline{\gamma}_{ij} - \tilde{\delta}$. Hier ist (Schritt 3) entweder $\overline{\gamma}_{ij} \leqslant 0$ und $x_{ij} = d_{ij}$; folglich ist $v_{ij} = 0$ und es bleiben $(x_{ij} - d_{ij})\, w_{ij} = (c_{ij} - x_{ij})\, v_{ij} = 0$; oder es ist $v_{ij} = \overline{\gamma}_{ij} > 0$ und $\overline{\gamma}_{ij} - \tilde{\delta} \geqslant 0$, und folglich geht $v_{ij}\,(c_{ij} - x_{ij})$ über in $(v_{ij} - \tilde{\delta})\,(c_{ij} - x_{ij})$.

Demzufolge wird auch hier keines der Produkte vergrößert, aber mindestens dasjenige, das zu (i_0, j_0) gehört und in Schritt 2 positiv war, um eine ganze Zahl verringert. ■

Man macht sich leicht klar, daß das Markierverfahren für die Flußmaximierung ein Spezialfall der Out-of-Kilter-Methode ist.

Aufgabe Zeige: Die ungarische Methode ist gleichbedeutend mit der Anwendung der Out-of-Kilter-Methode auf das Zuordnungsproblem.

1.4.6 Bemerkungen zur ganzzahligen Programmierung

In Abschn. 1.2 und 1.3 haben wir uns nur mit Linearprogrammen befaßt, in denen reellwertige Lösungen zugelassen waren. Nun trifft man in den Anwendungen häufig auch solche Linearprogramme, in denen einige oder alle Variable auf ganzzahlige Werte beschränkt sind. Das ist beispielsweise dann der Fall, wenn diese Variablen entweder Stückzahlen oder Ja-Nein-Entscheidungen entsprechen. Beide Situationen haben wir in Spezialfällen schon kennen gelernt. Sowohl im Transportproblem als auch in den Netzwerkflußproblemen konnten wir ohne zusätzliche Schwierigkeiten verlangen, daß die Gütermengen ganzzahlig sind, also etwa in Stückzahlen angegeben werden, sofern die Eingangsdaten auch ganzzahlig waren. Und im Zuordnungsproblem hatten wir es mit Ja-Nein-Entscheidungen zu tun, denn ob eine Zuordnung (i, j) getroffen wurde oder nicht, wurde durch $x_{ij} = 1$ oder $x_{ij} = 0$ angegeben. Daß in diesen Fällen keine zusätzlichen Schwierigkeiten durch die geforderte Ganzzahligkeit verursacht wurden, liegt im wesentlichen daran, daß die spezielle Problemstruktur die Übereinstimmung der Optimalwerte von reellen und ganzzahligen Lösungen sichert. Allgemeine Linearprogramme – selbst mit ganzzahligen Eingangsdaten – haben diese Eigenschaft in der Regel nicht. Betrachten wir dazu das folgende Beispiel:

$$\begin{aligned} \max \quad & 49\,x_1 + 24\,x_2 \\ & x_1 + \ \ 2\,x_2 \leqslant 8 \\ \text{bzgl.} \quad & 25\,x_1 + 12\,x_2 \leqslant 67 \\ & x_1 \geqslant 0, \ \ x_2 \geqslant 0 \end{aligned}$$

Graphisch können wir uns diese Aufgabe in Fig. 1.19 veranschaulichen.

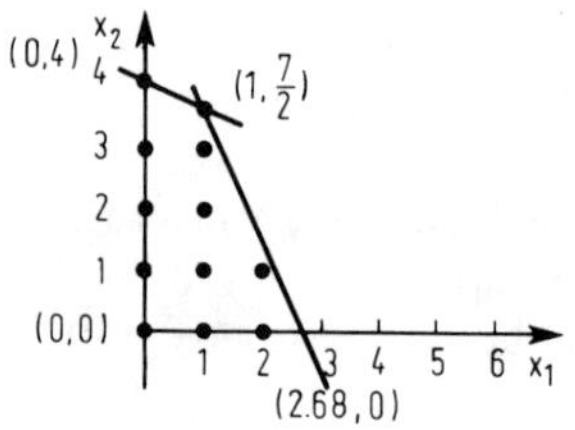

Fig. 1.19

Hier haben wir die Koordinaten der Eckpunkte des zulässigen Bereiches eingetragen und die zulässigen Gitterpunkte, d. h. die zulässigen ganzzahligen Lösungen eingezeichnet. Man prüft nun leicht nach, daß $(x_1, x_2) = (1, \frac{7}{2})$ die reelle Lösung ist mit dem Optimalwert $z_0 = 133$. Nun könnte man vermuten, daß der optimale Gitterpunkt irgendwie der reellen Lösung benachbart ist. Die anschaulich in Betracht kommenden zulässigen Gitterpunkte wären hier $g_1 = (0, 4)$ und $g_2 = (1, 3)$ mit den Zielfunktionswerten $z_1 = 96$ und $z_2 = 121$. Nun ist jedoch keiner dieser beiden Punkte eine Lösung, sondern $g_3 = (2, 1)$ mit $z_3 = 122$ löst unser Problem, wenn wir die Ganzzahligkeit beider Variablen fordern.

An diesem Beispiel können wir zwei im allgemeinen typische Eigenheiten ganzzahliger Linearprogramme beobachten: Zum einen stimmen der reelle und der ganzzahlige Optimalwert nicht überein, und zum andern liegt die ganzzahlige Lösung nicht in der unmittelbaren Umgebung der reellen Lösung. Aus diesen Eigentümlichkeiten resultieren zu einem großen Teil die Schwierigkeiten, die man bis heute mit der ganzzahligen Programmierung hat. In den meisten der bis jetzt vorgeschlagenen Lösungsverfahren für ganzzahlige Programme wird in unterschiedlicher Weise wenigstens eines von zwei

Grundkonzepten verwandt: die beschränkte Enumeration (Branch-and-Bound) und die Schnittebenenkonstruktion.

Bei der beschränkten Enumeration handelt es sich jeweils um heuristische Verfahren, in denen Teilmengen von zulässigen Gitterpunkten, die auf Grund einfacher, plausibler Kriterien als Lösungen nicht in Betracht kommen, ausgeschieden werden. Auf diese Art möchte man erreichen, daß nur noch möglichst wenige zulässige Gitterpunkte untersucht werden müssen. Wir können aus Platzgründen hier nicht näher auf diese Verfahren eingehen.

Die Schnittebenenverfahren beruhen auf folgender Idee: Angenommen, der zulässige Bereich B des LP sei beschränkt; dann gibt es nur endlich viele zulässige Gitterpunkte, deren konvexe Hülle P_0 ein konvexes Polyeder ist derart, daß $\mathsf{P}_0 \subset \mathsf{B}$. Folglich muß es Hyperebenen, nämlich die sogenannten Schnittebenen, geben, die von B jeweils Teile von $\mathsf{B} - \mathsf{P}_0$ wegschneiden, nicht aber zulässige Gitterpunkte oder mindestens nicht solche Gitterpunkte, die als Lösung in Frage kommen. Durch sukzessive Einführung solcher Schnittebenen, also zusätzlicher Restriktionen, sucht man einen zulässigen Bereich P_1 mit $\mathsf{P}_0 \subset \mathsf{P}_1 \subset \mathsf{B}$ derart, daß die nach dem Simplexverfahren optimale zulässige Basislösung ganzzahlig ist.

Es sind in der Literatur viele Arten der Schnittebenenkonstruktion vorgeschlagen worden. Wir wollen hier nur ein Beispiel vorführen. Sei $\mathbf{Z}^n$ die Menge der Gitterpunkte in $\mathbf{R}^n$. Unser ganzzahliges LP sei

$$\begin{aligned} &\min && c'x \\ &\text{bzgl.} && Ax = b \\ & && x \geqslant 0, \qquad x \in \mathbf{Z}^n \end{aligned}$$

Üblicherweise werden hier die Elemente von A, b, c, als ganzzahlig vorausgesetzt.

Lösen wir dieses LP zunächst ohne Berücksichtigung der Ganzzahligkeitsbedingung, dann erhalten wir nach dem Simplexverfahren ein optimales Tableau, das zwischen den Basisvariablen $\tilde{x}_i$ und den Nichtbasisvariablen y_j Beziehungen folgender Art wiedergibt, die auch für alle zulässigen ganzzahligen Lösungen zu gelten haben:

$$\tilde{x}_i = \beta_i - \sum_j \alpha_{ij}\, y_j.$$

Ist hier zufällig β_i ganzzahlig für alle i, dann ist diese optimale Basislösung ($y_j = 0 \ \forall_j$) selbst ganzzahlig, und unsere Aufgabe ist erledigt.

Ist jedoch ein β_{i_0} nicht ganzzahlig, so müssen wir nach einer ganzzahligen Lösung weitersuchen.

Sei δ eine beliebige reelle Zahl und $g(\delta)$ die größte ganze Zahl, die kleiner oder gleich δ ist. Sei dann $r(\delta) = \delta - g(\delta)$. Folglich gilt $0 \leqslant r(\delta) < 1$.

Nun zerlegen wir β_{i_0} und $\alpha_{i_0 j}$ gemäß

$$\beta_{i_0} = g(\beta_{i_0}) + r(\beta_{i_0}) \qquad \alpha_{i_0 j} = g(\alpha_{i_0 j}) + r(\alpha_{i_0 j}).$$

Dann gilt also

$$0 \leqslant r(\alpha_{i_0 j}) < 1 \quad \text{und} \quad 0 < r(\beta_{i_0}) < 1,$$

da nach Annahme β_{i_0} nicht ganzzahlig ist.

Dann gilt die Beziehung (auch für alle zulässigen ganzzahligen Lösungen)

$$\begin{aligned} \tilde{x}_{i_0} &= \beta_{i_0} - \Sigma\, \alpha_{i_0 j}\, y_j \\ &= g(\beta_{i_0}) - \Sigma\, g(\alpha_{i_0 j})\, y_j + r(\beta_{i_0}) - \Sigma\, r(\alpha_{i_0 j})\, y_j \end{aligned}$$

und folglich

$$r(\beta_{i_0}) - \Sigma\, r(\alpha_{i_0 j})\, y_j = \tilde{x}_{i_0} - [g(\beta_{i_0}) - \Sigma\, g(\alpha_{i_0 j})\, y_j].$$

Für jede zulässige ganzzahlige Lösung gilt:

$$\tilde{x}_{i_0} - [g(\beta_{i_0}) - \Sigma\, g(\alpha_{i_0 j})\, y_j] \text{ ist ganzzahlig,}$$

und $\quad r(\beta_{i_0}) - \Sigma\, r(\alpha_{i_0 j})\, y_j < 1.$

Daraus ergibt sich nach der obigen Beziehung die Restriktion

$$r(\beta_{i_0}) - \Sigma\, r(\alpha_{i_0 j})\, y_j \leqslant 0$$

als notwendige Bedingung für jede zulässige ganzzahlige Lösung.

Mit $\quad s = -r(\beta_{i_0}) - \Sigma - r(\alpha_{i_0 j})\, y_j$

muß also $s \geqslant 0$ gelten.

Diese Beziehung fügt man im oben erwähnten Tableau an. Das so erweiterte Tableau ist nicht zulässig, da $-r(\beta_{i_0}) < 0$. Man versucht dann, über duale Austauschschritte (s. Abschn. 1.3.5) die Zulässigkeit zu erreichen. Ist das erweiterte Tableau wieder zulässig und optimal, so konstruiert man analog eine weitere Zusatzrestriktion, sofern die gefundene Basislösung nicht ganzzahlig ist.

Damit wollen wir hier die Erörterung der ganzzahligen Programmierung beenden. Der interessierte Leser sei auf die entsprechende Spezialliteratur verwiesen.

2 Nichtlineare Optimierung

In diesem Kapitel wollen wir Optimierungsaufgaben der Gestalt

$$\begin{aligned} &\min \quad f(x) \\ &\text{bzgl.} \quad g_i(x) \leqslant 0, \qquad i = 1, \ldots, m, \\ &\qquad\quad x \in \mathbf{R}^n \end{aligned} \tag{2.1}$$

behandeln. Allerdings werden wir kaum irgend eine brauchbare Aussage erwarten können, wenn wir die Zielfunktion f und die Restriktionsfunktionen g_i keinen weiteren Bedingungen unterwerfen. Wählen wir beispielsweise für $x \in \mathbf{R}^1$ und $m = 1$

$$f(x) = x$$
$$g_1(x) = \begin{cases} -x, & \text{falls } x > 0 \\ 1, & \text{falls } x \leqslant 0, \end{cases}$$

dann hat das obige Optimierungsproblem bereits keine Lösung; jedoch besitzt die Aufgabe wenigstens ein Infimum, das leicht zu bestimmen ist. Im Hinblick auf Lösungsverfahren noch unangenehmer sind Optimierungsaufgaben, die mehrere lokale Minima besitzen. Die Schwierigkeit besteht dann darin, daß man im allgemeinen keine lokalen Kriterien hat, um zu überprüfen, ob ein lokales Minimum zugleich auch ein globales Minimum ist oder nicht. Wir werden uns daher auf solche Aufgaben beschränken, in denen sowohl die Zielfunktion f als auch die Restriktionsfunktionen g_i konvexe Funktionen im Sinne von Definition 1.8 sind. Dazu müssen wir uns noch eingehender mit konvexen Mengen und Funktionen befassen.

2.1 Konvexe Mengen (Trennungssatz)

Der Einfachheit halber seien die Definitionen konvexer Mengen und Funktionen hier wiederholt:

Definition 2.1. Eine Menge $M \subset \mathbf{R}^n$ heißt konvex, wenn mit $x \in M$, $y \in M$ auch

$$\lambda x + (1 - \lambda) y \in M \qquad \text{für alle } \lambda \in (0, 1).$$

Definition 2.2. Sei $M \subset \mathbf{R}^n$ konvex. Eine Funktion $f : M \to \mathbf{R}^1$ heißt konvex, wenn für alle $x \in M$, $y \in M$ und $\lambda \in (0, 1)$ gilt

$$f(\lambda x + (1 - \lambda) y) \leqslant \lambda f(x) + (1 - \lambda) f(y).$$

Für konvexe Mengen gilt

Satz 2.1 Der Durchschnitt beliebig vieler konvexer Mengen ist konvex.

B e w e i s. Sei I eine beliebige Indexmenge und M_i für jedes $i \in I$ eine konvexe Teilmenge des $\mathbf{R}^n$. Sei $D = \bigcap_{i \in I} M_i$ und, sofern $D \neq \emptyset$, $x \in D$ und $y \in D$. Dann ist $x \in M_i$ und $y \in M_i$ für jedes $i \in I$. Folglich ist für $\lambda \in [0, 1]$ $\lambda x + (1 - \lambda) y \in M_i$ für jedes $i \in I$ und daher $\lambda x + (1 - \lambda) y \in D$. ■

Eine analoge Aussage für die Vereinigung konvexer Mengen gilt nicht, wie das folgende Beispiel zeigt:

Sei $M_1 = \{x \in \mathbf{R}^1 \mid 1 \leqslant x \leqslant 3\}$, $M_2 = \{x \in \mathbf{R}^1 \mid 5 \leqslant x \leqslant 8\}$;
dann ist $V = M_1 \cup M_2 = \{x \mid 1 \leqslant x \leqslant 3 \text{ oder } 5 \leqslant x \leqslant 8\}$
nicht konvex, denn $x = 2 \in V$ und $y = 6 \in V$, aber

$$\frac{1}{2}x + \frac{1}{2}y = 4 \notin V.$$

Für den zulässigen Bereich von (2.1)

$$B = \{x \in \mathbf{R}^n \mid g_i(x) \leqslant 0, i = 1, \ldots, m\}$$

folgt aus Satz 2.1 der

Satz 2.2 Sind g_i, $i = 1, \ldots, m$, konvexe Funktionen, dann ist der zulässige Bereich von (2.1) eine konvexe Menge.

Beweis. Sei $M_i = \{x \in \mathbf{R}^n \mid g_i(x) \leqslant 0\}$, $i \in \{1, \ldots, m\}$.
Sei $y \in M_i$ und $z \in M_i$, also $g_i(y) \leqslant 0$ und $g_i(z) \leqslant 0$.
Da g_i nach Voraussetzung eine konvexe Funktion ist, folgt für jedes $\lambda \in [0, 1]$ $g_i(\lambda y + (1-\lambda)z) \leqslant \lambda g_i(y) + (1-\lambda)\, g_i(z) \leqslant 0$, also $\lambda y + (1-\lambda)z \in M_i$, d.h. M_i ist eine konvexe Menge, $i \in \{1, \ldots, m\}$. Dann ist nach Satz 2.1

$$B = \{x \mid g_i(x) \leqslant 0,\ i = 1, \ldots, m\} = \bigcap_{i=1}^{m} M_i \text{ konvex.} \qquad \blacksquare$$

Unter der abgeschlossenen Hülle einer Menge versteht man bekanntlich die Vereinigung der Menge mit ihren Häufungspunkten.

Satz 2.3 Ist $A \subset \mathbf{R}^n$ konvex, dann ist auch A^c, die abgeschlossene Hülle von A, konvex.

Beweis. Zu $x \in A^c$ und $y \in A^c$ gibt es Folgen $\{x_\nu\}$ und $\{y_\nu\}$, derart, daß

$$x_\nu \in A \text{ und } y_\nu \in A, \qquad \nu = 1, 2, 3, \ldots,$$

und $$x = \lim_{\nu \to \infty} x_\nu \quad \text{und} \quad y = \lim_{\nu \to \infty} y_\nu.$$

Für $\lambda \in [0, 1]$ haben wir

$$\lambda x + (1-\lambda)\, y = \lambda \lim_{\nu \to \infty} x_\nu + (1-\lambda) \cdot \lim_{\nu \to \infty} y_\nu = \lim_{\nu \to \infty} [\lambda x_\nu + (1-\lambda)\, y_\nu]\,.$$

Da A konvex ist, gilt

$$\lambda x_\nu + (1-\lambda)\, y_\nu \in A, \qquad \nu = 1, 2, 3, \ldots,$$

und demzufolge ist $\lambda x + (1-\lambda)\, y \in A^c$. $\blacksquare$

Es gibt bekanntlich echte Teilmengen des $\mathbf{R}^n$, deren abgeschlossene Hüllen gleich dem $\mathbf{R}^n$ sind. Beispiele hierfür sind etwa $M = \mathbf{R}^n - \{\hat{x}\}$ mit $\hat{x} \in \mathbf{R}^n$ oder $N = \{x \in \mathbf{R}^n \mid$ alle Komponenten von x sind rationale Zahlen$\}$.

Für konvexe Mengen ist das jedoch unmöglich.

Lemma 2.4 Ist $A \subset \mathbf{R}^n$ konvex und $A \neq \mathbf{R}^n$, dann ist auch $A^c \neq \mathbf{R}^n$.

Beweis. Sei $\hat{x} \in \mathbf{R}^n$, $\hat{x} \notin A$.
Sei $M = \{z \mid \exists\ y \in A: z = y - \hat{x}\}$ und r die Maximalzahl linear unabhängiger Vektoren in M.
Ist $r < n$, dann sind $\hat{x}$ und A in einer Hyperebene H des $\mathbf{R}^n$ enthalten. Folglich kann kein Element von $\mathbf{R}^n - H$ ein Häufungspunkt von A sein, d. h. $A^c \neq \mathbf{R}^n$.
Ist $r = n$, dann seien $y_i \in A$, $i = 1, \dots, n$, derart ausgewählt, daß die Vektoren $z_i = y_i - \hat{x}$, $i = 1, \dots, n$, linear unabhängig sind. Definieren wir mit $w_i = -z_i$, $i = 1, \dots, n$, die Menge

$$K = \{x | x = \hat{x} + \sum_{i=1}^{n} \lambda_i w_i,\ \lambda_i > 0 \quad \forall\, i\},$$

dann ist $K \cap A = \emptyset$. Denn gäbe es ein $z \in K \cap A$ mit der Darstellung

$$z = \hat{x} + \sum_{i=1}^{n} \mu_i w_i = (1 + \sum_{i=1}^{n} \mu_i)\, \hat{x} - \sum_{i=1}^{n} \mu_i y_i$$

mit $\mu_i > 0$, $i = 1, \dots, n$, dann wäre, da A konvex ist,

$$\hat{y} = \frac{1}{\sum_{i=1}^{n} \mu_i} \sum_{i=1}^{n} \mu_i y_i \in A$$

und folglich

$$\hat{x} = \frac{1}{1 + \sum_{i=1}^{n} \mu_i} z + \frac{\sum_{i=1}^{n} \mu_i}{1 + \sum_{i=1}^{n} \mu_i} \hat{y} \in A$$

im Widerspruch zur Voraussetzung $\hat{x} \notin A$.
Da die Vektoren w_i, $i = 1, \dots, n$, linear unabhängig sind, ist K eine nichtleere offene Teilmenge des $\mathbf{R}^n$, die, da $K \cap A = \emptyset$, keinen Häufungspunkt von A enthält. Folglich gilt auch $K \cap A^c = \emptyset$. ■

Nunmehr wollen wir zeigen, daß es zu jeder konvexen Menge $A \subset \mathbf{R}^n$ und jedem $\hat{x} \in \mathbf{R}^n$ mit $\hat{x} \notin A$ eine Hyperebene $H = \{x \mid a'x = \beta \text{ mit } a \in \mathbf{R}^n, \|a\| = 1\}$ gibt derart, daß $a'\hat{x} \leqslant \beta$ und $a'y \geqslant \beta$ für alle $y \in A$. Wir benötigen dazu mehrere Schritte.

Satz 2.5 Sei $A \subset \mathbf{R}^n$, $A \neq \emptyset$, eine abgeschlossene konvexe Menge und $\hat{x} \notin A$. Dann gibt es ein $a \in \mathbf{R}^n$ mit $\|a\| = 1$ und eine Konstante $\beta \in \mathbf{R}^1$ so, daß $a'\hat{x} < \beta$ und $a'y > \beta$ für alle $y \in A$.

Beweis. Sei $\rho(\hat{x}, A) = \inf\{\|\hat{x} - y\| \mid y \in A\}$, und sei $y_1 \in A$. Dann ist offenbar $\rho(\hat{x}, A) \leqslant \|\hat{x} - y_1\|$, d. h. wir können uns bei der Bestimmung des Abstandes $\rho(\hat{x}, A)$ auf die Menge $\mathbf{B} = \{y | \|\hat{x} - y\| \leqslant \|\hat{x} - y_1\|\} \cap A$ beschränken. Da A abgeschlossen ist,

ist B kompakt, und demzufolge ist

$$\rho(\hat{x}, A) = \min_{y \in B} \|\hat{x} - y\| .$$

Das Element $\hat{y} \in B$ liefere den minimalen Abstand, also

$$\rho(\hat{x}, A) = \|\hat{x} - \hat{y}\| .$$

Da $\hat{x} \notin A$ und $\hat{y} \in A$, folgt $\|\hat{x} - \hat{y}\| > 0$.
Wir zeigen jetzt, daß $(\hat{y} - \hat{x})' \hat{y} \leqslant (\hat{y} - \hat{x})' y$ für alle $y \in A$ gilt. Wäre nämlich für ein $y_0 \in A$

$$(\hat{y} - \hat{x})' \hat{y} > (\hat{y} - \hat{x})' y_0,$$

dann wäre

$$z_\lambda = \lambda\hat{y} + (1 - \lambda) y_0 \in A \qquad \text{für } \lambda \in [0, 1]$$

und $$\varphi(\lambda) = \|\hat{x} - z_\lambda\|^2 = \|x\|^2 - 2\lambda\hat{x}'\hat{y} - 2(1 - \lambda)\hat{x}'y_0 + \lambda^2 \|\hat{y}\|^2 + 2\lambda(1 - \lambda)\hat{y}'y_0 + (1 - \lambda)^2 \|y_0\|^2$$

hätte für $\lambda = 1$, d. h. in $z_\lambda = \hat{y}$, die Ableitung

$$\frac{d}{d\lambda}\varphi(1) = 2\,[\|\hat{y}\|^2 - \hat{x}'\hat{y} - \hat{y}'y_0 + \hat{x}'y_0] = 2[(\hat{y} - \hat{x})'\hat{y} - (\hat{y} - \hat{x})' y_0] > 0.$$

Folglich gäbe es ein $z_\lambda \in A$ mit $\lambda \in [0, 1)$ derart, daß

$$\|\hat{x} - z_\lambda\| < \|\hat{x} - \hat{y}\|$$

im Widerspruch dazu, daß $\hat{y} \in A$ minimalen Abstand zu $\hat{x}$ hat.

Sei nun $a = \dfrac{\hat{y} - \hat{x}}{\|\hat{y} - \hat{x}\|}$

und $\gamma = a'\hat{y}$;

dann gilt also

$$\gamma \leqslant a'y \qquad \forall\, y \in A.$$

Sei $\beta = \frac{1}{2}\, a'(\hat{x} + \hat{y})$.
Dann gilt

$$\begin{aligned} a'\hat{x} &= a'\left[\frac{1}{2}(\hat{x} + \hat{y}) - \frac{1}{2}(\hat{y} - \hat{x})\right] = \beta - \frac{1}{2}\|\hat{y} - \hat{x}\| \\ &< \beta = \frac{1}{2}\, a'(\hat{x} + \hat{y}) = a'\left[\hat{y} - \frac{1}{2}(\hat{y} - \hat{x})\right] = \gamma - \frac{1}{2}\|\hat{y} - \hat{x}\| \\ &< \gamma. \end{aligned}$$

Also ist $a'\hat{x} < \beta < a'y \quad \forall\, y \in A.$ ■

Man sagt, daß die Hyperebene $H = \{x \mid a'x = \beta\}$ den Punkt $\hat{x}$ und die Menge A (streng) trennt.

Satz 2.6 Sei $A \subset \mathbf{R}^n$, $A \neq \emptyset$, eine abgeschlossene konvexe Menge und $\{x_\nu\}$ eine Folge mit $x_\nu \in \mathbf{R}^n$, $x_\nu \notin A$ und $\lim_{\nu \to \infty} x_\nu = \hat{x}$. Dann gibt es ein $a \in \mathbf{R}^n$ mit $\|a\| = 1$ und eine Konstante β derart, daß $a'\hat{x} \leqslant \beta \leqslant a'y \quad \forall\, y \in A$.

Beweis. Nach Satz 2.5 gibt es zu jedem x_ν ein a_ν mit $\|a_\nu\| = 1$ und ein β_ν so, daß $a'_\nu x_\nu < \beta_\nu < a'_\nu y \quad \forall\, y \in A$.
Da $\|a_\nu\| = 1$, $\nu = 1, 2, 3, \ldots$, gibt es eine konvergente Teilfolge $\{a_{\nu_\mu}\}$ so, daß

$$\lim_{\mu \to \infty} a_{\nu_\mu} = a \text{ mit } \|a\| = 1.$$

Mit $\beta = a'\hat{x}$ gilt offensichtlich

$$\beta = a'\hat{x} = \lim_{\mu \to \infty} a'_{\nu_\mu} x_{\nu_\mu} \leqslant \lim_{\mu \to \infty} a'_{\nu_\mu} y \qquad \forall\, y \in A,$$

d.h. $\quad a'\hat{x} = \beta \leqslant a'y \qquad \forall\, y \in A.$ ■

Auch hier nennt man $H = \{x \mid a'x = \beta\}$ eine den Punkt $\hat{x}$ und die Menge A trennende Hyperebene. Nun können wir auch eine beliebige – also nicht notwendig abgeschlossene – konvexe Menge durch eine Hyperebene von einem nicht in ihr enthaltenen Punkt trennen.

Satz 2.7 Sei $A \subset \mathbf{R}^n$, $A \neq \emptyset$, eine konvexe Menge und $\hat{x} \in \mathbf{R}^n$, $\hat{x} \notin A$.
Dann gibt es ein $a \in \mathbf{R}^n$ mit $\|a\| = 1$ und eine Konstante β derart, daß $a'\hat{x} \leqslant \beta \leqslant a'y$ $\forall\, y \in A$.

Beweis. Falls $\hat{x} \notin A^c$, folgt die Behauptung aus Satz 2.5, da $A \subset A^c$. Ist jedoch $\hat{x} \in A^c$, dann ergibt sich ohne weiteres aus dem Beweis von Lemma 2.4 und aus der Voraussetzung $\hat{x} \notin A$, daß eine Folge $\{x_\nu\}$ mit $x_\nu \in \mathbf{R}^n$, $x_\nu \notin A^c$ und $\lim_{\nu \to \infty} x_\nu = \hat{x}$ existiert. Dann folgt die Behauptung aus Satz 2.6. ■

Nach diesen Vorbereitungen können wir den Trennungssatz für konvexe Mengen beweisen.

Satz 2.8 Seien $A \subset \mathbf{R}^n$ und $B \subset \mathbf{R}^n$ nichtleere konvexe Mengen mit $A \cap B = \emptyset$. Dann gibt es ein $a \in \mathbf{R}^n$ mit $\|a\| = 1$ und eine Konstante β derart, daß für alle $y \in A$ und alle $z \in B$ gilt $a'y \leqslant \beta \leqslant a'z$.

Beweis. Sei $C = \{x \mid x = z - y \text{ mit } z \in B, y \in A\}$. Da $A \cap B = \emptyset$, folgt für den Nullvektor $0 \notin C$.
Ferner folgt aus der Konvexität von A und B sofort, daß C konvex ist. Nach Satz 2.7 gibt es dann ein $a \in \mathbf{R}^n$ mit $\|a\| = 1$, so daß $a'0 = 0 \leqslant a'x \quad \forall x \in C$,

d.h. $\quad 0 \leqslant a'(z - y) \qquad \forall\, z \in B, \forall\, y \in A.$

Also gilt $\sup_{y \in A} a'y \leqslant \inf_{z \in B} a'z$.

Wählen wir β so, daß

$$\sup_A a'y \leqslant \beta \leqslant \inf_B a'z,$$

dann gelten die behaupteten Ungleichungen

$$a'y \leqslant \beta \leqslant a'z \qquad \forall y \in A,\ \forall z \in B.$$ ■

Aufgabe Gegeben sei im $\mathbf{R}^2$ der Punkt $\hat{x} = (4, 2)$ und das Polyeder P mit den Eckpunkten (8, 1), (11, 2), (10, 6), (7,9) und (4, 6). Konstruiere gemäß Beweis von Satz 2.5 eine streng trennende Hyperebene zwischen $\hat{x}$ und P.

2.2 Konvexe Funktionen

Nach Definition 2.2 ist eine Funktion dann konvex, wenn über jeder Verbindungsstrecke zweier Punkte des Definitionsbereiches der Funktionswert durch die lineare Interpolation der Funktionswerte der Endpunkte nach oben beschränkt ist. Aus dieser Eigenschaft ergeben sich eine Reihe von Folgerungen für konvexe Funktionen, von denen wir hier einige wiedergeben.

Satz 2.9 Seien $D \subset \mathbf{R}^n$ eine konvexe Menge und f und g auf D definierte konvexe Funktionen. Für jedes Paar nichtnegativer Konstanten α, β ist dann $(\alpha f + \beta g) : D \to \mathbf{R}^1$ eine konvexe Funktion.

B e w e i s. Seien $\alpha \geqslant 0, \beta \geqslant 0$ und $h(x) = \alpha f(x) + \beta g(x) \quad \forall x \in D$. Für $x \in D, y \in D$ und $\lambda \in [0, 1]$ gilt dann, da f und g konvex sind,

$$\begin{aligned} h(\lambda x + (1-\lambda) y) &= \alpha f(\lambda x + (1-\lambda) y) + \beta g(\lambda x + (1-\lambda) y) \\ &\leqslant \alpha[\lambda f(x) + (1-\lambda) f(y)] + \beta[\lambda g(x) + (1-\lambda) g(y)] \\ &= \lambda[\alpha f(x) + \beta g(x)] + (1-\lambda) [\alpha f(y) + \beta g(y)] \\ &= \lambda\, h(x) + (1-\lambda) h(y). \end{aligned}$$

Also ist $h : D \to \mathbf{R}^1$ konvex. ■

Satz 2.10 Sei $f : D \to \mathbf{R}^1$ konvex. Für $x_i \in D$, $i = 1, \ldots, r$, und $\lambda_i \geqslant 0$ mit $\sum_{i=1}^{r} \lambda_i = 1$ gilt

$$f\Big(\sum_{i=1}^{r} \lambda_i x_i\Big) \leqslant \sum_{i=1}^{r} \lambda_i f(x_i).$$

B e w e i s. Für $r = 2$ stimmt die Behauptung mit der Definition konvexer Funktionen überein. Sei die Behauptung für irgend eine natürliche Zahl $r - 1$ richtig, also

$$f\Big(\sum_{i=1}^{r-1} \mu_i x_i\Big) \leqslant \sum_{i=1}^{r-1} \mu_i f(x_i) \qquad \text{für } \mu_i \geqslant 0,\ \sum_{i=1}^{r-1} \mu_i = 1.$$

Seien nun $\lambda_i \geqslant 0$ und $\sum_{i=1}^{r} \lambda_i = 1$.

Falls $\lambda_r = 1$, haben wir nichts mehr zu zeigen. Andernfalls sei

$$\mu_i = \frac{\lambda_i}{1-\lambda_r}, \qquad i = 1, \ldots, r-1.$$

Dann gilt

$$\mu_i \geqslant 0 \quad \text{und} \quad \sum_{i=1}^{r-1} \mu_i = 1.$$

Nach unseren Voraussetzungen gilt dann

$$\begin{aligned} f(\sum_{i=1}^{r} \lambda_i x_i) &= f((1-\lambda_r) \sum_{i=1}^{r-1} \mu_i x_i + \lambda_r x_r) \\ &\leqslant (1-\lambda_r) f(\sum_{i=1}^{r-1} \mu_i x_i) + \lambda_r f(x_r) \\ &\leqslant (1-\lambda_r) \sum_{i=1}^{r-1} \mu_i f(x_i) + \lambda_r f(x_r) \\ &= \sum_{i=1}^{r} \lambda_i f(x_i). \end{aligned}$$

■

Satz 2.11 Sei $f : D \to \mathbf{R}^1$ konvex. Sei P ein konvexes Polyeder mit den Eckpunkten $x_1, \ldots, x_r$ derart, daß $P \subset D$. Mit $\gamma = \max_{1 \leqslant i \leqslant r} f(x_i)$ gilt

$$f(x) \leqslant \gamma \qquad \forall x \in P.$$

B e w e i s. Das konvexe Polyeder P ist die konvexe Hülle seiner Eckpunkte $x_1, \ldots, x_r$. Folglich hat jedes $x \in P$ eine Darstellung

$$x = \sum_{i=1}^{r} \lambda_i x_i \qquad \text{mit } \lambda_i \geqslant 0 \text{ und } \sum_{i=1}^{r} \lambda_i = 1.$$

Nach Satz 2.10 gilt dann

$$f(x) = f(\sum_{i=1}^{r} \lambda_i x_i) \leqslant \sum_{i=1}^{r} \lambda_i f(x_i) \leqslant \gamma.$$

■

Mit Hilfe des letzten Satzes können wir zeigen, daß eine auf einer offenen Menge definierte konvexe Funktion notwendigerweise stetig ist.

Satz 2.12 Sei $D \subset \mathbf{R}^n$ eine konvexe Menge, die ein nichtleeres Inneres besitzt: $D^i \neq \emptyset$. Ist $f : D \to \mathbf{R}^1$ eine konvexe Funktion, dann ist $f : D^i \to \mathbf{R}^1$ stetig.

B e w e i s. Sei $x \in D^i$. Da D^i offen ist, gibt es eine Kugel um x $K(x, r) = \{y| \|y - x\| \leqslant r\} \subset D^i$, wobei $r > 0$ gilt. In dieser Kugel $K(x, r)$ gibt es ein Polyeder $P \subset K(x, r)$, das wiederum eine Kugel $K(x, r_1)$ enthält. Man wähle etwa als Eckpunkte von P die 2 n Punkte

$$\begin{aligned} x_i &= x + re_i, \\ y_i &= x - re_i, \end{aligned} \qquad i = 1, \ldots, n,$$

wobei e_i der i-te Einheitsvektor ist, und $r_1 = \frac{r}{n}$. Dann rechnet man leicht nach, daß $K(x, r) \supset P \supset K(x, r_1)$.

Nach Satz 2.11 gibt es ein γ, so, daß $f(y) \leqslant \gamma \quad \forall y \in P$. Sei $y \in K(x, r_1)$, $y \neq x$ und seien w und z folgendermaßen y zugeordnet:

$$\|w - x\| = \|z - x\| = r_1,$$

d.h. w und z sind Randpunkte der Kugel $K(x, r_1)$, und

$$\begin{aligned} y - x &= \mu (w - x), \quad \mu > 0, \\ x - y &= \lambda (z - x), \quad \lambda > 0, \end{aligned}$$

d. h. w und z sind die beiden Endpunkte des durch x und y bestimmten Durchmessers von $K(x, r_1)$. Offenbar muß $\lambda = \mu$ gelten. Nun ist

$$x = \frac{1}{1+\lambda} y + \frac{\lambda}{1+\lambda} z$$

und folglich

$$f(x) \leqslant \frac{1}{1+\lambda} f(y) + \frac{\lambda}{1+\lambda} f(z),$$

also $\quad f(x) - f(y) \leqslant \lambda[f(z) - f(x)] \leqslant \lambda[\gamma - f(x)].$

Andererseits gilt mit $\mu = \lambda$

$$y = \lambda w + (1 - \lambda) x$$

und daher

$$f(y) \leqslant \lambda f(w) + (1 - \lambda) f(x),$$

also $\quad f(y) - f(x) \leqslant \lambda[f(w) - f(x)] \leqslant \lambda[\gamma - f(x)].$

Zusammengefaßt gilt damit

$$|f(x) - f(y)| \leqslant \lambda[\gamma - f(x)].$$

Strebt nun y gegen x, also $\|y - x\| \to 0$, dann folgt $\lambda \to 0$ und damit $|f(y) - f(x)| \to 0$, d. h. f ist stetig in x. Da $x \in D^i$ beliebig gewählt war, ist die Behauptung bewiesen. ■

Aus der Konvexität einer Funktion lassen sich noch weitere, über die Stetigkeit hinausgehende Folgerungen ziehen. Der Einfachheit halber beschränken wir uns zunächst auf Funktionen einer Variablen.

Satz 2.13 Sei $f : \mathbf{R}^1 \to \mathbf{R}^1$ konvex. Dann existieren die linksseitige Ableitung f'_- und die rechtsseitige Ableitung f'_+ überall, und für $x < y$ gilt

$$f'_-(x) \leqslant f'_+(x) \leqslant f'_-(y) \leqslant f'_+(y).$$

B e w e i s. Seien a, b, c reelle Zahlen mit $a < b < c$. Da f konvex ist und

$$b = \frac{c-b}{c-a} \cdot a + \frac{b-a}{c-a} c,$$

gilt $$f(b) \leqslant \frac{c-b}{c-a} f(a) + \frac{b-a}{c-a} f(c)$$

und daher

$$f(b) - f(a) \leqslant \frac{a-b}{c-a} f(a) + \frac{b-a}{c-a} f(c) = \frac{b-a}{c-a} (f(c) - f(a),$$

woraus $$\frac{f(a) - f(b)}{a - b} \leqslant \frac{f(a) - f(c)}{a - c}$$

folgt. Aus dieser Ungleichung ergibt sich durch Umrechnung

$$\frac{f(a) - f(c)}{a - c} \leqslant \frac{f(b) - f(c)}{b - c}$$

und $$\frac{f(a) - f(b)}{a - b} \leqslant \frac{f(b) - f(c)}{b - c}.$$

Diese drei Ungleichungen besagen, daß mit $h > 0$ der rechtsseitige Differenzenquotient in x

$$\frac{f(x+h) - f(x)}{h}$$

monoton mit h wächst, der linksseitige Differenzenquotient in x

$$\frac{f(x-h) - f(x)}{-h}$$

monoton mit h abnimmt, und daß mit $k > 0$ und $h > 0$

$$\frac{f(x-h) - f(x)}{-h} \leqslant \frac{f(x+k) - f(x)}{k}$$

gilt. Daraus folgt aber die Existenz von

$$f'_-(x) = \lim_{\substack{h \to 0 \\ h > 0}} \frac{f(x-h) - f(x)}{-h}$$

und $$f'_+(x) = \lim_{\substack{k\to 0\\ k>0}} \frac{f(x+k)-f(x)}{k}$$

sowie $f'_-(x) \leqslant f'_+(x)$ und $f'_-(y) \leqslant f'_+(y)$.

Ist $a < b < c < d$, so folgt aus den obigen Ungleichungen auch

$$\frac{f(b)-f(a)}{b-a} \leqslant \frac{f(c)-f(d)}{c-d},$$

d.h. für $x < y$ und $h > 0$, $k > 0$ derart, daß $x + h < y - k$, gilt für die Differenzenquotienten

$$\frac{f(x+h)-f(x)}{h} \leqslant \frac{f(y-k)-f(y)}{-k},$$

woraus $f'_+(x) \leqslant f'_-(y)$ folgt. ■

Satz 2.14 Sei $f : \mathbf{R}^1 \to \mathbf{R}^1$ differenzierbar. Die Funktion f ist genau dann konvex, wenn ihre Ableitung f' eine monoton wachsende Funktion ist.

B e w e i s. Sei f konvex und differenzierbar, d. h. $f' = f'_- = f'_+$. Für $x < y$ sagt Satz 2.13, daß $f'(x) \leqslant f'(y)$, d. h. daß f' eine monoton wachsende Funktion sein muß. Sei nun umgekehrt f' monoton wachsend, $x < y$ und $0 < \lambda < 1$. Nach dem Mittelwertsatz der Differentialrechnung gibt es Zahlen θ_1 und θ_2 mit $x \leqslant \theta_1 \leqslant \lambda x + (1-\lambda) y \leqslant \theta_2 \leqslant y$ derart, daß

$$\frac{f(\lambda x + (1-\lambda) y) - f(x)}{(1-\lambda)(y-x)} = f'(\theta_1)$$

und $$\frac{f(y) - f(\lambda x + (1-\lambda) y)}{\lambda(y-x)} = f'(\theta_2).$$

Wegen der Monotonie von f' gilt $f'(\theta_1) \leqslant f'(\theta_2)$, woraus sofort

$$f(\lambda x + (1-\lambda) y) \leqslant \lambda f(x) + (1-\lambda) f(y)$$

folgt. Also ist f konvex. ■

Satz 2.15 Sei $f : \mathbf{R}^1 \to \mathbf{R}^1$ zweimal differenzierbar.
Die Funktion f ist genau dann konvex, wenn für die zweite Ableitung $f''(x) \geqslant 0$ $\forall x \in \mathbf{R}^1$ gilt.

B e w e i s. Nach Satz 2.14 ist f genau dann konvex, wenn f' monoton wachsend ist. Das trifft jedoch genau dann zu, wenn $f''(x) \geqslant 0 \quad \forall x \in \mathbf{R}^1$. ■

Aus den letzten beiden Sätzen können wir nun weitere Aussagen über konvexe Funktionen von mehreren Variablen gewinnen. Die folgende Eigenschaft konvexer Funktionen wird häufig benutzt.

Satz 2.16 Die Funktion $f : \mathbf{R}^n \to \mathbf{R}^1$ sei überall (nach allen Variablen) stetig partiell differenzierbar, besitze also einen stetigen Gradienten

$$\nabla f(x) = \left(\frac{\partial f(x)}{\partial x_1}, \frac{\partial f(x)}{\partial x_2}, \ldots, \frac{\partial f(x)}{\partial x_n}\right)' \qquad \text{für alle } x \in \mathbf{R}^n.$$

Die Funktion f ist genau dann konvex, wenn

$$f(y) - f(x) \geqslant (y - x)' \, \nabla f(x)$$

für alle $x \in \mathbf{R}^n$ und alle $y \in \mathbf{R}^n$ gilt.

B e w e i s. Die Notwendigkeit der Bedingung kann man folgendermaßen einsehen: Seien $x \in \mathbf{R}^n$, $y \in \mathbf{R}^n$ und $h = y - x$. Mit $\rho \in \mathbf{R}^1$ ist dann

$$g(\rho) = f(x + \rho \cdot h)$$

eine konvexe Funktion, $g : \mathbf{R}^1 \to \mathbf{R}^1$, die differenzierbar ist:

$$g'(\rho) = h' \nabla f(x + \rho h).$$

Aus dem Mittelwertsatz und Satz 2.14 folgt

$$\begin{aligned} f(y) - f(x) &= g(1) - g(0) = g'(\theta) \cdot 1, \qquad 0 \leqslant \theta \leqslant 1, \\ &\geqslant g'(0) = h' \nabla f(x), \end{aligned}$$

also die behauptete Ungleichung.
Die Bedingung ist auch hinreichend für Konvexität; denn seien $y \in \mathbf{R}^n$, $z \in \mathbf{R}^n$, $\lambda \in [0, 1]$ und $x = \lambda y + (1 - \lambda) z$.
Nach Voraussetzung gilt

$$f(y) - f(x) \geqslant (y - x)' \, \nabla f(x)$$
$$f(z) - f(x) \geqslant (z - x)' \, \nabla f(x)$$

und folglich

$$\lambda f(y) + (1 - \lambda) f(z) - f(x) \geqslant [\lambda y + (1 - \lambda) z - x]' \, \nabla f(x) = 0$$

d. h. $\quad f(x) \leqslant \lambda f(y) + (1 - \lambda) f(z).$ ∎

Eine n-reihige (quadratische) Matrix A ist bekanntlich p o s i t i v s e m i d e f i n i t, wenn $x' A x \geqslant 0 \quad \forall x \in \mathbf{R}^n$. Für eine Funktion $f : \mathbf{R}^n \to \mathbf{R}^1$ sei

$\left(\frac{\partial^2 f(x)}{\partial x_i \partial x_j}\right)$ die Matrix der zweiten partiellen Ableitungen. Diese Matrix ist bekanntlich symmetrisch, d. h. $\frac{\partial^2 f(x)}{\partial x_i \partial x_j} = \frac{\partial^2 f(x)}{\partial x_j \partial x_i}$, wenn die gemischten zweiten Ableitungen stetig sind.

Satz 2.17 Sei $f : \mathbf{R}^n \to \mathbf{R}^1$ zweimal stetig partiell differenzierbar.

Die Funktion f ist genau dann konvex, wenn die Matrix der zweiten Ableitungen $\left(\frac{\partial^2 f(x)}{\partial x_i \partial x_j}\right)$ in jedem Punkte $x \in \mathbf{R}^n$ positiv semidefinit ist.

B e w e i s. Seien $x \in \mathbf{R}^n$ und $y \in \mathbf{R}^n$ und $h = y - x$.
Wir benutzen wieder die Hilfsfunktion $g : \mathbf{R}^1 \to \mathbf{R}^1$, die definiert ist durch

$$g(\rho) = f(x + \rho h),$$

und die nach unseren Voraussetzungen konvex und zweimal differenzierbar ist:

$$g'(\rho) = h' \, \nabla f(x + \rho h) = \sum_{i=1}^{n} \frac{\partial f(x + \rho h)}{\partial x_i} \cdot h_i$$

$$g''(\rho) = \sum_{i=1}^{n} \sum_{j=1}^{n} \frac{\partial^2 f(x + \rho h)}{\partial x_i \, \partial x_j} h_j \cdot h_i .$$

Nach Satz 2.15 ist $g''(\rho) \geqslant 0 \quad \forall \rho \in \mathbf{R}^1$. Speziell für $\rho = 0$ gilt daher

$$g''(0) = \sum_{i=1}^{n} \sum_{j=1}^{n} \frac{\partial^2 f(x)}{\partial x_i \partial x_j} h_i \, h_j = h' \left(\frac{\partial^2 f(x)}{\partial x_i \partial x_j}\right) h \geqslant 0.$$

Da x und y und damit h beliebige Elemente des $\mathbf{R}^n$ sind, muß somit $\left(\frac{\partial^2 f(x)}{\partial x_i \partial x_j}\right)$ für alle $x \in \mathbf{R}^n$ positiv semidefinit sein.

Sei nun umgekehrt $\left(\frac{\partial^2 f(x)}{\partial x_i \partial x_j}\right)$ positiv semidefinit für alle $x \in \mathbf{R}^n$. Dann gilt für beliebige $x \in \mathbf{R}^n$, $y \in \mathbf{R}^n$ und $h = y - x$ und die oben definierte Funktion g

$$g''(\rho) = h' \left(\frac{\partial^2 f(x + \rho h)}{\partial x_i \, \partial x_j}\right) h \geqslant 0 \qquad \forall \rho \in \mathbf{R}^1.$$

Nach Satz 2.15 ist dann $g(\rho)$ konvex. Insbesondere gilt also für $\lambda \in [0, 1]$

$$\begin{aligned} f(\lambda x + (1 - \lambda) y) &= g(\lambda \cdot 0 + (1 - \lambda) \cdot 1) \\ &\leqslant \lambda g(0) + (1 - \lambda) g(1) = \lambda f(x) + (1 - \lambda) f(y). \end{aligned}$$

Da x, y beliebig gewählt waren, ist f konvex. ∎

Aufgabe Zeige, daß für die im Beweis von Satz 2.12 definierten Mengen $K(x, r_1) \subset P$ gilt.

2.3 Konvexe Programme

Wie bereits eingangs erwähnt, wollen wir uns mit Optimierungsaufgaben der Form

$$\begin{aligned} &\min \quad f(x) \\ &\text{bzgl.} \quad g_i(x) \leqslant 0, \qquad i = 1, \ldots, m \\ &\qquad\quad x \in \mathbf{R}^n \end{aligned} \tag{2.1}$$

befassen, wobei f und g_i, $i = 1, \ldots, m$, als konvex angenommen werden.

Definition 2.3 Sind die Funktionen $f : \mathbf{R}^n \to \mathbf{R}^1$ und $g_i : \mathbf{R}^n \to \mathbf{R}^1$, $i = 1, \ldots, m$, konvex, dann ist die Aufgabe (2.1) ein konvexes Programm.

Sind $a \in \mathbf{R}^n$ und $b \in \mathbf{R}^1$ gegeben, dann sind die Funktionen

$$h(x) = a'x - b \qquad \text{und} \qquad k(x) = b - a'x$$

offensichtlich entsprechend Definition 2.2 konvex. Demzufolge ist jedes lineare Programm auch ein konvexes Programm; lineare Programmierung ist also ein Spezialfall der konvexen Programmierung. In Kapitel 1 haben wir gesehen, daß der zulässige Bereich eines LP ein konvexer polyedrischer Bereich ist (s. Satz 1.7). Nach Satz 2.2 ist der zulässige Bereich eines konvexen Programmes $\mathsf{B} = \{x \mid g_i(x) \leqslant 0,\ i = 1, \ldots, m\}$ stets eine konvexe Menge. Da wir gemäß Definition 2.3 davon ausgehen, daß $g_i : \mathbf{R}^n \to \mathbf{R}^1$, $i = 1, \ldots, m$, konvex sind, wissen wir nach Satz 2.12, daß die g_i, $i = 1, \ldots, m$, stetig sind. Folglich ist der zulässige Bereich B abgeschlossen. Daraus läßt sich jedoch nicht die Lösbarkeit der Aufgabe folgern, denn beispielsweise hat das Problem
$\min \left\{\frac{1}{x} \mid -x + 1 \leqslant 0\right\}$ keine Lösung, obwohl die Zielfunktion $f(x) = \frac{1}{x}$ über $x \geqslant 1$ nach unten durch $\gamma = 0$ beschränkt ist.

Hingegen haben konvexe Programme die angenehme Eigenschaft, das *lokale Minima* auch *globale Minima* sind. Hierbei ist $\hat{x}$ ein *lokales Minimum* der Aufgabe (2.1), wenn $\hat{x} \in \mathsf{B} = \{x \mid g_i(x) \leqslant 0, i = 1, \ldots, m\}$ und wenn eine Umgebung $\mathsf{U}(\hat{x}, \epsilon)$, d. h. eine Menge im $\mathbf{R}^n$ mit $\mathsf{U}(\hat{x}, \epsilon) \supset K(\hat{x}, \epsilon) = \{x \mid \|x - \hat{x}\| \leqslant \epsilon\}$, $\epsilon > 0$, existiert derart, daß $f(\hat{x}) \leqslant f(x)$ für alle $x \in \mathsf{B} \cap \mathsf{U}(\hat{x}, \epsilon)$. Dagegen bezeichnen wir $\hat{x}$ als *globales Minimum* der Aufgabe, wenn $f(\hat{x}) \leqslant f(x)$ für alle $x \in \mathsf{B}$.

Satz 2.18 Ist (2.1) ein konvexes Programm, dann ist jedes lokale Minimum auch ein globales Minimum.

Beweis. Sei $\hat{x}$ ein lokales Minimum von (2.1). Dann gibt es ein $\epsilon > 0$ derart, daß

$$f(\hat{x}) \leqslant f(x) \qquad \forall x \in \mathsf{B} = \{x \mid g_i(x) \leqslant 0, i = 1, \ldots, m\} : \|x - \hat{x}\| \leqslant \epsilon.$$

Sei $y \in \mathsf{B}$ und $\|y - \hat{x}\| > \epsilon$. Da B konvex ist, gilt

$$z = \frac{\epsilon}{\|y - \hat{x}\|}\, y + \left(1 - \frac{\epsilon}{\|y - \hat{x}\|}\right)\hat{x} \in \mathsf{B}.$$

Ferner ist offenbar

$$\|z - \hat{x}\| = \epsilon \qquad \text{und folglich} \qquad f(\hat{x}) \leqslant f(z).$$

Da f konvex ist, gilt außerdem

$$f(z) \leqslant \frac{\epsilon}{\|y - \hat{x}\|} f(y) + \left(1 - \frac{\epsilon}{\|y - \hat{x}\|}\right) f(\hat{x}),$$

woraus dann insgesamt folgt

$$f(\hat{x}) \leqslant f(y).$$

■

Danach brauchen wir bei konvexen Programmen lokale Minima und globale Minima nicht mehr zu unterscheiden. Wir sprechen statt dessen von Minima oder Lösungen.

Satz 2.19 Die Menge der Lösungen eines konvexen Programmes ist konvex.

Beweis. Sei (2.1) ein konvexes Programm, und seien $\hat{x}$ und $\hat{y}$ Lösungen. Dann sind $\hat{x}$ und $\hat{y}$ zulässig, d. h. Elemente von $\mathsf{B} = \{x \mid g_i(x) \leqslant 0, i = 1, \ldots, m\}$, und es gilt

$$f(\hat{x}) \leqslant f(x) \quad \text{und} \quad f(\hat{y}) \leqslant f(x) \qquad \forall\, x \in \mathsf{B}$$

und folglich für $z = \lambda\hat{x} + (1 - \lambda)\, \hat{y} \in \mathsf{B}$ mit $\lambda \in [0, 1]$

$$f(z) \leqslant \lambda f(\hat{x}) + (1 - \lambda) f(\hat{y}) \leqslant f(x) \qquad \forall x \in \mathsf{B},$$

d. h. z ist auch eine Lösung. ■

Wie bereits in Definition 1.8 angeführt, heißt eine auf einer konvexen Menge M definierte Funktion h konkav, wenn $g = -h$ konvex ist. Für $x \in \mathsf{M}$, $y \in \mathsf{M}$ und $\lambda \in [0, 1]$ gilt also

$$h(\lambda x + (1 - \lambda)\, y) \geqslant \lambda h(x) + (1 - \lambda)\, h(y).$$

Der Interpretation leichter zugänglich als (2.1) ist die Aufgabe

$$\begin{aligned} &\min && f(x) \\ &\text{bzgl.} && h_i(x) \geqslant b_i, \qquad i = 1, \ldots, m, \\ & && x \in \mathbf{R}^n, \end{aligned} \tag{2.2}$$

wobei h_i, $i = 1, \ldots, m$ als konkave Funktionen angenommen werden, b_i, $i = 1, \ldots, m$, vorgegebene Konstanten sind, und f nach wie vor konvex ist. Offensichtlich ist dann (2.2) ein konvexes Programm, das mit $g_i(x) = b_i - h_i(x)$, $i = 1, \ldots, m$, die Form (2.1) annimmt. Wir können uns unter (2.2) ein Produktionsproblem der folgenden Art vorstellen: Mit Hilfe von n Produktionsfaktoren können gleichzeitig m Güter hergestellt werden. Setzt man die Faktormengenkombination $x = (x_1, \ldots, x_n)'$ ein, so produziert man damit die Menge $y_i = h_i(x)$ des i-ten Gutes, $i = 1, \ldots, m$ zu den Kosten f(x). Gemäß Aufgabe (2.2) ist also der kostenminimale Faktoreinsatz für die Produktion der Gütermengenkombination $(b_1, \ldots, b_m)$ zu bestimmen.

Da h_i konkav ist, folgt aus Satz 2.13, daß für $j = 1, \ldots, n$ die rechtsseitige partielle Ableitung $\left(\frac{\partial h_i(x)}{\partial x_j}\right)^+$ existiert und als Funktion von x_j monoton abnimmt. Die vorausgesetzte Konkavität von h_i impliziert also das in der Produktionstheorie häufig unterstellte „Gesetz des abnehmenden Grenzertrages"[1], nach dem ein kleiner zusätzlicher Einsatz Δx_j des j-ten Produktionsfaktors ceteris paribus, d. h. bei konstanten Faktormengen x_k für $k \neq j$, eine zusätzliche Gütermenge Δy_i liefert, die mit zunehmendem x_j abnimmt.

Mit $b = (b_1, \ldots, b_m)'$ sei $K(b)$ der Optimalwert der Zielfunktion in (2.2), d. h. $K(b)$ gibt die Minimalkosten für die Produktion der Gütermengenkombination b an. Sind b und d zwei unter den in (2.2) gegebenen Produktionsbedingungen erreichbare Gütermengenkombinationen und x und z die entsprechenden Lösungen von (2.2), dann gilt also

$$\begin{aligned} &K(b) = f(x) && K(d) = f(z) \\ &h_i(x) \geqslant b_i && h_i(z) \geqslant d_i, \qquad i = 1, \ldots, m, \end{aligned}$$

und wegen der Konkavität der h_i für $\lambda \in [0, 1]$

$$h_i(\lambda x + (1-\lambda) z) \geqslant \lambda h_i(x) + (1-\lambda) h_i(z) \geqslant \lambda b_i + (1-\lambda) d_i, \qquad i = 1, \ldots, m.$$

Folglich ist mit dem Faktoreinsatz $\lambda x + (1-\lambda) z$ die Gütermengenkombination $\lambda b + (1-\lambda) d$ produzierbar. Berücksichtigt man, daß der Optimalwert einer Minimierungsaufgabe den Zielfunktionswert einer beliebigen zulässigen Lösung nicht überschreitet, und daß nach Voraussetzung f konvex ist, dann sieht man ohne weiteres, daß

$$\begin{aligned} K(\lambda b + (1-\lambda) d) &\leqslant f(\lambda x + (1-\lambda) z) \leqslant \lambda f(x) + (1-\lambda) f(z) \\ &= \lambda K(b) + (1-\lambda) K(d), \end{aligned}$$

daß also die minimalen Produktionskosten eine konvexe Funktion der Gütermengenkombination sind.

Fragt man nach der Kostensteigerung, die durch die Vergrößerung der Produktionsmenge b_i ceteris paribus, d. h. bei konstanten Gütermengen b_ℓ, $\ell \neq i$, verursacht wird, dann liefert Satz 2.13, daß die rechtsseitige partielle Ableitung $\left(\frac{\partial K(b)}{\partial b_i}\right)^+$ monoton mit b_i wächst, was der in der Produktionstheorie ebenfalls häufig anzutreffenden Annahme der „zunehmenden Grenzkosten" entspricht.

Aus der bisherigen Diskussion ergibt sich also, daß konvexe Programme zum einen sehr wünschenswerte mathematische Eigenschaften besitzen, und daß ihre ökonomische Interpretation als Produktionsprobleme auf in der Produktionstheorie sehr verbreitete (angenommene) Gesetzmäßigkeiten führt. Um ein gelegentlich auftretendes Mißverständnis zu vermeiden, sei hier folgender Hinweis gegeben: Wir haben gezeigt, daß eine

---

1) Der Einfachheit halber werden hier nur partielle Grenzerträge betrachtet.

konkave Produktionsfunktion dem Gesetz des abnehmenden Grenzertrages unterliegt, und daß eine konvexe Kostenfunktion zunehmende Grenzkosten impliziert. Sobald es sich hier um Funktionen von mehr als einer Veränderlichen handelt, sind diese Aussagen im allgemeinen nicht umkehrbar. Sei etwa

$$\varphi(x) = \varphi(x_1, x_2) = x_1^{3/2} x_2^2$$

definiert auf $\mathsf{D} = \{x \in \mathbf{R}^2 \mid x_1 > 0,\ x_2 > 0\}$. Für $x \in \mathsf{D}$ ist dann

$$\frac{\partial\varphi(x)}{\partial x_1} = \frac{3}{2}\, x_1^{1/2}\, x_2^2 \quad \text{monoton wachsend in } x_1$$

und
$$\frac{\partial\varphi(x)}{\partial x_2} = 2\, x_1^{3/2}\, x_2 \quad \text{monoton wachsend in } x_2.$$

Um festzustellen, ob $\varphi : \mathsf{D} \to \mathbf{R}^1$ konvex ist, benutzen wir folgende Aussage.

Satz 2.20 Eine reell symmetrische n-reihige Matrix Q ist genau dann positiv semidefinit, wenn alle Eigenwerte von Q nichtnegativ sind.

B e w e i s. a) Ist $A = A'$ eine n-reihige positiv semidefinite Matrix, dann ist mit einer beliebigen $(n \times m)$-Matrix B auch die m-reihige Matrix $B'A\,B = (B'AB)'$ positiv semidefinit; denn aus

$$x'Ax \geqslant 0 \qquad \forall\, x \in \mathbf{R}^n$$

folgt für alle $y \in \mathbf{R}^m$, daß $B\,y \in \mathbf{R}^n$ und daher

$$y'B'ABy \geqslant 0 \qquad \forall\, y \in \mathbf{R}^m.$$

b) Ist $C = (c_{ij})$ eine n-reihige Diagonalmatrix, d. h. $c_{ij} = 0$, falls $i \neq j$, dann ist C genau dann positiv semidefinit, wenn $c_{ii} \geqslant 0$ für $i = 1, \ldots, n$; denn für $x \in \mathbf{R}^n$ ist hier

$$x'Cx = \sum_{i=1}^{n} c_{ii}\, x_i^2,$$

und offenbar gilt

$$\sum_{i=1}^{n} c_{ii}\, x_i^2 \geqslant 0 \qquad \forall\, x \in \mathbf{R}^n$$

dann und nur dann, wenn alle Koeffizienten c_{ii} nicht negativ sind.

c) Ist $Q = Q'$ eine n-reihige Matrix und D die Diagonalmatrix, deren Hauptdiagonalelemente die n Eigenwerte von Q sind, dann gilt mit der Matrix T der Hauptachsentransformation $(T' = T^{-1})$

$$D = T'QT \quad \text{und} \quad Q = T\,D\,T',$$

und nach a) und b) folgt hieraus die Behauptung. ■

Im obigen Beispiel ist die Matrix der zweiten partiellen Ableitungen

$$Q(x) = \left(\frac{\partial^2 \varphi(x)}{\partial x_i \partial x_j}\right) = \begin{pmatrix} \frac{3}{4}\, x_1^{-1/2}\, x_2^2 & 3\, x_1^{1/2}\, x_2 \\ 3\, x_1^{1/2}\, x_2 & 2\, x_1^{3/2} \end{pmatrix}.$$

Die Eigenwerte von $Q(x)$ sind die Nullstellen des charakteristischen Polynoms (in λ)

$$\det\,(Q(x) - \lambda I) = \lambda^2 - \left(\frac{3}{4}\, x_1^{-1/2}\, x_2^2 + 2x_1^{3/2}\right)\, \lambda - \frac{15}{2}\, x_1\, x_2^2\;,$$

also $$\lambda_{1,2} = \left(\frac{3}{8}\, x_1^{-1/2}\, x_2^2 + x_1^{3/2}\right) \pm \sqrt{\left(\frac{3}{8}\, x_1^{-1/2}\, x_2^2 + x_2^{3/2}\right)^2 + \frac{15}{2}\, x_1\, x_2^2}\,.$$

Folglich hat $Q(x)$ für jedes $x \in D$ einen positiven und einen negativen Eigenwert und ist daher nach Satz 2.20 nicht positiv semidefinit. Nach Satz 2.17 ist dann $\varphi(x) = x_1^{3/2}\, x_2^2$ nicht konvex über D.

Obwohl es also, wie dieses Beispiel zeigt, nicht konvexe Kostenfunktionen mit zunehmenden Grenzkosten und nichtkonkave Produktionsfunktionen mit abnehmenden Grenzerträgen geben kann, sind konvexe Kostenfunktionen und konkave Produktionsfunktionen in ökonomischen Modellen durchaus üblich. Hat man beispielsweise eine separable differenzierbare Kostenfunktion, d. h.

$$K(y) = \sum_{i=1}^{m} k_i(y_i),$$

dann folgt aus der Annahme zunehmender Grenzkosten offenbar die Konvexität. Als letztes Beispiel sei die Cobb-Douglas-Produktionsfunktion

$$\Psi(x) = x_1^{\alpha}\, x_2^{1-\alpha}, \qquad 0 < \alpha < 1,$$

aufgeführt, die auf $C = \{x \in \mathbf{R}^2 \mid x_1 \geqslant 0,\ x_2 \geqslant 0\}$ definiert ist. Hier haben wir

$$\frac{\partial \Psi(x)}{\partial x_1} = \alpha x_1^{\alpha-1}\, x_2^{1-\alpha} \qquad \frac{\partial \Psi(x)}{\partial x_2} = (1-\alpha)\, x_1^{\alpha}\, x_2^{-\alpha},$$

also abnehmende Grenzerträge.

Die zweiten partiellen Ableitungen sind dann

$$\left(\frac{\partial^2 \Psi(x)}{\partial x_i\, \partial x_j}\right) = \begin{pmatrix} \alpha(\alpha-1)\, x_1^{\alpha-2}\, x_2^{1-\alpha} & \alpha(1-\alpha)\, x_1^{\alpha-1}\, x_2^{-\alpha} \\ \alpha(1-\alpha)\, x_1^{\alpha-1}\, x_2^{-\alpha} & \alpha(\alpha-1)\, x_1^{\alpha}\, x_2^{-\alpha-1} \end{pmatrix}$$

$$= \alpha(\alpha-1) \begin{pmatrix} x_1^{\alpha-2}\, x_2^{1-\alpha} & -x_1^{\alpha-1}\, x_2^{-\alpha} \\ -x_1^{\alpha-1}\, x_2^{-\alpha} & x_1^{\alpha}\, x_2^{-\alpha-1} \end{pmatrix}$$

$$= \alpha(\alpha-1) \cdot Q(x)$$

Die charakteristische Gleichung für Q(x) lautet

$$\det(Q(x) - \lambda I) = \lambda^2 - \lambda(x_1^{\alpha-2}\, x_2^{1-\alpha} + x_1^{\alpha}\, x_2^{-\alpha-1}) = 0$$

und hat die Lösungen

$$\lambda_1 = 0 \quad \text{und} \quad \lambda_2 = x_1^{\alpha-2}\, x_2^{1-\alpha} + x_1^{\alpha}\, x_2^{-\alpha-1},$$

d.h. Q(x) hat für alle $x \in C$ nichtnegative Eigenwerte. Da $\alpha(\alpha - 1) < 0$ nach Voraussetzung ($0 < \alpha < 1$), hat daher $\left(\frac{\partial^2 \Psi(x)}{\partial x_i\, \partial x_j}\right)$ nur nichtpositive Eigenwerte für alle $x \in C$, und demzufolge ist Ψ konkav.

Aufgaben 1. Sei $K(x) = x_1 \cdot x_2$ eine auf $D = \{x \in \mathbf{R}^2 \mid x_1 \geqslant 0, x_2 \geqslant 0\}$ definierte Funktion. Ist K konvex (konkav)?

2. Sei $y \in \mathbf{R}^m$ eine Gütermengenkombination, und die Kosten K(y) seien differenzierbar und separabel, d. h. $K(y) = \sum_{i=1}^{m} k_i(y_i)$. Zeige, daß unter diesen Voraussetzungen aus der Annahme zunehmender Grenzkosten die Konvexität von K folgt.

2.4 Das Kuhn-Tucker-Theorem

Im folgenden wollen wir untersuchen, unter welchen Bedingungen ein konvexes Programm eine Lösung besitzt. Sei $x \in \mathbf{R}^n$, $f: \mathbf{R}^n \to \mathbf{R}^1$ konvex, $g: \mathbf{R}^n \to \mathbf{R}^k$, d. h. $g(x) = (g_1(x), \ldots, g_k(x))'$, wobei g_i, $i = 1, \ldots, k$, konvexe Funktionen sind, $h: \mathbf{R}^n \to \mathbf{R}^m$ mit $h(x) = Ax - d$, wobei $d \in \mathbf{R}^m$ und A eine $(m \times n)$-Matrix ist, für die wir ohne Einschränkung der Allgemeinheit voraussetzen, daß sie den Rang $r(A) = m$ hat. Dann ist

$$\begin{aligned} &\min && f(x) \\ &\text{bzgl.} && g(x) \leqslant 0 \\ & && h(x) = 0 \end{aligned} \tag{2.3}$$

ein konvexes Programm. Für die Lösbarkeit von (2.3) ist sicher notwendig, daß der zulässige Bereich nicht leer ist. Andererseits wissen wir bereits, daß die Existenz zulässiger Lösungen selbst dann nicht die Lösbarkeit impliziert, wenn f über dem zulässigen Bereich nach unten beschränkt ist. Es liegt nun nahe, sich an die aus der Analysis bekannten notwendigen Optimalitätsbedingungen zu erinnern, die mit dem Namen Lagrange verbunden sind. Dort handelt es sich um Optimierungsprobleme mit Nebenbedingungen in Gleichungsform, also

$$\begin{aligned} &\min && \varphi(x) \\ &\text{bzgl.} && \psi_i(x) = 0, \qquad i = 1, \ldots, r. \end{aligned}$$

Man bildet dann mit den zusätzlichen Variablen η_i, $i = 1, \ldots, r$, den sog. Lagrange-Multiplikatoren, die Lagrange-Funktion $L(x, \eta) = \varphi(x) + \sum_{i=1}^{r} \eta_i \psi_i(x)$ und zeigt, daß – unter geeigneten Voraussetzungen – für die Lösbarkeit des Optimierungsproblems die Erfüllbarkeit der Bedingungen

$$\frac{\partial L(x, \eta)}{\partial x_j} = 0, \quad j = 1, \ldots, n, \quad \text{und} \quad \frac{\partial L(x, \eta)}{\partial \eta_i}, \quad i = 1, \ldots, r$$

notwendig ist.

Um nun auch in bezug auf (2.3) mit Hilfe von Lagrange-Multiplikatoren zu Optimalitätsbedingungen zu gelangen, wollen wir für das konvexe Programm (2.3) die folgende, als Slater-Bedingung bekannte Regularitätsvoraussetzung machen:

$$\text{Zu (2.3)} \;\; \exists \hat{x} \in \mathbf{R}^n : g(\hat{x}) < 0 \text{ und } h(\hat{x}) = 0. \tag{2.4}$$

Mit $u \in \mathbf{R}^k$ und $v \in \mathbf{R}^m$ definieren wir die Lagrange-Funktion

$$\Phi(x,u,v) = f(x) + u'g(x) + v'h(x).$$

Dann gilt der als Kuhn-Tucker-Theorem bekannte

Satz 2.21 Sei die Slater-Bedingung (2.4) erfüllt. $\bar{x} \in \mathbf{R}^n$ ist eine Lösung des konvexen Programmes (2.3) genau dann, wenn ein $\bar{u} \in \mathbf{R}^k$ mit $\bar{u} \geqslant 0$ und ein $\bar{v} \in \mathbf{R}^m$ existieren derart, daß für alle $x \in \mathbf{R}^n$, $v \in \mathbf{R}^m$ und $u \in \mathbf{R}^k$ mit $u \geqslant 0$ gilt:

$$\Phi(\bar{x}, u, v) \leqslant \Phi(\bar{x}, \bar{u}, \bar{v}) \leqslant \Phi(x, \bar{u}, \bar{v}). \tag{2.5}$$

Beweis. Die Bedingungen (2.5) sind notwendig. Sei nämlich $\bar{x}$ eine Lösung von (2.3). Sei ferner

$$z = \begin{pmatrix} \rho \\ \xi \\ \eta \end{pmatrix} \in \mathbf{R}^{k+m+1} \qquad \text{mit } \rho \in \mathbf{R}^1, \xi \in \mathbf{R}^k \text{ und } \eta \in \mathbf{R}^m.$$

Damit definieren wir im $\mathbf{R}^{k+m+1}$ die Mengen

$$\mathsf{A} = \{z \mid \exists\, x \in \mathbf{R}^n \text{ mit } f(x) \leqslant \rho,\; g(x) \leqslant \xi,\; h(x) = \eta\}$$

und $$\mathsf{B} = \{z \mid \rho < f(\bar{x}), \xi < 0, \eta = 0\}.$$

Offensichtlich sind $\mathsf{A} \neq \emptyset$ und $\mathsf{B} \neq \emptyset$. Aus den Voraussetzungen über f, g und h folgt, daß A eine konvexe Menge ist. Ebenso ist B konvex. Schließlich ist $\mathsf{A} \cap \mathsf{B} = \emptyset$; denn wäre $z \in \mathsf{A} \cap \mathsf{B}$, dann würde gelten:

$$\exists\, x \in \mathbf{R}^n \text{ mit } h(x) = \eta = 0, \quad g(x) \leqslant \xi < 0 \quad \text{und } f(x) \leqslant \rho < f(\bar{x})$$

im Widerspruch dazu, daß $\bar{x}$ nach Voraussetzung eine Lösung von (2.3) ist. Nach dem Trennungssatz (Satz 2.8) gibt es dann eine Hyperebene

$$\{z \mid H(z) = \alpha \cdot \rho + b'\xi + c'\eta = \delta\} \qquad \text{mit } (\alpha, b', c') \neq 0'.$$

die A und B trennt, d. h. es gilt

$$H(z) \leqslant \delta \qquad \forall\, z \in \mathsf{B}$$
$$H(z) \geqslant \delta \qquad \forall\, z \in \mathsf{A}.$$

Da für $z \in \mathsf{B}$ beliebige $\xi < 0$ zugelassen sind, folgt aus $H(z) = \alpha\rho + b'\xi + c'\eta \leqslant \delta$ $\forall\, z \in \mathsf{B}$, daß

$$b \geqslant 0 \tag{2.6}$$

gelten muß.
Nehmen wir nun an, daß

$$\alpha = 0 \;\text{ und }\; b = 0; \tag{2.7}$$

dann folgt

$$c'\eta \geqslant \delta \qquad \forall\, z \in \mathsf{A},$$

also $\quad c'h(x) \geqslant \delta \qquad \forall\, x \in \mathbf{R}^n,$

und damit, da $h(x) = Ax - d$,

$$c'Ax \geqslant \delta + c'd \qquad \forall\, x \in \mathbf{R}^n.$$

Das ist aber nur möglich, wenn $\delta + c'd \leqslant 0$ und

$$c'Ax = 0 \quad \forall x \in \mathbf{R}^n,$$

woraus mit $c \neq 0$

$$c'A = 0'$$

folgt im Widerspruch zur Voraussetzung $r(A) = m$. Also ist die Annahme (2.7) falsch.
Nehmen wir statt dessen an, daß

$$\alpha = 0, \qquad b \geqslant 0, \;\; b \neq 0, \tag{2.8}$$

dann gilt mit einem der Slater-Bedingung (2.4) genügenden $\hat{x} \in \mathbf{R}^n$

$$\hat{z} = \begin{pmatrix} \hat{\rho} \\ \hat{\xi} \\ \hat{\eta} \end{pmatrix} = \begin{pmatrix} f(\hat{x}) \\ g(\hat{x}) \\ h(\hat{x}) \end{pmatrix} \in \mathsf{A},$$

da $h(\hat{x}) = 0$ und $g(\hat{x}) < 0$, nach (2.8)

$$\delta \leqslant H(\hat{z}) = b'g(\hat{x}) < 0.$$

Andererseits gilt für $z \in \mathsf{B}$

$$H(z) = b'\xi \leqslant \delta.$$

Wählen wir eine Folge $\{z^\nu\}$ mit $z^\nu \in \mathsf{B}$ derart, daß $\lim_{\nu\to\infty} \xi^\nu = 0$, dann gilt demzufolge $\delta \geqslant \lim_{\nu\to\infty} H(z^\nu) = 0$. Da aber nicht gleichzeitig $\delta \geqslant 0$ und $\delta < 0$ gelten kann, ist auch die Annahme (2.8) falsch. Folglich gilt $\alpha \neq 0$.

Da in B beliebige $\rho < f(\bar{x})$ auftreten können, folgt aus $H(z) \leqslant \delta \quad \forall z \in \mathsf{B}$, daß

$$\alpha > 0 \tag{2.9}$$

gelten muß.

Da $\quad \bar{z}$ mit $\bar{\rho} = f(\bar{x}),\ \ \bar{\xi} = g(\bar{x}) \leqslant 0,\ \ \bar{\eta} = h(\bar{x}) = 0$

– $\bar{x}$ ist die vorausgesetzte Lösung von (2.3) – zu A gehört, gilt

$$H(\bar{z}) = \alpha f(\bar{x}) + b'g(\bar{x}) \geqslant \delta. \tag{2.10}$$

Da $\quad \tilde{z}$ mit $\tilde{\rho} = f(\bar{x}),\ \ \tilde{\xi} = 0, \tilde{\eta} = 0$

ein Häufungspunkt von B ist, gilt

$$H(\tilde{z}) = \alpha f(\bar{x}) \leqslant \delta. \tag{2.11}$$

Aus (2.10) und (2.11) folgt $b'g(\bar{x}) \geqslant 0$, aus (2.3) und (2.6) jedoch $b'g(\bar{x}) \leqslant 0$; folglich gilt

$$b'g(\bar{x}) = 0. \tag{2.12}$$

Damit gilt nach (2.11), (2.12) und da $h(\bar{x}) = 0$

$$\alpha f(\bar{x}) + b'g(\bar{x}) + c'h(\bar{x}) \leqslant \delta \leqslant \alpha f(x) + b'g(x) + c'h(x) \qquad \forall x \in \mathbf{R}^n \tag{2.13}$$

da $\quad$ für alle $x \in \mathbf{R}^n$ $\begin{pmatrix} f(x) \\ g(x) \\ h(x) \end{pmatrix} \in \mathsf{A}$ ist.

Definieren wir $\bar{u} = \frac{1}{\alpha} \cdot b$ und $\bar{v} = \frac{1}{\alpha} \cdot c$, dann folgt aus (2.9) und (2.13)

$$f(\bar{x}) + \bar{u}'g(\bar{x}) + \bar{v}'h(\bar{x}) \leqslant f(x) + \bar{u}'g(x) + \bar{v}'h(x) \quad \forall x \in \mathbf{R}^n. \tag{2.14}$$

Da $g(\bar{x}) \leqslant 0$ und $h(\bar{x}) = 0$, gilt nach (2.12) ferner mit $u \in \mathbf{R}^k,\ v \in \mathbf{R}^m$

$$f(\bar{x}) + u'g(\bar{x}) + v'h(\bar{x}) \leqslant f(\bar{x}) = f(\bar{x}) + \bar{u}'g(\bar{x}) + \bar{v}'h(\bar{x}) \quad \forall v \text{ und } \forall u \geqslant 0. \tag{2.15}$$

Fassen wir (2.14) und (2.15) zusammen, erhalten wir gerade die behaupteten Bedingungen (2.5).

Die Bedingungen (2.5) sind aber auch hinreichend. Seien für $x \in \mathbf{R}^n$, $u \in \mathbf{R}^k$, $u \geqslant 0$ und $v \in \mathbf{R}^m$ die Bedingungen (2.5) erfüllt. Dann gilt also

$$f(\bar{x}) + u'g(\bar{x}) + v'h(\bar{x}) \leqslant f(\bar{x}) + \bar{u}'g(\bar{x}) + \bar{v}'h(\bar{x}),$$

d. h. $\quad u'g(\bar{x}) + v'h(\bar{x}) \leqslant \bar{u}'g(\bar{x}) + \bar{v}'h(\bar{x}), \qquad \forall v,\ \forall u \geqslant 0.$

Dann muß offenbar

$$h(\bar{x}) = 0 \quad \text{und} \quad g(\bar{x}) \leqslant 0$$

gelten, d. h. $\bar{x}$ ist zulässig in (2.3), und demzufolge gilt auch (da $\bar{u} \geqslant 0$)

$$\bar{u}'g(\bar{x}) = 0.$$

Damit folgt aus (2.5)

$$f(\bar{x}) \leqslant f(x) + \bar{u}'g(x) + \bar{v}'h(x) \qquad \forall\, x \in \mathbf{R}^n,$$

woraus sich für in (2.3) zulässige x ($g(x) \leqslant 0$, $h(x) = 0$) wegen $\bar{u} \geqslant 0$

$$f(\bar{x}) \leqslant f(x)$$

ergibt. Also ist $\bar{x}$ eine Lösung von (2.3). ■

Man beachte, daß hier die Slater-Bedingung (2.4) und die Konvexität des Programmes (2.3) nur benötigt wurde, um die Notwendigkeit der Bedingungen (2.5) zu beweisen, während die Bedingungen (2.5) hinreichend sind für beliebige, auch nicht-konvexe Programme.

Häufig treten in konvexen Programmen noch Vorzeichenrestriktionen auf. Anstelle von (2.3) hat man also die Aufgabe

$$\begin{aligned} &\min && f(x) \\ &\text{bzgl.} && g(x) \leqslant 0 \\ &&& h(x) = 0 \\ &&& x \geqslant 0. \end{aligned} \tag{2.16}$$

Dann lautet die Slater-Bedingung

$$\exists\, \hat{x} \in \mathbf{R}^n : \hat{x} > 0, \quad g(\hat{x}) < 0, \quad h(\hat{x}) = 0. \tag{2.17}$$

Nach wie vor ist die Lagrange-Funktion

$$\Phi(x, u, v) = f(x) + u'g(x) + v'h(x).$$

Dann ergibt sich aus Satz 2.21 die folgende Version des Kuhn-Tucker-Theorems:

Satz 2.22 Sei die Slater-Bedingung (2.17) erfüllt. $\bar{x} \in \mathbf{R}^n$ mit $\bar{x} \geqslant 0$ ist eine Lösung des konvexen Programmes (2.16) genau dann, wenn ein $\bar{u} \in \mathbf{R}^k$ mit $\bar{u} \geqslant 0$ und ein $\bar{v} \in \mathbf{R}^m$ existieren derart, daß mit $u \in \mathbf{R}^k$, $v \in \mathbf{R}^m$ gilt:

$$\Phi(\bar{x}, u, v) \leqslant \Phi(\bar{x}, \bar{u}, \bar{v}) \leqslant \Phi(x, \bar{u}, \bar{v}), \qquad \forall\, x \geqslant 0,\ u \geqslant 0,\ v. \tag{2.18}$$

B e w e i s. Die Bedingungen (2.18) sind notwendig. Betrachten wir zunächst die Lagrange-Funktion mit $w \in \mathbf{R}^n$

$$\Psi(x, u, w, v) = f(x) + u'g(x) + w'(-x) + v'h(x),$$

dann gibt es gemäß Satz 2.21 zu einer Lösung $\bar{x}$ von (2.16) ein $\bar{u} \geqslant 0$, ein $\bar{w} \geqslant 0$ und ein $\bar{v}$ so, daß

$$\forall u \geqslant 0, w \geqslant 0, v: \quad \Psi(\bar{x}, u, w, v) \leqslant \Psi(\bar{x}, \bar{u}, \bar{w}, \bar{v}) \leqslant \Psi(x, \bar{u}, \bar{w}, \bar{v}) \qquad \forall x \in \mathbf{R}^n.$$

Nach (2.12) ist $\bar{u}'g(\bar{x}) = 0$ und $\bar{w}'(-\bar{x}) = 0$. Folglich gilt

$$\begin{aligned}\Phi(\bar{x}, \bar{u}, \bar{v}) = \Psi(\bar{x}, \bar{u}, \bar{w}, \bar{v}) &\leqslant f(x) + \bar{u}'g(x) + \bar{w}'(-x) + \bar{v}'h(x) \qquad \forall x \\ &\leqslant f(x) + \bar{u}'g(x) + \bar{v}'h(x) \qquad \forall x \geqslant 0,\end{aligned}$$

d. h. $\Phi(\bar{x}, \bar{u}, \bar{v}) \leqslant \Phi(x, \bar{u}, \bar{v}) \qquad \forall x \geqslant 0.$ (2.19)

Andererseits gilt für alle $u \geqslant 0$, $w \geqslant 0$ und v

$$f(\bar{x}) + u'g(\bar{x}) + w'(-\bar{x}) + v'h(\bar{x}) \leqslant \Psi(\bar{x}, \bar{u}, \bar{w}, \bar{v}) = \Phi(\bar{x}, \bar{u}, \bar{v}).$$

Setzen wir speziell $w = 0$, so folgt

$$\Phi(\bar{x}, u, v) \leqslant \Phi(\bar{x}, \bar{u}, \bar{v}) \qquad \forall u \geqslant 0. \tag{2.20}$$

Die Bedingungen (2.19) und (2.20) sind aber identisch mit (2.18).

Daß die Bedingungen (2.18) hinreichend sind dafür, daß $\bar{x} \geqslant 0$ eine Lösung von (2.16) ist, folgt analog wie im Beweis von Satz 2.21. ∎

Im Beweis von Satz 2.21 haben wir die Slater-Bedingung nur benutzt, um die Annahme (2.8), daß $\alpha = 0$, $b \geqslant 0$, $b \neq 0$ sei, zu widerlegen. Hingegen konnten wir die Annahme (2.7), daß $\alpha = 0$ und $b = 0$ sei, allein mit der Voraussetzung $r(A) = m$ widerlegen. Folglich wird die Slater-Bedingung nur benötigt, wenn in (2.3) tatsächlich nichtlineare Restriktionen auftreten (d. h. $k > 0$). Im übrigen sieht man sofort, daß die Voraussetzung $r(A) = m$ nicht einschränkend ist, wenn man die Lagrange-Multiplikatoren v_i der linear abhängigen Gleichungen gleich Null setzt. Schließlich kann man in der Slater-Bedingung (2.17) die Forderung $\hat{x} > 0$ weglassen. Denn entweder ist $x_i > 0$ für $i = 1, \ldots, n$ im zulässigen Bereich von (2.16) erfüllbar und folglich auch $\hat{x} > 0$; oder es gibt eine Indexmenge J derart, daß $x_i = 0 \quad \forall i \in J$ für alle in (2.16) zulässigen $x \in \mathbf{R}^n$. Dann kann man diese Variablen x_i, $i \in J$, aus dem Problem eliminieren und dann den Beweis wie zu Satz 2.21 führen.

Demzufolge gilt das Kuhn-Tucker-Theorem stets – d. h. ohne Regularitätsvoraussetzung –, wenn in einem konvexen Programm nur lineare Restriktionen vorkommen. Nehmen wir insbesondere ein LP

$$\begin{aligned}&\min \quad c'x \\ &\text{bzgl.} \quad Ax = b \\ &\qquad\quad x \geqslant 0,\end{aligned}$$

dann ist das lösbar genau dann, wenn ein $\bar{x} \geqslant 0$ (die Lösung) und ein $\bar{v}$ existieren so, daß

$$\forall v: \quad c'\bar{x} + v'(A\bar{x} - b) \leqslant c'\bar{x} + \bar{v}'(A\bar{x} - b) \leqslant c'x + \bar{v}'(Ax - b) \qquad \forall x \geqslant 0.$$

Hieraus folgt insbesondere

$$(c' - \bar{v}'A)\,\bar{x} \leqslant (c' - \bar{v}'A)\,x \qquad \forall x \geqslant 0,$$

und daraus

$$(c' - \bar{v}'A)\,\bar{x} = 0$$

und $$(c' - \bar{v}'A)' \geqslant 0,$$

d. h. aus den Kuhn-Tucker-Bedingungen folgen die Komplementaritätsbedingungen, die – wie wir im ersten Teil sahen – mit dem Dualitätssatz äquivalent sind.

Im allgemeinen kann man jedoch die Slater-Bedingung nicht ersatzlos streichen. Betrachten wir beispielsweise das einfache konvexe Programm

$$\begin{aligned} &\min \quad x \\ \text{bzgl.} \quad & x^2 \leqslant 0 \\ & x \in \mathbf{R}^1, \end{aligned}$$

das die eindeutige Lösung $\bar{x} = 0$ besitzt. Die Kuhn-Tucker-Bedingungen (2.5) lauten hier mit $\bar{x} = 0, \bar{u} \geqslant 0$

$$\forall u \geqslant 0: \quad \bar{x} + u\,\bar{x}^2 \leqslant \bar{x} + \bar{u}\,\bar{x}^2 \leqslant x + \bar{u}\,x^2 \qquad \forall x \in \mathbf{R}^1$$

und sind offenbar nicht erfüllbar, denn

$$\text{falls } \bar{u} = 0, \text{ ist } 0 \leqslant x \qquad \forall x \in \mathbf{R}^1 \text{ falsch für } x < 0,$$

und $$\text{falls } \bar{u} > 0, \text{ ist } 0 \leqslant x + \bar{u}x^2 \quad \forall x \in \mathbf{R}^1 \text{ falsch für } -\frac{1}{\bar{u}} < x < 0.$$

Wie man sieht, ist bei diesem Beispiel die Slater-Bedingung nicht erfüllt.

Da die globalen Kuhn-Tucker-Bedingungen (2.18) offensichtlich schwer nachprüfbar sind, ist es wünschenswert, gleichwertige lokale Bedingungen zu haben. Dazu ist es allerdings erforderlich, für die auftretenden Funktionen zusätzliche Voraussetzungen einzuführen, nämlich die stetige partielle Differenzierbarkeit.

Lemma 2.23 Sei $\varphi: \mathbf{R}^3 \to \mathbf{R}^1$ stetig partiell differenzierbar. Gibt es ein $\bar{x} \geqslant 0, \bar{y} \geqslant 0$ und ein $\bar{z}$ derart, daß

$$\forall y \geqslant 0, z: \quad \varphi(\bar{x}, y, z) \leqslant \varphi(\bar{x}, \bar{y}, \bar{z}) \leqslant \varphi(x, \bar{y}, \bar{z}) \qquad \forall x \geqslant 0$$

gilt, dann sind die folgenden Bedingungen erfüllt:

$$\frac{\partial\varphi(\bar{x}, \bar{y}, \bar{z})}{\partial x} \geqslant 0, \quad \frac{\partial\varphi(\bar{x}, \bar{y}, \bar{z})}{\partial y} \leqslant 0, \quad \frac{\partial\varphi(\bar{x}, \bar{y}, \bar{z})}{\partial z} = 0,$$

$$\bar{x}\,\frac{\partial\varphi(\bar{x}, \bar{y}, \bar{z})}{\partial x} = 0, \quad \bar{y}\,\frac{\partial\varphi(\bar{x}, \bar{y}, \bar{z})}{\partial y} = 0,$$

$$\bar{x} \geqslant 0, \qquad \bar{y} \geqslant 0.$$

B e w e i s. Ist entweder

$$\frac{\partial\varphi(\bar{x},\bar{y},\bar{z})}{\partial x}<0 \quad \text{oder} \quad \bar{x}\ \frac{\partial\varphi(\bar{x},\bar{y},\bar{z})}{\partial x} \neq 0,$$

dann gibt es ein $h \neq 0$ derart, daß

$$\bar{x}+h \geqslant 0 \quad \text{und} \quad h\ \frac{\partial\varphi(\bar{x}+\theta h,\bar{y},\bar{z})}{\partial x}<0 \qquad \forall\ \theta \in [0,1].$$

Nach dem Mittelwertsatz ist dann mit $0<\theta<1$

$$\varphi(\bar{x}+h,\bar{y},\bar{z})=\varphi(\bar{x},\bar{y},\bar{z})+h\cdot\frac{\partial\varphi(\bar{x}+\theta h,\bar{y},\bar{z})}{\partial x}<\varphi(\bar{x},\bar{y},\bar{z})$$

im Widerspruch zur Voraussetzung $\varphi(\bar{x},\bar{y},\bar{z}) \leqslant \varphi(x,\bar{y},\bar{z}) \quad \forall x \geqslant 0$.

Analog folgen die Bedingungen für $\frac{\partial\varphi}{\partial y}$. Schließlich folgt

$$\frac{\partial\varphi(\bar{x},\bar{y},\bar{z})}{\partial z}=0$$

aus der Tatsache, daß $\varphi(\bar{x},\bar{y},\bar{z})$ das Maximum von $\varphi(\bar{x},\bar{y},z)$ ist. ■

Sei nun mit $x \in \mathbf{R}^n$, $u \in \mathbf{R}^k$, $v \in \mathbf{R}^m$ $\Phi(x,u,v)$ stetig partiell differenzierbar. Wir bezeichnen mit

$\nabla_x\,\Phi$ den Vektor der partiellen Ableitungen nach x_i, $i=1,\ldots,n$,

$\nabla_u\,\Phi$ den Vektor der partiellen Ableitungen nach u_j, $j=1,\ldots,k$,

und $\nabla_v\,\Phi$ den Vektor der partiellen Ableitungen nach v_ℓ, $\ell=1,\ldots,m$.

Satz 2.24 Sei $\Phi(x,u,v)$ stetig partiell differenzierbar und für jedes (u,v) konvex in x und für jedes x konkav in (u,v). Ein $\bar{x} \geqslant 0$, ein $\bar{u} \geqslant 0$ und ein $\bar{v}$ erfüllen die Bedingungen

$$\forall u \geqslant 0, v: \quad \Phi(\bar{x},u,v) \leqslant \Phi(\bar{x},\bar{u},\bar{v}) \leqslant \Phi(x,\bar{u},\bar{v}) \qquad \forall\, x \geqslant 0$$

dann und nur dann, wenn gilt

$$\begin{aligned}
&\nabla_x\,\Phi(\bar{x},\bar{u},\bar{v}) \geqslant 0, && \nabla_u\,\Phi(\bar{x},\bar{u},\bar{v}) \leqslant 0, && \nabla_v\,\Phi(\bar{x},\bar{u},\bar{v})=0.\\
&\bar{x}'\,\nabla_x\,\Phi(\bar{x},\bar{u},\bar{v})=0, && \bar{u}'\,\nabla_u\,\Phi(\bar{x},\bar{u},\bar{v})=0, && \\
&\bar{x} \geqslant 0, && \bar{u} \geqslant 0. &&
\end{aligned} \tag{2.21}$$

B e w e i s. Daß die Bedingungen (2.21) notwendig sind, folgt aus Lemma 2.23.
Daß sie auch hinreichend sind, folgt aus den Konvexitätsvoraussetzungen und Satz 2.16:

$$\Phi(x,\bar{u},\bar{v})-\Phi(\bar{x},\bar{u},\bar{v}) \geqslant (x-\bar{x})'\,\nabla_x\,\Phi(\bar{x},\bar{u},\bar{v}) \geqslant 0 \qquad \forall\, x \geqslant 0$$

$$\Phi(\bar{x},u,v)-\Phi(\bar{x},\bar{u},\bar{v}) \leqslant (u-\bar{u})'\,\nabla_u\,\Phi(\bar{x},\bar{u},\bar{v})+(v-\bar{v})'\,\nabla_v\,\Phi(\bar{x},\bar{u},\bar{v}) \leqslant 0$$

$$\forall\, u \geqslant 0, \forall\, v.$$

■

Fassen wir die obigen Aussagen noch einmal zusammen, dann folgt für das konvexe Programm (2.16)

$$\begin{aligned} \min \quad & f(x) \\ \text{bzgl.} \quad & g(x) \leqslant 0 \\ & h(x) = 0 \\ & x \geqslant 0, \end{aligned}$$

das bezüglich der nichtlinearen Restriktionen $g(x) \leqslant 0$ der Slater-Bedingung genügen möge, die sich, wie wir uns überlegten, vereinfacht zu

$$\exists\, \hat{x} \geqslant 0 \quad \text{mit } g(\hat{x}) < 0 \quad \text{und} \quad h(\hat{x}) = 0, \tag{2.22}$$

daß, sofern f und g_i, $i = 1, \ldots, k$, stetig partiell differenzierbar sind, das Programm (2.16) genau dann lösbar ist, wenn die lokalen Kuhn-Tucker-Bedingungen

$$\begin{aligned} \nabla f(x) + \sum_{i=1}^{k} u_i \nabla g_i(x) + A'v & \geqslant 0 \\ x'(\nabla f(x) + \sum_{i=1}^{k} u_i \nabla g_i(x) + A'v) & = 0 \\ x & \geqslant 0 \\ g(x) & \leqslant 0 \\ u'g(x) & = 0 \\ u & \geqslant 0 \\ h(x) = Ax - d & = 0 \end{aligned} \tag{2.23}$$

erfüllbar sind. Offenbar erhält man die Bedingungen (2.23) aus (2.21), wenn man die Lagrange-Funktion einsetzt und (2.18) berücksichtigt; und jede zulässige Lösung von (2.23) liefert eine Lösung von (2.16). Das folgende Schema soll verdeutlichen, für welche Folgerungen welche Voraussetzungen benutzt wurden. Hier bedeuten

- KP die Lösbarkeit des Programmes (2.16),
- GKT die globalen Kuhn-Tucker-Bedingungen (2.18),
- LKT die lokalen Kuhn-Tucker-Bedingungen (2.23),
- K die Konvexität von f und g_i, $i = 1, \ldots, k$,
- S die Slater-Bedingung (2.22),
- D die stetige partielle Differenzierbarkeit von f und g_i, $i = 1, \ldots, k$.

Dann gelten die in Fig. 2.1 dargestellten Implikationen.

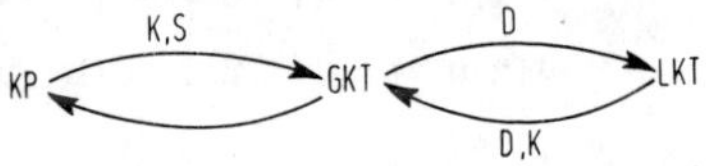

Fig. 2.1

Speziell für ein LP

$$\begin{aligned} &\min \quad c'x \\ &\text{bzgl.} \quad Ax = b \\ &\qquad\quad x \geqslant 0 \end{aligned}$$

folgt aus (2.23)

$$\begin{aligned} c + A'v &\geqslant 0 \\ x'(c + A'v) &= 0 \\ x &\geqslant 0 \\ Ax &= b, \end{aligned}$$

d. h. das LP ist lösbar genau dann, wenn ein primal zulässiges x, also $Ax = b, x \geqslant 0$, und – mit $w = -v$ – ein dual zulässiges w, also $A'w \leqslant c$, existieren derart, daß die Komplementaritätsbedingungen $x'(c - A'w) = 0$ erfüllt sind. Somit folgt auch hier wieder der Dualitätssatz.

Aufgabe Zeige, daß die Kuhn-Tucker-Bedingungen (global und lokal) für zwei zueinander duale Linearprogramme äquivalent sind.

2.5 Lösungsverfahren

In den letzten zwei Jahrzehnten sind außerordentlich viele Methoden zur Lösung konvexer Programme vorgeschlagen worden. Versucht man diese Methoden nach gemeinsamen Merkmalen zu ordnen, dann treten vier Klassen von Verfahren in den Vordergrund, nämlich die Methoden zulässiger Richtungen, die Schnittebenenverfahren, die Strafkostenverfahren und – in jüngster Zeit – die Komplementaritätsmethoden. Eine Methode zulässiger Richtungen ist dadurch charakterisiert, daß, ausgehend von einem zulässigen Punkt, nach einer geeigneten Vorschrift eine Richtung bestimmt wird, längs deren man im zulässigen Bereich den Zielfunktionswert verkleinern kann. Schnittebenenverfahren zielen darauf ab, durch sukzessive Linearisierung von Zielfunktion und Restriktionen die Lösung eines konvexen Programmes durch Lösungen von Linearprogrammen zu approximieren. Bei Strafkostenverfahren werden freie, d. h. unbeschränkte Optimierungen modifizierter Zielfunktionen durchgeführt, in die Verletzungen der ursprünglichen Restriktionen mit hinreichend hohen Gewichten eingehen. Komplementaritätsmethoden schließlich suchen unmittelbar nach einer zulässigen Lösung der Kuhn-Tucker-Bedingungen (2.23); ihre Bezeichnung nimmt Bezug auf die Komplementaritätsbedingungen $x'\nabla_x \Phi = 0$ und $u'\nabla_u \Phi = 0$, wobei Φ die Lagrange-Funktion ist.

Im folgenden stellen wir die Strafkostenverfahren allgemein dar, während von den übrigen Klassen von Verfahren je ein Repräsentant beschrieben wird. Dabei beschränken wir uns bezüglich der Methoden zulässiger Richtungen auf lineare Restriktionen und bezüglich der Komplementaritätsmethoden auf quadratische Programme.

2.5.1 Eine Komplementaritätsmethode für quadratische Programme

Unter einem quadratischen Programm verstehen wir die folgende Spezialisierung von (2.16): Die Aufgabe enthält nur lineare Restriktionen, und die Zielfunktion ist von der Form

$$f(x) = c'x + \frac{1}{2}\, x'Qx,$$

wobei $c \in \mathbf{R}^n$ und Q als symmetrische $(n \times n)$-Matrix gegeben sind. Die Voraussetzung $Q = Q'$ ist nicht einschränkend, denn für eine beliebige $(n \times n)$-Matrix D ist $D + D'$ symmetrisch, und offenbar gilt

$$x'Dx = \frac{1}{2}\, x'(D + D')\,x.$$

Da wir uns nur mit konvexen Programmen befassen, müssen wir nach Satz 2.17

$$\left(\frac{\partial^2 f(x)}{\partial x_i\, \partial x_j}\right) = Q$$

als positiv semidefinit voraussetzen. Wir haben also folgende Aufgabe:

$$\begin{aligned} &\min \quad [c'x + \frac{1}{2}\, x'Qx] \\ &\text{bzgl.} \quad Ax = b \\ &\qquad\quad x \geqslant 0 \end{aligned} \tag{2.24}$$

Die Kuhn-Tucker-Bedingungen hierfür lauten nach (2.23):

$$\begin{aligned} c + Qx + A'v &\geqslant 0 \\ x'(c + Qx + A'v) &= 0 \\ x &\geqslant 0 \\ Ax &= b. \end{aligned}$$

Führen wir noch $w = c + Qx + A'v$ ein, dann erhalten wir das äquivalente System von Bedingungen

$$\begin{aligned} Ax &= b \\ Qx + A'v - w &= -c \\ x'w &= 0 \\ x &\geqslant 0 \\ w &\geqslant 0. \end{aligned} \tag{2.25}$$

Um eine Lösung von (2.24) zu finden, wollen wir eine zulässige Lösung von (2.25) bestimmen.

Da (2.25) mit Ausnahme der Bedingung $x'w = 0$ ein lineares Restriktionensystem ist, liegt der Versuch nahe, eine zulässige Lösung von (2.25) über eine Folge von Pivotschritten zu erreichen. Dazu betrachten wir das Teilsystem

$$\begin{aligned} Ax &= b \\ Qx + A'v - w &= -c \\ x &\geqslant 0. \end{aligned} \tag{2.26}$$

Eine zulässige Basislösung (x, w) von (2.26) heißt *komplementär*, wenn $x_i\, w_i = 0$ gilt für $i = 1, \ldots, n$, und *fast komplementär*, wenn es genau ein j mit $x_j\, w_j \neq 0$ gibt.

Wir suchen also eine komplementäre zulässige Basislösung von (2.26), die den Vorzeichenrestriktionen $w \geqslant 0$ genügt.

Für die nachfolgenden Betrachtungen setzen wir voraus, daß (2.26) keine degenerierten Basislösungen besitzt. Daraus folgt auch, daß $r(A) = m$ sein muß.

Eine erste komplementäre Basislösung von (2.26) finden wir folgendermaßen:

Wir bestimmen zunächst eine zulässige Basislösung $\hat{x}$ für $Ax = b$, $x \geqslant 0$. Seien hier $\hat{x}_{i_1}, \ldots, \hat{x}_{i_m}$ die Basisvariablen. Dann bestimmen wir die eindeutige Lösung $\hat{v}$ der den Basisvariablen x_{i_μ} entsprechenden Gleichungen

$$(A'v = -c - Q\hat{x})_{i_\mu}, \qquad \mu = 1, \ldots, m.$$

Diese Lösung v existiert und ist eindeutig, da die Koeffizientenmatrix dieses Gleichungssystems aus den m Zeilen von A′ besteht, die als Spalten von A eine Basis bilden und folglich linear unabhängig sind.

Schließlich setzen wir

$$\begin{aligned} \hat{w}_i &= 0, && \text{falls } i \in \{i_1, \ldots, i_m\} \\ \hat{w}_i &= (Q\hat{x} + A'\hat{v} + c)_i\,, && \text{falls } i \notin \{i_1, \ldots, i_m\}\,. \end{aligned}$$

Offenbar ist dann $(\hat{x}, \hat{v}, \hat{w})$ eine komplementäre zulässige Basislösung von (2.26).

Das Lösungsverfahren läßt sich nun wie folgt angeben:

Schritt 1. Bestimme eine komplementäre zulässige Basislösung (x^0, v^0, w^0) von (2.26) mit dem zugehörigen Tableau und setze $k := 0$.

Schritt 2. Bestimme j so, daß $w_j^k = \min\limits_{1 \leqslant i \leqslant n} w_i^k$.

Falls $w_j^k \geqslant 0$, dann ist (x^k, v^k, w^k) eine zulässige Lösung von (2.25), d. h. x^k löst (2.24); stop.

Falls $w_j^k < 0$, erhöhe die Nichtbasisvariable x_j^k, bis einer der folgenden Fälle eintritt:

Fall a) Unter Beachtung von $x^k \geqslant 0$ verschwindet w_j^k. Der Austausch von w_j^k gegen x_j^k

nach den Rechenvorschriften eines Pivotschrittes liefert eine neue komplementäre zulässige Basislösung $(x^{k+1}, v^{k+1}, w^{k+1})$. Setze $k := k + 1$ und wiederhole Schritt 2.

Fall b) Unter Beachtung von $x^k \geqslant 0$ verschwindet die Basisvariable x_r^k zuerst. Der Austausch von x_r^k gegen x_j^k liefert eine fast komplementäre zulässige Basislösung $(x^{k+1}, v^{k+1}, w^{k+1})$.

Setze $k := k + 1$ und gehe zu Schritt 3.

Fall c) Weder Fall a) noch Fall b) treten ein. Dann gilt $\inf \{c'x + \frac{1}{2} x'Qx | Ax = b, x \geqslant 0\} = -\infty$; stop.

Schritt 3. Falls $\frac{\partial w_j^k}{\partial w_r^k} \geqslant 0$, dann vergrößere w_r^k, sonst verkleinere w_r^k, bis einer der folgenden Fälle eintritt:

Fall a) Unter Beachtung von $x^k \geqslant 0$ verschwindet w_j^k. Der Austausch von w_j^k gegen w_r^k liefert eine komplementäre zulässige Basislösung $(x^{k+1}, v^{k+1}, w^{k+1})$.

Setze $k := k + 1$ und gehe zu Schritt 2.

Fall b) Unter Beachtung $x^k \geqslant 0$ verschwindet die Basisvariable x_s^k zuerst. (Es gilt $s \neq j$). Der Austausch von x_s^k gegen w_r^k liefert eine neue fast komplementäre zulässige Basislösung $(x^{k+1}, v^{k+1}, w^{k+1})$.

Setze $r := s$, $k := k + 1$ und wiederhole Schritt 3.

In diesem Verfahren kommen also nur bzgl. (2.24) zulässige Lösungen x^k vor. Es liegt deshalb nahe, die Zielfunktionswerte

$$\varphi(x^k) = c'x^k + \frac{1}{2} x^{k\prime}Qx^k$$

bzw. deren Änderungen

$$\Delta_k\varphi = \varphi(x^{k+1}) - \varphi(x^k)$$

im Laufe des Verfahrens zu untersuchen. Dazu führen wir die Änderungen der Variablenvektoren ein:

$$\xi^k = x^{k+1} - x^k, \quad \rho^k = v^{k+1} - v^k, \quad \omega^k = w^{k+1} - w^k.$$

Da im Verfahren nur zulässige Lösungen von (2.26) auftreten, gilt

$$A\xi^k = 0, \quad Q\xi^k + A'\rho^k - \omega^k = 0 \tag{2.27}$$

und folglich

$$\xi^{k\prime} \omega^k = \xi^{k\prime} Q\xi^k. \tag{2.28}$$

Aus $\quad \xi^{k\prime} Q\xi^k = x^{k+1\prime} Qx^{k+1} - x^{k\prime} Qx^k - 2\xi^{k\prime} Qx^k$

und, nach (2.26),

$$Qx^k = w^k - A'v^k - c$$

folgt schließlich – unter Verwendung von (2.27) und (2.28) –

$$\Delta_k\varphi = \frac{1}{2} \xi^{k\prime} \omega^k + \xi^{k\prime} w^k. \tag{2.29}$$

Da im Verfahren nur komplementäre oder fast komplementäre zulässige Basislösungen von (2.26) vorkommen, gilt

$$\xi^{k'}\omega^k = \xi_j^k\,\omega_j^k \quad \text{und} \quad \xi^{k'}\,w^k = \xi_j^k\,w_j^k \tag{2.30}$$

mit dem jeweils in Schritt 2 bestimmten Index j.

Lemma 2.25 Ist in Schritt 2 $w_j^k < 0$ und tritt Fall a) oder Fall b) ein, dann ist $\Delta_k\varphi < 0$.

B e w e i s. Da Degeneration nach Voraussetzung ausgeschlossen ist, muß $\xi_j^k > 0$ sein. Nach Schritt 2 gilt $w_j^{k+1} \leqslant 0$ und daher $\omega_j^k \leqslant - w_j^k = |w_j^k|$. Nach (2.29) und (2.30) ist daher

$$\Delta_k\varphi = \frac{1}{2}\,\xi_j^k\,\omega_j^k + \xi_j^k\,w_j^k \leqslant -\frac{1}{2}\,\xi_j^k|w_j^k| < 0.$$ ■

Lemma 2.26 Tritt in Schritt 2 mit $w_j^k < 0$ Fall c) ein, dann ist die Zielfunktion φ über dem zulässigen Bereich von (2.24) nach unten unbeschränkt.

B e w e i s. Sind in diesem Fall ξ^k und ω^k die aus dem Tableau folgenden Änderungen von x^k und w^k, wenn $\xi_j^k > 0$ willkürlich gewählt wird, dann gelten (2.29) und (2.30) ebenfalls. Ferner muß offenbar $\omega_j^k \leqslant 0$ sein. Folglich gilt

$$\Delta_k\varphi = \frac{1}{2}\,\xi_j^k\,\omega_j^k + \xi_j^k\,w_j^k \leqslant \xi_j^k\,w_j^k \qquad \text{mit } w_j^k < 0 \text{ für beliebige } \xi_j^k > 0,$$

woraus die Behauptung folgt. ■

Lemma 2.27 In Schritt 3 gilt $\omega_j^k > 0$. (j ist nach wie vor der in Schritt 2 bestimmte Index, für den noch $w_j^k < 0$ gilt).

B e w e i s. Da nur nichtdegenerierte Basislösungen vorkommen, wird nach Schritt 3 $\omega_r^k \neq 0 \left(\dfrac{\partial w_j^k}{\partial w_r^k}\text{ ist dem Tableau zu entnehmen}\right)$, und es muß $\omega_j^k \geqslant 0$ gelten. Nehmen wir an, es sei $\omega_j^k = 0$. Dann ist nach (2.30) und (2.28) $0 = \xi_j^k\,\omega_j^k = \xi^{k'}\,Q\xi^k$ und folglich nach (2.27) $Q\xi^k = 0$ und $A\xi^k = 0$ und daher $A'\rho^k - \omega^k = 0$.

Sei $I = \{i \,|\, x_i^k > 0\}$. Dann gilt, da (x^k, v^k, w^k) fast komplementär ist, $r \notin I$ (x_r^k und w_r^k sind Nichtbasisvariable), $\omega_i^k = 0,\ i \in I - \{j\}$ ($w_i^k,\ i \in I - \{j\}$, sind Nichtbasisvariable, die nicht verändert werden) und $\omega_j^k = 0$ nach Annahme.

Folglich gilt, wenn A_i die i-te Spalte von A ist, $A_i'\rho^k = 0,\ i \in I$.

Da (x^k, v^k, w^k) eine nichtdegenerierte Basislösung von (2.26) ist, muß die Matrix $(A_i \,|\, i \in I)$ den Rang m haben. Somit folgt aus dem obigen Gleichungssystem $\rho^k = 0$ und daher aus $A'\rho^k - \omega^k = 0$ auch $\omega^k = 0$ im Widerspruch zu $\omega_r^k \neq 0$. Folglich ist die Annahme $\omega_j^k = 0$ falsch. ■

Man kann darüber hinaus sogar zeigen, daß im Laufe des Verfahrens theoretisch stets $\partial w_j^k / \partial w_r^k > 0$ gelten muß. Andererseits gibt es jedoch Beispiele von lösbaren Problemen, die in (2.26) fast komplementäre zulässige Basislösungen besitzen mit $\partial w_j^k/\partial w_r^k < 0$. Auf Grund der in Schritt 3 verlangten Vorzeichenprüfung $\partial w_j^k/\partial w_r^k$ vereinfachen sich die Beweise, das Verfahren wird sicherer, und der zusätzliche Aufwand hierfür ist nicht nennenswert.

Lemma 2.28 In Schritt 3 gilt stets $\xi_j^k \geqslant 0$ (d. h. $s \neq j$) und $\Delta_k\varphi \leqslant 0$.

B e w e i s. Nach (2.30) und (2.28) ist $\xi_j^k\,\omega_j^k = \xi^{k'}\,Q\xi^k \geqslant 0$, da Q positiv semidefinit ist. Da ferner nach Lemma 2.27 $\omega_j^k > 0$ gilt, folgt $\xi_j^k \geqslant 0$.
Da auch in Schritt 3 $\omega_j^k \leqslant |\, w_j^k \,|$ gelten muß, ist

$$\Delta_k\varphi = \frac{1}{2}\,\xi_j^k\,\omega_j^k + \xi_j^k\,w_j^k \leqslant -\,\frac{1}{2}\,\xi_j^k\,|\,w_j^k\,| \leqslant 0.$$ ■

Aus diesen vier Aussagen über das Verfahren ergibt sich

Satz 2.29 Für ein konvexes quadratisches Programm (2.24) liefert das obige Verfahren nach endlich vielen Pivotschritten eine Lösung oder die Information, daß keine Lösung existiert.

B e w e i s. Hat (2.24) keine zulässige Lösung, dann ist das in Schritt 1 nach endlich vielen Pivotschritten feststellbar, wie wir aus der linearen Programmierung wissen.
In Schritt 2 können nur endlich viele Pivotschritte vorkommen, da nach Lemma 2.25 die Zielfunktion jeweils streng abnimmt, d. h. in Schritt 2 kann eine Basislösung von 2.26 nur einmal auftreten. In Schritt 3 können in unmittelbarer Folge auch nur endlich viele Pivotschritte durchgeführt werden, da jeweils (Fall b)) eine x-Variable aus der Basis entfernt wird. Ferner nimmt in Schritt 3 die Zielfunktion (schwach) monoton ab. Also kann auch in Schritt 3 eine Basislösung von (2.26) nur einmal vorkommen. Da (2.26) nur endlich viele verschiedene Basislösungen besitzt, muß das Verfahren, wenn (2.24) zulässige Lösungen hat, nach endlich vielen Pivotschritten in Schritt 2 enden, und zwar entweder mit $w_j^k \geqslant 0$, womit (x^k, v^k, w^k) die Kuhn-Tucker-Bedingungen (2.25) erfüllt, oder mit $w_j^k < 0$ und Fall c), was nach Lemma 2.26 Unlösbarkeit des quadratischen Programmes (2.24) bedeutet. ■

Wir wollen das Verfahren auf die folgende Aufgabe anwenden

$$\min \left[\frac{1}{2}\,x_1^2 + \frac{1}{2}\,x_2^2 + 3x_1 + 7x_3 + x_4\right]$$

$$\begin{aligned} \text{bzgl.}\quad & x_1 + 2x_2 + x_3 \phantom{{}+x_4} = 8 \\ & x_1 + x_2 \phantom{{}+x_3} + x_4 = 5 \\ & x_i \geqslant 0, \quad i = 1, \ldots, 4. \end{aligned}$$

Da der zulässige Bereich offensichtlich nicht leer und beschränkt ist, hat diese Aufgabe eine Lösung. Das im Verfahren benötigte Teilsystem (2.26) der Kuhn-Tucker-Bedingungen lautet hier

$$\begin{array}{lllllllllll}
x_1 & + 2x_2 & + x_3 & & & & & & & & = 8 \\
x_1 & + x_2 & & + x_4 & & & & & & & = 5 \\
x_1 & & & & + v_1 & + v_2 & - w_1 & & & & = -3 \\
 & x_2 & & & + 2v_1 & + v_2 & & - w_2 & & & = 0 \\
 & & & & v_1 & & & & - w_3 & & = -7 \\
 & & & & & v_2 & & & & - w_4 & = -1
\end{array}$$

$$x_i \geqslant 0, \quad i = 1, \ldots, 4.$$

Gemäß Schritt 1 suchen wir eine erste komplementäre zulässige Basislösung dieses Systems. Als Basisvariable können wir $x_3, x_4, v_1, v_2, w_1, w_2$ wählen. Lösen wir die obigen Gleichungen nach diesen Variablen auf, so ergibt sich

$$\begin{array}{llllll}
x_3 = & 8 - x_1 & - 2x_2 & & & \\
x_4 = & 5 - x_1 & - x_2 & & & \\
v_1 = & -7 & & + w_3 & & \\
v_2 = & -1 & & & + w_4 & \\
w_1 = & -5 + x_1 & & + w_3 & + w_4 & \\
w_2 = & -15 & + x_2 & + 2w_3 & + w_4. &
\end{array}$$

Damit liefert Tab. 2.1 das erste Tableau.

Tab. 2.1

	1	$-x_1$	$-x_2$	$-w_3$	$-w_4$
x_3	8	1	[2]		
x_4	5	1	1		
w_1	−5	−1		−1	−1
w_2	−15		−1	−2	−1
v_1	−7			−1	
v_2	−1				−1

In Schritt 2 wird $j = 2$, d. h. x_2 muß „in die Basis“, und es tritt Fall b) mit $r = 3$ ein, d. h. x_3 „verläßt die Basis“. Das Tableau der folgenden fast komplementären Lösung findet sich in Tab. 2.2.

Tab. 2.2

	1	$-x_1$	$-x_3$	$-w_3$	$-w_4$
x_2	4	$\frac{1}{2}$	$\frac{1}{2}$		
x_4	1	$\frac{1}{2}$	$-\frac{1}{2}$		
w_1	-5	-1		-1	-1
w_2	-11	$\frac{1}{2}$	$\frac{1}{2}$	$\boxed{-2}$	-1

(Der Einfachheit halber sind hier die letzten beiden Zeilen weggelassen, da v_1 und v_2 im Verfahren stets Basisvariable bleiben und die zugehörigen Zeilen deshalb nie Pivotzeilen werden.) Nach Schritt 3 muß nun w_3 in die Basis, und es tritt Fall a) ein. Der Austausch von w_2 wegen w_3 ergibt. Tab. 2.3.

Tab. 2.3

	1	$-x_1$	$-x_3$	$-w_2$	$-w_4$
x_2	4	$\frac{1}{2}$	$\frac{1}{2}$		
x_4	1	$\frac{1}{2}$	$-\frac{1}{2}$		
w_1	$\frac{1}{2}$	$-\frac{5}{4}$	$-\frac{1}{4}$	$-\frac{1}{2}$	$-\frac{1}{2}$
w_3	$\frac{11}{2}$	$-\frac{1}{4}$	$-\frac{1}{4}$	$-\frac{1}{2}$	$\frac{1}{2}$

Diese Lösung ist komplementär und $w_i \geqslant 0, i = 1, \ldots, 4$. Folglich haben wir mit $x_1 = 0, x_2 = 4, x_3 = 0, x_4 = 1$ eine Lösung unserer Aufgabe.

Wie wir im Anschluß an Lemma 2.27 erwähnten, gilt für die im Laufe des Verfahrens auftretenden fast komplementären Lösungen stets $\partial w_j^k / \partial w_r^k > 0$.

Das ist auch in diesem Beispiel der Fall, denn dem zweiten Tableau entnehmen wir $\partial w_2 / \partial w_3 = 2$. Jedoch hat dieses Beispiel auch eine fast komplementäre Basislösung, für die $\partial w_j / \partial w_r < 0$ gilt. Wählt man als Basisvariable

$$x_1 = 2, \quad x_2 = 3, \quad w_2 = -6, \quad w_3 = 3, \quad v_1 = -4, \quad v_2 = -1,$$

dann ist $j = 2$ und $r = 4$ und, wie man leicht nachrechnet, $\partial w_j / \partial w_r = -1$.

2.5.2 Ein Verfahren zulässiger Richtungen

Wir betrachten nun die Aufgabe

$$\begin{aligned} &\min\ f(x) \\ \text{bzgl.}\quad &Ax = b \\ &x \geqslant 0, \end{aligned} \tag{2.31}$$

wobei $x \in \mathbf{R}^n$, A eine $(m \times n)$-Matrix, $b \in \mathbf{R}^m$ und f eine konvexe Funktion ist. Ferner setzen wir voraus, daß f einen stetigen Gradienten ∇f besitzt und daß der zulässige Bereich $B = \{x \mid Ax = b, x \geqslant 0\} \neq \emptyset$ und beschränkt ist. Damit ist (2.31) lösbar.

Sei $\hat{x} \in B$. Unter einer zulässigen Richtung in $\hat{x}$ versteht man dann einen Vektor $s \in \mathbf{R}^n$ mit folgenden Eigenschaften:

$$\max\{\lambda \mid \hat{x} + \lambda s \in B\} > 0 \quad \text{und} \quad s'\nabla f(\hat{x}) < 0. \tag{2.32}$$

Satz 2.30 Ein $\hat{x} \in B$ ist Lösung von (2.31) genau dann, wenn es in $\hat{x}$ keine zulässige Richtung gibt.

Beweis. Die Bedingung ist hinreichend. Gibt es nämlich in $\hat{x} \in B$ keine zulässige Richtung, dann gilt für ein beliebiges $y \in B$, $y \neq \hat{x}$, und $s = y - \hat{x}$

$$\max\{\lambda \mid \hat{x} + \lambda s \in B\} \geqslant 1 \quad \text{und} \quad s'\nabla f(\hat{x}) \geqslant 0.$$

Nach Satz 2.16 ist dann

$$f(y) - f(\hat{x}) \geqslant (y - \hat{x})'\,\nabla f(\hat{x}) \geqslant 0,$$

$$\text{d. h.} \quad f(\hat{x}) \leqslant f(y) \qquad \forall\, y \in B.$$

Die Notwendigkeit der Bedingung sieht man folgendermaßen ein:

Sei s eine zulässige Richtung in $\hat{x}$ und sei λ_0 eine Lösung von

$$\min\{f(\hat{x} + \lambda s) \mid \lambda \geqslant 0, \hat{x} + \lambda s \in B\}. \tag{2.33}$$

Diese Aufgabe ist lösbar, denn nach (2.32) ist $s \neq 0$, und folglich ist λ beschränkt, da nach Voraussetzung B beschränkt ist. Wir bestimmen also das Minimum der in λ stetigen konvexen Funktion $f(\hat{x} + \lambda s)$ über einem abgeschlossenen Intervall $\{\lambda \mid 0 \leqslant \lambda \leqslant \lambda_1\}$. Nach (2.32) gilt $s'\nabla f(\hat{x}) = \alpha < 0$.

Wegen der vorausgesetzten Stetigkeit des Gradienten ∇f gibt es ein $\delta_0 > 0$ mit $\hat{x} + \delta_0 s \in B$ und

$$s'\nabla f(\hat{x} + \delta s) \leqslant \frac{\alpha}{2} \qquad \forall\, \delta : 0 \leqslant \delta \leqslant \delta_0.$$

Nach Satz 2.16 gilt

$$f(\hat{x}) - f(\hat{x} + \delta_0 s) \geqslant -\delta_0 s'\nabla f(\hat{x} + \delta_0 s) \geqslant -\delta_0 \frac{\alpha}{2} > 0,$$

woraus mit der Lösung λ_0 von (2.33) folgt

$$f(\hat{x}) > f(\hat{x} + \delta_0 s) \geqslant f(\hat{x} + \lambda_0 s).$$

Also ist $\hat{x}$ keine Lösung von (2.31), wenn es in $\hat{x}$ eine zulässige Richtung gibt. ■

Ein *Verfahren zulässiger Richtungen* ist eine Iterationsmethode der folgenden Art:

Schritt 1. Bestimme eine zulässige Lösung $x^{(0)} \in \mathsf{B}$ und setze $k := 0$.

Schritt 2. Suche eine zulässige Richtung $s^{(k)}$ in $x^{(k)}$. (Gibt es in $x^{(k)}$ keine zulässige Richtung, dann ist nach Satz 2.30 $x^{(k)}$ eine Lösung von (2.31).)

Schritt 3. Bestimme eine Lösung λ_k der Aufgabe

$$\min \{f(x^{(k)} + \lambda s^{(k)}) \mid \lambda \geqslant 0,\ x^{(k)} + \lambda s^{(k)} \in \mathsf{B}\}.$$

Setze $x^{(k+1)} := x^{(k)} + \lambda_k s^{(k)}$, $k := k + 1$

und wiederhole Schritt 2.

Man bestimmt also eine Folge $\{x^{(k)}\}$ von zulässigen Näherungslösungen der Aufgabe (2.31), indem man eine Folge von Minimierungsaufgaben in einer Variablen löst. Aus dem Beweis von Satz 2.30 entnimmt man, daß dann die Folge der Zielfunktionswerte $\{f(x^{(k)})\}$ streng monoton fallend ist. Da B beschränkt und f stetig ist, ist die Folge $\{f(x^{(k)})\}$ auch beschränkt und daher konvergent. Dennoch kann es vorkommen, daß die Folge $\{f(x^{(k)})\}$ nicht gegen den Optimalwert unserer Aufgabe (2.31) konvergiert, solange wir in Schritt 2 die Bestimmung der zulässigen Richtungen nicht genauer festlegen.

Nehmen wir als *Beispiel* die folgende Aufgabe:

$$\begin{aligned} \min\quad & x_1 + x_2 \\ \text{bzgl.}\quad & x_1 + x_2 \leqslant 2 \\ & x_1 \geqslant 0,\ x_2 \geqslant 0. \end{aligned}$$

Wählen wir als erste zulässige Lösung

$$x^{(1)} = \begin{pmatrix} 2 \\ 0 \end{pmatrix}$$

und als Richtungen

$$s^{(k)} = \begin{cases} \left(-1 - \frac{1}{k},\ 1 + \frac{1}{k+1}\right)', & \text{falls k ungerade} \\[2ex] \left(1 + \frac{1}{k+1},\ -1 - \frac{1}{k}\right)', & \text{falls k gerade.} \end{cases}$$

Dann folgt

$$x^{(k)} = \begin{cases} \left(1 + \frac{1}{k},\ 0\right), & \text{falls k ungerade,} \\ \left(0,\ 1 + \frac{1}{k}\right), & \text{falls k gerade.} \end{cases}$$

Die Richtung $s^{(k)}$ ist in $x^{(k)}$ zulässig, da mit $x^{(k)}$ auch

$$x^{(k)} + s^{(k)} = x^{(k+1)}$$

zulässig ist und aus $\nabla f(x) = (1, 1)'$

$$s^{(k)'} \nabla f(x^{(k)}) = \frac{1}{k+1} - \frac{1}{k} < 0$$

folgt. Die Folge der Zielfunktionswerte $f(x^{(k)}) = 1 + 1/k$ konvergiert gegen $\gamma = 1$, während der Optimalwert der Aufgabe $\alpha = 0$ ist. Die Ursache für dieses Versagen liegt in der unpassenden Wahl der zulässigen Richtungen.

Aus der Fülle verschiedener Vorschriften zur Bestimmung der zulässigen Richtungen wollen wir hier eine angeben:

Bestimme eine Lösung $y^{(k)}$ des LP min $\{x'\nabla f(x^{(k)}) \mid x \in B\}$.
Ist $(y^{(k)} - x^{(k)})'\nabla f(x^{(k)}) = 0$, dann ist $x^{(k)}$ Lösung von (2.31), (2.34)
andernfalls ist $s^{(k)} = y^{(k)} - x^{(k)}$ eine zulässige Richtung.

Daß aus $(y^{(k)} - x^{(k)})' \nabla f(x^{(k)}) = 0$ die Optimalität von $x^{(k)}$ folgt, ergibt sich daraus, daß für $y^{(k)}$ als Lösung des LP in (2.34) gilt

$$(y^{(k)} - x)' \nabla f(x^{(k)}) \leqslant 0 \qquad \forall x \in B$$

und daher

$$\begin{aligned} f(x) - f(x^{(k)}) &\geqslant (x - x^{(k)})' \nabla f(x^{(k)}) \\ &\geqslant (y^{(k)} - x^{(k)})' \nabla f(x^{(k)}) = 0 \qquad \forall x \in B. \end{aligned}$$

Ist $(y^{(k)} - x^{(k)})' \nabla f(x^{(k)}) \neq 0$, dann muß offenbar $s^{(k)'} \nabla f(x^{(k)}) < 0$ sein, und mit $x^{(k)} \in B$ folgt $x^{(k)} + s^{(k)} = y^{(k)} \in B$; also ist $s^{(k)}$ eine zulässige Richtung in $x^{(k)}$.

Nun können wir zeigen:

Satz 2.31 Werden die zulässigen Richtungen $x^{(k)}$ gemäß (2.34) bestimmt, dann konvergiert die Folge $\{f(x^{(k)})\}$ gegen den Optimalwert von (2.31), und jede konvergente Teilfolge von $\{x^{(k)}\}$ konvergiert gegen eine Lösung.

B e w e i s. Gibt es nach endlich vielen Schritten in einem $x^{(k)}$ keine zulässige Richtung mehr, dann ist $x^{(k)}$ nach Satz 2.30 eine Lösung von (2.31).

Ist das Verfahren nicht endlich, dann ist, wie wir wissen, $\{f(x^{(k)})\}$ eine streng monoton fallende, beschränkte Folge, konvergiert also gegen eine Zahl γ. Ist α der Optimalwert von (2.31), dann gilt

$$\gamma \geqslant \alpha.$$

Nehmen wir nun an, es sei $\gamma > \alpha$. Wir können davon ausgehen, daß die in (2.34) ermittelten $y^{(k)}$ als Lösungen von LP Eckpunkte von B sind. Da die beschränkte Menge B nur

endlich viele Eckpunkte hat, und da $x^{(k)} \in B \;\; \forall\, k$, können wir einen Eckpunkt $\hat{y}$ und eine konvergente Teilfolge $\{x^{(k_j)}\}$ finden derart, daß in (2.34) $y^{(k_j)} = \hat{y} \;\; \forall\, j$.
Sei $\tilde{x} = \lim_{j\to\infty} x^{(k_j)}$ und $\bar{x}$ eine Lösung von (2.31). Aus der Stetigkeit von ∇f und (2.34) folgt

$$\beta = (\hat{y} - \tilde{x})' \, \nabla f(\tilde{x}) \leqslant (\bar{x} - \tilde{x}) \, \nabla f(\tilde{x}) \leqslant f(\bar{x}) - f(\tilde{x}) = \alpha - \gamma < 0.$$

Dann gibt es ein ϵ mit $0 < \epsilon < \|\tilde{x} - \hat{y}\|/2$ so, daß

$$(\hat{y} - x)' \, \nabla f(x) \leqslant \frac{\beta}{2} \qquad \forall\, x \in U_1 = \{x \mid x \in B, \|x - \tilde{x}\| \leqslant \epsilon\}.$$

Sei $U_2 = \{x \mid x \in B, \|x - \tilde{x}\| \leqslant \frac{\epsilon}{2}\}$. Da $\lim_{j\to\infty} x^{(k_j)} = \tilde{x}$, enthält U_2 alle $x^{(k_j)}$ mit Ausnahme von endlich vielen dieser Punkte. Für $x^{(k_j)} \in U_2$ ist $y^{(k_j)} = \hat{y}$ und $x^{(k_j+1)} \notin U_1$, da für $x \in U_1$ zwischen $x^{(k_j)}$ und $\hat{y}$ die Richtungsableitung

$$\frac{(\hat{y} - x)'}{\|\hat{y} - x\|} \, \nabla f(x) \leqslant \frac{\beta}{2\|\hat{y} - x\|} < \frac{\beta}{2\epsilon} < 0,$$

denn aus

$$\|\hat{y} - \tilde{x}\| \leqslant \|\hat{y} - x\| + \|x - \tilde{x}\| \leqslant \|\hat{y} - x\| + \epsilon$$

folgt $\quad \|\hat{y} - x\| \geqslant \|\hat{y} - \tilde{x}\| - \epsilon > 2\epsilon - \epsilon = \epsilon.$

Liegt nun $z^{(k_j)}$ auf dem Rand von U_1, d. h. $\|z^{(k_j)} - \tilde{x}\| = \epsilon$, und auf der Verbindungsstrecke von $x^{(k_j)} \in U_2$ und $x^{(k_j+1)}$, dann gilt

$$\|x^{(k_j)} - z^{(k_j)}\| \geqslant \frac{\epsilon}{2}$$

und $\quad f(x^{(k_j+1)}) - f(x^{(k_j)}) \leqslant f(z^{(k_j)}) - f(x^{(k_j)}) < \frac{\epsilon}{2} \cdot \frac{\beta}{2\epsilon} = \frac{\beta}{4} < 0,$

d. h. im Verfahren nimmt die Zielfunktion in jedem $x^{(k_j)} \in U_2$, also unendlich oft, um den positiven Betrag $|\beta|/4$ ab. Das widerspricht der Beschränktheit von f auf B. Also ist die Annahme $\gamma > \alpha$ falsch. Folglich gilt $\lim_{k\to\infty} f(x^{(k)}) = \alpha$.
Daß jede konvergente Teilfoge von $x^{(k)}$ gegen eine Lösung konvergiert, folgt aus der Stetigkeit von f. ■

Wir wollen das Verfahren am folgenden quadratischen Programm demonstrieren:

$$\min \left[\frac{1}{2} x_1^2 + \frac{1}{2} x_2^2 - 2x_1 - x_2\right]$$

$$\begin{aligned} \text{bzgl.} \quad & x_1 + 2x_2 \leqslant 8 \\ & x_1 + 2x_2 \leqslant 5 \\ & x_1 \geqslant 0,\; x_2 \geqslant 0. \end{aligned}$$

Stellt man den zulässigen Bereich B graphisch dar, so findet man die Eckpunkte $w^{(1)} = (0,0)'$, $w^{(2)} = (5,0)'$, $w^{(3)} = (2,3)'$ und $w^{(4)} = (0,4)'$. Ferner ist $\nabla f(x) = (x_1 - 2, x_2 - 1)'$. Da f streng konvex ist, hat die Aufgabe eine eindeutige Lösung. Wie man leicht nachprüft, ist $\bar{x} = (2,1)' \in B$ und $\nabla f(\bar{x}) = 0$; also ist $\bar{x}$ die Lösung mit $f(\bar{x}) = -2{,}5$.

Starten wir mit

$$x^{(0)} = (0,0)'.$$

Dann ist $f(x^{(0)}) = 0$ und

$$\nabla f(x^{(0)}) = (-2,-1)'.$$

Aus (2.34) folgt $y^{(0)} = w^{(2)} = (5,0)'$.

Mit $\quad x(\lambda) = \lambda x^{(0)} + (1-\lambda)\, y^{(0)} = (5(1-\lambda), 0)'$

und $\quad \varphi(\lambda) = f(x(\lambda)) = \frac{25}{2}(1-\lambda)^2 - 10(1-\lambda)$

läßt sich die Minimierungsaufgabe in Schritt 3 so schreiben:

$$\min \{\varphi(\lambda) \mid 0 \leqslant \lambda \leqslant 1\}.$$

Setzen wir $\varphi'(\lambda) = 0$, dann ergibt sich $\lambda_0 = \frac{3}{5}$. Also ist

$$x^{(1)} = x(\lambda_0) = (2,0)' \qquad \text{mit } f(x^{(1)}) = -2.$$

Nun ist $\nabla f(x^{(1)}) = (0,-1)'$

und (2.34) liefert $y^{(1)} = w^{(4)} = (0,4)'$. Setzen wir

$$x(\lambda) = \lambda x^{(1)} + (1-\lambda)\, y^{(1)} = (2\lambda, 4(1-\lambda))'$$

und $\quad \varphi(\lambda) = f(x(\lambda)) = 10\lambda^2 - 16\lambda + 4,$

dann wird die Aufgabe

$$\min \{\varphi(\lambda) \mid 0 \leqslant \lambda \leqslant 1\}$$

durch $\lambda_1 = \frac{4}{5}$ gelöst. Folglich ist

$$x^{(2)} = x(\lambda_1) = \left(\frac{8}{5}, \frac{4}{5}\right)' \quad \text{und} \quad f(x^{(2)}) = -2{,}4.$$

Im nächsten Schritt erhalten wir

$$y^{(2)} = w^{(2)} = (5,0)', \ \lambda_2 = \frac{55}{61}$$

und damit

$$x^{(3)} = \left(\frac{118}{61}, \frac{44}{61}\right)' \quad \text{und} \quad f(x^{(3)}) \approx -2{,}459.$$

Verwenden wir in Schritt 2 des Verfahrens die Vorschrift (2.34), dann können wir wie im obigen Beispiel Schritt 3 neu formulieren. Mit $x(\lambda) = \lambda x^{(k)} + (1-\lambda)\, y^{(k)}$ und $\varphi(\lambda) = f(x(\lambda))$ lautet

S c h r i t t 3. Bestimme eine Lösung λ_k von

$$\min \{\varphi(\lambda) \mid 0 \leqslant \lambda \leqslant 1\}. \tag{2.35}$$

Setze $x^{(k+1)} := \lambda_k\, x^{(k)} + (1-\lambda_k)\, y^{(k)},\ k := k+1$

und wiederhole Schritt 2.

Nun ist zwar (2.35) nur eine Optimierungsaufgabe in einer Variablen. Dennoch kann die Lösung dieser Aufgabe sehr schwierig werden, wenn f bzw. φ nicht elementare Funktionen (z. B. quadratisch) sind. Nun zeigt sich aber, daß man auch mit recht groben Näherungslösungen von (2.35) auskommt. Beispielsweise kann man sich an Stelle von Schritt 3 behelfen mit dem folgenden

S c h r i t t 3 a). Setze $x := y^{(k)}$ und

$$z := x^{(k)} + \frac{1}{2}\,(x - x^{(k)}). \tag{2.36}$$

Ist $f(z) \geqslant f(x)$, dann setze $x^{(k+1)} := x,\ k := k+1$ und wiederhole Schritt 2.
Ist $f(z) < f(x)$, dann setze $x := z$ und wiederhole (2.36).

Während man also in Schritt 3 zu untersuchen hat, ob die Gleichung

$$\varphi'(\lambda) = \frac{(y^{(k)} - x^{(k)})'}{\|y^{(k)} - x^{(k)}\|}\ \nabla f(x(\lambda)) = 0$$

eine Lösung $\lambda_k \in [0, 1]$ besitzt, sucht man in Schritt 3a den durch fortgesetztes Halbieren der Verbindungsstrecke von $x^{(k)}$ und $y^{(k)}$ erreichbaren Punkt mit dem kleinsten Funktionswert von f. Auch hier ist die Folge $\{f(x^{(k)})\}$ streng monoton fallend, wie man folgendermaßen einsieht:

Ist in (2.34) $(y^{(k)} - x^{(k)})'\ \nabla f(x^{(k)}) < 0$, dann gibt es nach dem Beweis von Satz 2.30 ein $\lambda \in [0, 1)$ derart, daß für

$$y = \lambda x^{(k)} + (1-\lambda)\, y^{(k)} = x^{(k)} + (1-\lambda)(y^{(k)} - x^{(k)})$$

gilt $f(y) < f(x^{(k)})$.

Wählen wir n so, daß $\frac{1}{2^n} \leqslant 1 - \lambda$,

dann ist $\hat{x} = x^{(k)} + \frac{1}{2^n}\,(y^{(k)} - x^{(k)})$

ein durch fortgesetztes (n-maliges) Halbieren der Verbindungsstrecke von $x^{(k)}$ und $y^{(k)}$ erreichbarer Punkt; also ist nach Schritt 3a

$$f(x^{k+1)}) \leqslant f(\hat{x}).$$

Nun ist $\mu = 1 - \dfrac{1}{2^n(1-\lambda)} \in [0, 1)$ und, wie man leicht nachrechnet,

$$\hat{x} = \mu x^{(k)} + (1-\mu) y$$

und daher wegen der Konvexität von f

$$f(\hat{x}) \leqslant \mu f(x^{(k)}) + (1-\mu) f(y) < f(x^{(k)}),$$

da $f(y) < f(x^{(k)})$ und $\mu < 1$. Zusammenfassend erhalten wir also

$$f(x^{(k+1)}) \leqslant f(\hat{x}) < f(x^{(k)}),$$

d. h. $\{f(x^{(k)})\}$ ist streng monoton fallend.

Daß auch bei Verwendung von Schritt 3a) $\{f(x^{(k)})\}$ gegen den Optimalwert von (2.31) konvergiert, zeigt man analog wie in Satz 2.31.

2.5.3 Ein Schnittebenenverfahren

Ist eine beliebige Optimierungsaufgabe

$$\begin{array}{ll} \min & k(x) \\ \text{bzgl.} & h_i(x) \leqslant 0, \qquad i = 1, \ldots, r, \\ & x \in \mathbf{R}^m \end{array}$$

zu lösen, dann ist das gleichbedeutend mit der Bestimmung einer Lösung von

$$\begin{array}{ll} \min & \xi \\ \text{bzgl.} & h_i(x) \leqslant 0, \qquad i = 1, \ldots, r, \\ & k(x) - \xi \leqslant 0 \\ & x \in \mathbf{R}^m, \ \xi \in \mathbf{R}^1. \end{array}$$

Denn offenbar ist für eine Lösung $\hat{x}$ des ersten Problems $\hat{x}$ und $\hat{\xi} = k(\hat{x})$ zulässig im zweiten Problem, und umgekehrt ist für eine Lösung $(\tilde{x}, \tilde{\xi})$ des zweiten Problems $\tilde{x}$ zulässig im ersten Problem. Folglich gilt

$$\tilde{\xi} \leqslant \hat{\xi} = k(\hat{x}) \leqslant k(\tilde{x}) \leqslant \tilde{\xi},$$

also $\quad k(\hat{x}) = \tilde{\xi}$.

Danach läßt sich jedes nichtlineare Programm durch Hinzunahme einer zusätzlichen Variablen äquivalent ersetzen durch ein nichtlineares Programm mit linearer Zielfunktion. Deshalb können wir auch jedes konvexe Programm in die Form

$$\begin{array}{ll} \min & c'x \\ \text{bzgl.} & g_i(x) \leqslant 0, \qquad i = 1, \ldots, m, \\ & x \in \mathbf{R}^n \end{array} \tag{2.37}$$

bringen, wobei $c \in \mathbf{R}^n$ und die g_i, $i = 1, \ldots, m$, konvexe Funktionen sind. Dann ist mit $\mathsf{B} = \{x \mid g_i(x) \leqslant 0, i = 1, \ldots, m\}$ (2.37) gleichbedeutend mit

$$\min \{c'x \mid x \in \mathsf{B}\}. \tag{2.38}$$

Hier ist B eine abgeschlossene konvexe Menge. Im weiteren setzen wir voraus, daß $B \neq \emptyset$ und beschränkt ist und daß B innere Punkte enthält.

Für das Verständnis des folgenden Schnittebenenverfahrens ist der Begriff der Stützebene (auch Stützhyperebene) wesentlich. Ist $\hat{x}$ ein Randpunkt von B, d. h. jede Umgebung von $\hat{x}$ enthält sowohl Punkte aus B als auch Punkte aus $R^n - B$, dann gibt es nach Abschn. 2.1 ein $a \in R^n$ mit $\|a\| = 1$ und ein α derart, daß $a'\hat{x} = \alpha$ und $a'x \leqslant \alpha \quad \forall\, x \in B$. Die Hyperebene $H = \{x \mid a'x = \alpha\}$ nennt man eine Stützebene von B in $\hat{x}$. Damit können wir das Verfahren folgendermaßen beschreiben:

Schritt 1. Bestimme einen inneren Punkt $\hat{y}$ von B und ein konvexes Polyeder P_0 derart, daß $P_0 \supset B$. Setze $k := 0$.

Schritt 2. Bestimme eine Lösung $x^{(k)}$ des LP $\min\{c'x \mid x \in P_k\}$.
Ist $x^{(k)} \in B$, dann ist $x^{(k)}$ Lösung von (2.38); stop.
Ist $x^{(k)} \notin B$, dann gehe zum nächsten Schritt.

Schritt 3. Bestimme den Durchstoßpunkt $z^{(k)}$ der Verbindungsstrecke von $\hat{y}$ und $x^{(k)}$ durch den Rand von B, d. h. ermittle die Lösung λ_k von

$$\min\{\lambda \mid \lambda\hat{y} + (1-\lambda)\, x^{(k)} \in B\}$$

und setze

$$z^{(k)} = \lambda_k \hat{y} + (1-\lambda_k)\, x^{(k)}.$$

Schritt 4. Bestimme eine Stützebene von B in $z^{(k)}$

$$H_k = \{x \mid a^{(k)\prime} x = \alpha_k\} \quad (\|a^{(k)}\| = 1)$$

und setze

$$P_{k+1} = P_k \cap \{x \mid a^{(k)\prime} x \leqslant \alpha_k\}, \quad k := k+1$$

und kehre zurück nach Schritt 2.

Die Bestimmung von P_0 in Schritt 1 macht keine Schwierigkeiten. Gilt $\|x\| < \gamma \; \forall\, x \in B$ – nach Voraussetzung ist B beschränkt – dann können wir z. B.

$$P_0 = \{x \mid -\gamma \leqslant x_i \leqslant \gamma, \; i = 1, \ldots, n\}$$

setzen. Nach Schritt 4 erhält man dann P_{k+1} aus P_k mit Hilfe der zusätzlichen Restriktion $a^{(k)\prime} x \leqslant \alpha_k$, $k = 0, 1, 2, \ldots$ Aus der Abgeschlossenheit und Konvexität von B folgt, daß in Schritt 3 $0 < \lambda_k < 1$, da $\hat{y}$ ein innerer Punkt von B und $x^{(k)} \notin B$ ist. Ferner ist $z^{(k)}$ offensichtlich ein Randpunkt von B und $z^{(k)} \in B$. Schließlich gilt für jede beliebige Stützebene von B $H = \{x \mid a'x = \alpha\}$, daß $a'\hat{y} < \alpha$; denn $\hat{y}$ ist innerer Punkt von B, d. h. es gibt ein $\epsilon > 0$ so, daß $\{y \mid \|y - \hat{y}\| \leqslant \epsilon\} \subset B$. Da H Stützebene ist, gilt $\|a\| = 1$ und $a'x \leqslant \alpha \quad \forall\, x \in B$. Nun ist $\hat{y} + \epsilon \cdot a \in B$ und daher

$$a'(\hat{y} + \epsilon a) \leqslant \alpha, \quad \text{d.h.} \quad a'\hat{y} \leqslant \alpha - \epsilon\|a\|^2 < \alpha.$$

Auf die Bestimmung der Stützebenen in Schritt 4 kommen wir später zurück.

Wir haben nun zu zeigen, daß das obige Verfahren zur approximativen Lösung von (2.38) geeignet ist.

Satz 2.32 Ist das Verfahren nicht endlich, dann sind alle Häufungspunkte der Folgen $\{x^{(k)}\}$ und $\{z^{(k)}\}$ Lösungen von (2.38). Ist $\bar{x}$ eine Lösung, dann gilt

$$c'\bar{x} = \lim_{k\to\infty} c'x^{(k)} = \lim_{k\to\infty} c'z^{(k)}.$$

B e w e i s. Es gilt $x^{(k)} \in P_k \subset P_0 \quad \forall\, k$, d. h. die Folge $\{x^{(k)}\}$ ist beschränkt und hat deshalb mindestens einen Häufungspunkt $\tilde{x}$. Dann gibt es eine Folge $\{k_j\}$ von Indizes derart, daß

$$\tilde{x} = \lim_{j\to\infty} x^{(k_j)},$$

und daß $\{a^{(k_j)}\}$ und $\{\lambda_{k_j}\}$ Cauchy-Folgen sind. (Die Folgen $\{a^{(k)}\}$ und $\{\lambda_k\}$ sind ebenfalls beschränkt).

Sei $$\tilde{a} = \lim_{j\to\infty} a^{(k_j)} \quad \text{und} \quad \tilde{\lambda} = \lim_{j\to\infty} \lambda_{k_j} \in [0, 1].$$

Dann gilt

$$\|\tilde{a}\| = 1, \text{ da } \|a^{(k)}\| = 1 \quad \forall\, k,$$

und es existiert

$$\tilde{z} = \lim_{j\to\infty} z^{(k_j)} = \lim_{j\to\infty} [\lambda_{k_j} \hat{y} + (1-\lambda_{k_j})\, x^{(k_j)}] = \tilde{\lambda}\, \hat{y} + (1-\tilde{\lambda})\, \tilde{x},$$

wobei $\tilde{z} \in B$, da B abgeschlossen ist. Da $\hat{y}$ innerer Punkt von B ist, gibt es ein $\epsilon > 0$ derart, daß für die Randpunkte $z^{(k)}$ gilt:

$$\|z^{(k)} - \hat{y}\| \geqslant \epsilon.$$

Folglich muß $\tilde{\lambda} < 1$ gelten.

Aus $$a^{(k_j)'}\, x \leqslant \alpha_{k_j} = a^{(k_j)'}\, z^{(k_j)} \quad \forall\, x \in B,\ \forall\, k_j$$

folgt mit $\tilde{\alpha} = \lim\limits_{j\to\infty} \alpha_{k_j} = \lim\limits_{j\to\infty} a^{(k_j)'}\, z^{(k_j)} = \tilde{a}'\tilde{z}$

$$\tilde{a}\, x \leqslant \tilde{\alpha} \quad \forall\, x \in B.$$

Dann gilt, wie oben erwähnt, für den inneren Punkt $\hat{y}$ $\tilde{a}'\hat{y} < \tilde{\alpha}$.

Nehmen wir nun an, es sei $\tilde{x} \notin B$.

Da $\tilde{z} = \tilde{\lambda}\, \hat{y} + (1-\tilde{\lambda})\, \tilde{x} \in B$, folgt daraus $\tilde{\lambda} > 0$.

Aus dieser Ungleichung und aus $\tilde{\alpha} = \tilde{a}'\tilde{z} = \tilde{\lambda}\ \tilde{a}'\hat{y} + (1-\tilde{\lambda})\, \tilde{a}'\tilde{x}$ folgt wegen $\tilde{a}'\hat{y} < \tilde{\alpha}$, daß $\tilde{a}'\tilde{x} > \tilde{\alpha}$. Mit $\delta = \tilde{a}'\tilde{x} - \tilde{\alpha} > 0$ gibt es, da $\tilde{a} = \lim\limits_{j\to\infty} a^{(k_j)}$ und $\tilde{\alpha} = \lim\limits_{j\to\infty} \alpha_{k_j}$, ein j derart, daß

$$|(a^{(k_j)} - \tilde{a})'\tilde{x}\,| < \frac{\delta}{4} \quad \text{und} \quad |\tilde{\alpha} - \alpha_{k_j}| < \frac{\delta}{4}\ .$$

Folglich gilt für dieses k_j

$$a^{(k_j)'}\tilde{x} - \alpha_{k_j} = \tilde{\alpha}'\tilde{x} - \tilde{\alpha} + (a^{(k_j)} - \tilde{a})'\tilde{x} + (\tilde{\alpha} - \alpha_{k_j})$$
$$> \delta - \frac{\delta}{4} - \frac{\delta}{4} = \frac{\delta}{2} > 0.$$

Folglich enthält $\{x \mid a^{(k_j)'} x > \alpha_{k_j}\}$ eine Umgebung von $\tilde{x}$, und nach Schritt 4 gilt für alle $\ell \geqslant k_j + 1$

$$\{x \mid a^{(k_j)'} x > \alpha_{k_j}\} \cap P_\ell = \emptyset.$$

Das widerspricht aber der Voraussetzung, daß $\tilde{x}$ Häufungspunkt von $\{x^{(k)}\}$ ist, da $x^{(k)} \in P_k \quad \forall\, k$. Folglich muß $\tilde{\lambda} = 0$ und damit $\tilde{x} = \tilde{z} \in B$ sein.
Ist umgekehrt ein Häufungspunkt $\tilde{\tilde{z}}$ von $\{z^{(k)}\}$ vorgegeben, dann konvergiert eine Teilfolge $\{z^{(k_i)}\}$ gegen $\tilde{\tilde{z}}$, und die entsprechende Teilfolge $\{x^{(k_i)}\}$ hat einen Häufungspunkt $\tilde{\tilde{x}}$. Es gibt dann analog wie oben ein $\tilde{\tilde{\lambda}} \in [0, 1)$ so, daß $\tilde{\tilde{z}} = \tilde{\tilde{\lambda}}\, \hat{y} + (1 - \tilde{\tilde{\lambda}})\, \tilde{\tilde{x}}$, und man zeigt wie oben, daß $\tilde{\tilde{\lambda}} = 0$ sein muß. Damit haben wir gezeigt, daß die Folgen $\{x^{(k)}\}$ und $\{z^{(k)}\}$ dieselben Häufungspunkte haben, d. h. jeder Häufungspunkt von $\{x^{(k)}\}$ ist Häufungspunkt von $\{z^{(k)}\}$ und umgekehrt.
Aus $P_{k+1} \subset P_k$ folgt $c'x^{(k+1)} \geqslant c'x^{(k)}$, und es gilt $c'x^{(k)} \leqslant c'\bar{x}$, da $P_k \supset B$ ($\bar{x}$ ist nach Voraussetzung eine Lösung von (2.38)). Also existiert $\lim\limits_{k\to\infty} c'x^{(k)}$ und es gilt

$$\lim_{k\to\infty} c'x^{(k)} \leqslant c'\bar{x}.$$

Ist $\tilde{x}$ ein Häufungspunkt von $\{x^{(k)}\}$, dann folgt

$$c'\tilde{x} = \lim_{k\to\infty} c'x^{(k)} \leqslant c'\bar{x} \leqslant c'\tilde{x}\ ,$$

da $\tilde{x} \in B$. Da jeder Häufungspunkt von $\{z^{(k)}\}$ auch Häufungspunkt von $\{x^{(k)}\}$ ist, folgt schließlich

$$\lim_{k\to\infty} c'z^{(k)} = \lim_{k\to\infty} c'x^{(k)} = c'\bar{x}. \qquad \blacksquare$$

Wenn das Verfahren nicht endlich ist, dann haben wir also zwei Folgen von Näherungslösungen, und zwar

$$\{x^{(k)}\} \text{ mit } x^{(k)} \notin B \text{ und } c'x^{(k)} \leqslant c'x^{(k+1)} \leqslant c'\bar{x} \qquad \forall\, k$$

und $$\{z^{(k)}\} \text{ mit } z^{(k)} \in B \text{ und daher } c'\bar{x} \leqslant c'z^{(k)} \qquad \forall k,$$

wobei $c'\bar{x}$ wieder der Optimalwert von (2.38) ist. Die Folge $\{c'z^{(k)}\}$ ist im allgemeinen nicht monoton. Definieren wir $w^{(k)}$ als den bisher „besten" Durchstoßpunkt, d. h.

$$w^{(k)} = z^{(\ell_k)} \text{ mit } c'z^{(\ell_k)} \leqslant c'z^{(\ell)} \text{ für } \ell \leqslant k \text{ und } \ell_k \leqslant k,$$

dann ist $w^{(k)} \in B$, und es gilt die Fehlerabschätzung

Satz 2.33 Sei $\bar{x}$ eine Lösung von (2.38). Dann gilt

$$0 \leqslant c'w^{(k)} - c'\bar{x} \leqslant c'w^{(k)} - c'x^{(k)} \leqslant c'z^{(k)} - c'x^{(k)}.$$

B e w e i s. Aus $w^{(k)} \in \mathsf{B}$ und $c'\bar{x} = \min\{c'x \mid x \in \mathsf{B}\}$ folgt $c'w^{(k)} - c'\bar{x} \geqslant 0$.
Aus $c'x^{(k)} \leqslant c'\bar{x}$ folgt $c'w^{(k)} - c'\bar{x} \leqslant c'w^{(k)} - c'x^{(k)}$.
Schließlich folgt $c'w^{(k)} - c'x^{(k)} \leqslant c'z^{(k)} - c'x^{(k)}$ aus der Definition von $w^{(k)}$. ■

Um nun dieses Verfahren auf (2.37) anwenden und in Schritt 4 die Stützebenen einfach angeben zu können, setzen wir zusätzlich voraus, daß wir in Schritt 1 für $\mathsf{B} = \{x \mid g_i(x) \leqslant 0, i = 1, \ldots, m\}$ einen inneren Punkt $\hat{y}$ mit $g_i(\hat{y}) < 0, i = 1, \ldots, m$, finden, und daß alle $g_i, i = 1, \ldots, m$, stetig partiell differenzierbar sind. Zur Bestimmung des Durchstoßpunktes $z^{(k)}$ in Schritt 3 brauchen wir die Restriktionen, die in $x^{(k)}$ verletzt sind, also $I = \{i \mid g_i(x^{(k)}) > 0\}$.
Sind $\mu_i \in (0, 1)$ die Nullstellen der Funktionen $\varphi_i(\mu) = g_i(\mu\hat{y} + (1-\mu)\,x^{(k)}), i \in I$, dann ist offensichtlich

$$\lambda_k = \max_{i \in I} \mu_i \quad \text{und} \quad z^{(k)} = \lambda_k \hat{y} + (1 - \lambda_k)\,x^{(k)}.$$

(Die Nullstellen $\mu_i \in (0, 1)$ der $\varphi_i, i \in I$, lassen sich unter unseren Voraussetzungen z.B. mit dem Newton-Verfahren bestimmen). Bestimmt die i_k-te Restriktion den Durchstoßpunkt $z^{(k)}$, d.h. $i_k \in I$ und $\mu_{i_k} = \lambda_k$, dann folgt aus der Konvexität von g_{i_k} für $b^{(k)} = \nabla g_{i_k}(z^{(k)})$, daß

$$(\hat{y} - z^{(k)})'\, b^{(k)} \leqslant g_{i_k}(\hat{y}) - g_{i_k}(z^{(k)}) < 0,$$

da $g_{i_k}(\hat{y}) < 0$ und $g_{i_k}(z^{(k)}) = 0$, also $b^{(k)} \neq 0$. Ferner folgt

$$(x - z^{(k)})'\, b^{(k)} \leqslant g_{i_k}(x) - g_{i_k}(z^{(k)}) \leqslant 0 \qquad \forall x \in \mathsf{B},$$

da für $x \in \mathsf{B}$ nach Definition $g_{i_k}(x) \leqslant 0$ gilt. Also ist mit

$$a^{(k)} = \frac{b^{(k)}}{\|b^{(k)}\|} \quad \text{und} \quad \alpha_k = a^{(k)'}\, z^{(k)}$$

$$H_k = \{x \mid a^{(k)'}\, x = \alpha_k\}$$

eine Stützebene von B in $z^{(k)}$, wie sie in Schritt 4 zu bestimmen ist.

Auch dieses Verfahren soll an einem einfachen Beispiel verdeutlicht werden. Sei B der Durchschnitt der zwei Kreisscheiben im $\mathbf{R}^2$

$$\mathsf{K}_1 = \{x \mid (x_1 - 10)^2 + (x_2 - 10)^2 \leqslant 25\}$$
$$\mathsf{K}_2 = \{x \mid (x_1 - 20)^2 + (x_2 - 10)^2 \leqslant 125\}$$

und gesucht sei der „tiefste“ Punkt in B, also

$$\begin{aligned} &\min \; x_2 \\ \text{bzgl.} \quad & g_1(x) = x_1^2 + x_2^2 - 20\,x_1 - 20\,x_2 + 175 \leqslant 0 \\ & g_2(x) = x_1^2 + x_2^2 - 40\,x_1 - 20\,x_2 + 375 \leqslant 0\,. \end{aligned}$$

Offenbar ist $\bar{x} = (10, 5)'$ die Lösung mit $\bar{x}_2 = 5$.
In Schritt 1 bestimmen wir

$$\hat{y} = (10, 10)' \quad \text{mit} \quad g_1(\hat{y}) = -25 < 0 \quad \text{und} \quad g_2(\hat{y}) = -25 < 0$$

und $\mathsf{P}_0 = \{x \mid 0 \leqslant x_1 \leqslant 15,\; 0 \leqslant x_2 \leqslant 15\}$ mit $\mathsf{P}_0 \supset \mathsf{K}_1 \supset \mathsf{B}$.

In Schritt 2 finden wir $x^{(0)} = (0, 0)' \notin \mathsf{B}$, da $g_1(x^{(0)}) > 0$ und $g_2(x^{(0)}) > 0$.

Mit $z(\mu) = \mu\hat{y} + (1-\mu)\,x^{(0)} = (10\mu,\, 10\mu)'$

hat $\varphi_2(\mu) = g_2(z(\mu)) = 200\mu^2 - 600\mu + 375$

im Intervall (0, 1) die Nullstelle

$$\mu_2 = \frac{3}{2} - \sqrt{\frac{3}{8}} \approx 0{,}8876.$$

Da $\varphi_1(\mu_2) = g_1(z(\mu_2)) = -22{,}475 < 0$, ist in Schritt 3

$$\lambda_0 = \mu_2 \quad \text{und} \quad z^{(0)} = z(\lambda_0) \approx (8{,}876; 8{,}876)'.$$

Aus $\nabla g_2(x) = (2x_1 - 40; 2x_2 - 20)'$ folgt in Schritt 4

$$\nabla g_2(z^{(0)}) \approx (-22{,}2474; -2{,}2474)$$

und folglich

$$H_0 = \{x \mid -22{,}2474\,x_1 - 2{,}2474\,x_2 = -217{,}4232\},$$

wenn wir die Stützebene nicht in die Hesse'sche Normalform bringen. Damit wird P_1 durch die Restriktionen

$$\begin{aligned} &0 \leqslant x_1 \leqslant 15 \\ &0 \leqslant x_2 \leqslant 15 \\ &-22{,}2474\,x_1 - 2{,}2474\,x_2 \leqslant -217{,}4232 \end{aligned}$$

bestimmt. Der Schnittpunkt von H_0 mit der x_1-Achse gehört zu P_0; also wählen wir in Schritt 2

$$x^{(1)} = (9{,}773; 0)' \notin \mathsf{B}.$$

Mit $z(\mu) = (\mu\hat{y} + (1-\mu)\,x^{(1)}) = (9{,}773 + 0{,}227\,\mu; 10\mu)'$

hat $\varphi_2(\mu) = g_2(z(\mu)) = 100{,}0515\,\mu^2 - 204{,}6431\,\mu + 79{,}5915$

im Intervall (0, 1) die Nullstelle

$$\mu_2 = 0{,}5223.$$

Da $g_1(z(\mu_2)) = -2{,}1704 < 0$,

ist $\lambda_1 = \mu_2$ und $z^{(1)} = (9{,}8916;\ 5{,}2232)'$.

Mit $\nabla g_2(z^{(1)}) = (-20{,}2168;\ -9{,}5536)'$

folgt $H_1 = \{x \mid -20{,}2168\, x_1 - 9{,}5536\, x_2 = -249{,}8769\}$

Der Schnittpunkt von H_1 mit der x_1-Achse ist

$$x^{(2)} = (12{,}3599;\ 0)'$$

und gehört somit noch zu P_1.

Mit $z(\mu) = \mu\hat{y} + (1-\mu)\, x^{(2)}$ erhalten wir

aus $g_1(z(\mu)) = 0$ und $0 < \mu < 1$

$$\mu_1 = 0{,}5134 \quad \text{mit} \quad g_2(z(\mu_1)) < 0,$$

also $\lambda_2 = 0{,}5134$ und $z^{(2)} = (11{,}1484;\ 5{,}1336)$.

Aus $\nabla g_1(x) = (2x_1 - 20,\ 2x_2 - 20)'$ folgt

$$\nabla g_1(z^{(2)}) = (2{,}2968;\ -9{,}7328)$$

und damit

$$H_2 = \{x \mid 2{,}2968\, x_1 - 9{,}7328\, x_2 = -24{,}3587\}.$$

Das nächste LP in Schritt 2 hat seine Lösung, wie man sich leicht graphisch klar macht, im Schnittpunkt von H_1 und H_2, also

$$x^{(3)} = (10{,}0558;\ 4{,}8758)'.$$

Aus $c'\bar{x} \leqslant c'z^{(k)} \quad \forall k \quad$ und $\quad c'\bar{x} \geqslant c'x^{(k)} \quad \forall k$

folgt hier die Fehlerabschätzung

$$0 \leqslant c'z^{(2)} - c'\bar{x} \leqslant c'z^{(2)} - c'x^{(3)} = 5{,}1336 - 4{,}8758 = 0{,}2578$$

und für den relativen Fehler

$$\delta = \frac{c'z^{(2)} - c'\bar{x}}{c'\bar{x}} \leqslant \frac{c'z^{(2)} - c'x^{(3)}}{c'x^{(3)}} = \frac{0{,}2578}{4{,}8758} \approx 5\,\%$$

nach nur drei Iterationen.

Aufgaben 1. Beweise die Behauptung in Schritt 2 des Schnittebenenverfahrens: „Ist $x^{(k)} \in \mathsf{B}$, dann ist $x^{(k)}$ Lösung von (2.38)."

2. Seien g_i, $i = 1, \ldots, m$, streng konvexe Funktionen und $\mathsf{B} = \{x \mid g_i(x) \leqslant 0,\ i = 1, \ldots, m\}$. Zeige, daß $\hat{y}$ genau dann ein innerer Punkt von B ist, wenn $g_i(\hat{y}) < 0$, $i = 1, \ldots, m$.

2.5.4 Strafkostenverfahren

Die zu lösende Aufgabe sei wieder

$$\begin{aligned} &\min \quad f(x) \\ \text{bzgl.} \quad & g_i(x) \leqslant 0, \qquad i = 1, \ldots, m \\ & x \in \mathbf{R}^n, \end{aligned} \tag{2.39}$$

wobei die Funktionen f und g_i, $i = 1, \ldots, m$, als konvex und $B = \{x \mid g_i(x) \leqslant 0, i = 1, \ldots, m\}$ als kompakt vorausgesetzt sind. Das Prinzip der Strafkostenverfahren besteht nun darin, daß man die Minimierung unter Nebenbedingungen in (2.39) ersetzt durch die Minimierung von modifizierten Zielfunktionen ohne Nebenbedingungen. Um auf diese Art iterativ zu Näherungslösungen von (2.39) zu gelangen, muß man die Restriktionen $g_i(x) \leqslant 0$, $i = 1, \ldots, m$, in den modifizierten Zielfunktionen berücksichtigen. Dazu benutzt man entweder sog. B a r r i e r e f u n k t i o n e n oder sog. V e r l u s t f u n k t i o n e n.

In diesem Zusammenhang verstehen wir unter einer B a r r i e r e f u n k t i o n eine konvexe, monoton wachsende Funktion $\varphi: \mathbf{R}^1 \to \bar{\mathbf{R}}^1$ (d. h. eine erweitert reellwertige Funktion) derart, daß

$$\varphi(\xi) < +\infty \quad \forall\, \xi < 0,$$

$$\lim_{\xi \uparrow 0} \varphi(\xi) = +\infty \qquad \text{und} \qquad \varphi(\xi) = +\infty \ \forall\, \xi \geqslant 0.$$

Eine V e r l u s t f u n k t i o n ist hier eine konvexe, monoton wachsende Funktion $\psi: \mathbf{R}^1 \to \mathbf{R}^1$ mit

$$\psi(\xi) \begin{cases} = 0, & \forall\, \xi \leqslant 0 \\ > 0, & \forall\, \xi > 0\,. \end{cases}$$

Damit gilt

$$\begin{aligned} & \varphi(g_i(x)) < +\infty \iff g_i(x) < 0 \\ \text{und} \quad & \psi(g_i(x)) > 0 \quad \iff g_i(x) > 0. \end{aligned}$$

Als modifizierte Zielfunktionen definieren wir

$$F_{rs}(x) = f(x) + r \sum_{i \in I_1} \varphi(g_i(x)) + \frac{1}{s} \sum_{i \in I_2} \psi(g_i(x)), \tag{2.40}$$

wobei $I_1 \cup I_2 = \{1, \ldots, m\}$ und $I_1 \cap I_2 = \emptyset$

und $r > 0$, $s > 0$ wählbare Parameter sind.

Wählt man s sehr klein, so fällt die Verletzung einer der Restriktionen $g_i(x) \leqslant 0$, $i \in I_2$ stark ins Gewicht; nimmt man r sehr klein an, so wird $g_i(x) < 0$ mit kleinen $|g_i(x)|$ nicht allzustark zu Buche schlagen. Man wird also intuitiv erwarten, daß für sehr kleine r und s eine Lösung von $\min_{x \in \mathbf{R}^n} F_{rs}(x)$ eine gute Näherung für eine Lösung von (2.39) ist.

Es ist noch zu erwähnen, daß natürlich $I_1 = \emptyset$ oder $I_2 = \emptyset$ möglich ist, d. h. daß man nur Verlustfunktionen oder nur Barrierefunktionen benutzt. Ferner kann man für die verschiedenen Restriktionen auch verschiedene Barrierefunktionen oder Verlustfunktionen mit den obigen Eigenschaften verwenden; das ändert nichts an den nachfolgenden Ergebnissen.

Zunächst müssen wir zwei Hilfssätze beweisen.

Satz 2.34 Sei $B = \{x \mid g_i(x) \leqslant 0, i = 1, \ldots, m\} \neq \emptyset$ und kompakt. Dann ist für jedes $a \in \mathbf{R}^m$ $B(a) = \{x \mid g_i(x) \leqslant a_i, i = 1, \ldots, m\}$ auch kompakt.

B e w e i s. Sei $K_1 = \{x \mid \|x\| \leqslant \frac{\delta}{2}\}$ so bestimmt, daß $B \subset K_1$ $(\delta > 0)$.

Die Funktionen g_i, $i = 1, \ldots, m$, sind konvex und daher stetig. Folglich ist auch $h(x) = \max\limits_{1 \leqslant i \leqslant m} g_i(x)$ stetig.

Sei $K_2 = \{x \mid \|x\| = \delta\}$. Dann existiert $\alpha = \min\limits_{K_2} h(x)$; und aus $K_2 \cap B = \emptyset$ folgt $\alpha > 0$.

Sei für ein $a \in \mathbf{R}^m$ $B(a) \neq \emptyset$, (sonst haben wir nichts zu beweisen), und nehmen wir an, $B(a)$ sei nicht kompakt. Wegen der Stetigkeit der g_i ist $B(a)$ abgeschlossen. Also muß es eine Folge $\{x^{(n)}\}$, $x^{(n)} \in B(a)$ $n \in \mathbf{N}$, geben mit $\|x^{(n)}\| \geqslant n$ $\forall n \in \mathbf{N}$. ($\mathbf{N} = \{1, 2, 3 \ldots\}$).
Sei $x \in B$, $n > 3\delta$ und $w^{(n)}$ der Punkt auf der Verbindungsstrecke von x und $x^{(n)}$ mit $\|w^{(n)}\| = \delta$.
Dann gilt

$$\|x\| \leqslant \frac{\delta}{2}, \frac{\delta}{2} \leqslant \|w^{(n)} - x\| \leqslant 2\delta$$

und für $\lambda_n > 0$ mit

$$x^{(n)} = x + \lambda_n (w^{(n)} - x)$$

folgt $n \leqslant \|x^{(n)}\| = \|x + \lambda_n(w^{(n)} - x)\| \leqslant \|x\| + \lambda_n \| w^{(n)} - x\| \leqslant \frac{\delta}{2} + \lambda_n \cdot 2\delta$

und daher

$$\lambda_n \geqslant \frac{n - \frac{\delta}{2}}{2\delta} > 1, \quad \text{da } n > 3\delta.$$

Nun ist $w^{(n)} = \frac{1}{\lambda_n} x^{(n)} + \left(1 - \frac{1}{\lambda_n}\right) x$

und daher

$$g_i(w^{(n)}) \leqslant \frac{1}{\lambda_n} g_i(x^{(n)}) + \left(1 - \frac{1}{\lambda_n}\right) g_i(x), \qquad i = 1, \ldots, m,$$

woraus $g_i(x^{(n)}) \geqslant g_i(x) + \lambda_n(g_i(w^{(n)}) - g_i(x))$ $\quad \forall i$

folgt. Sei j_n so bestimmt, daß

$$g_{j_n}(w^{(n)}) = \max_{1 \leqslant i \leqslant m} g_i(w^{(n)}).$$

Dann gilt also

$$g_{j_n}(x^{(n)}) \geqslant g_{j_n}(x) + \lambda_n(g_{j_n}(w^{(n)}) - g_{j_n}(x))$$

$$\geqslant g_{j_n}(x) + \frac{n - \frac{\delta}{2}}{2\delta} \cdot \alpha ,$$

da $g_{j_n}(x) \leqslant 0$ und $g_{j_n}(w^{(n)}) \geqslant \alpha > 0$. Das widerspricht aber der Annahme

$$x^{(n)} \in B(a) = \{x \mid g_i(x) \leqslant a_i, i = 1, \dots, m\} \qquad \forall n.$$

Folglich muß $B(a)$ kompakt sein. ∎

Satz 2.35 Seien $B_1 \subset \mathbf{R}^n$ und $B_2 \subset \mathbf{R}^n$ abgeschlossen und B_1^0 das Innere von B_1. Sei $B_1 \cap B_2$ kompakt und $B_1^0 \cap B_2 \neq \emptyset$. Sei $\varphi: B_1^0 \cap B_2 \to \mathbf{R}^1$ stetig, und für jede Folge $\{x^{(k)}\}$ mit $x^{(k)} \in B_1^0 \cap B_2 \quad \forall k$ und $\lim_{k\to\infty} x^{(k)} = \hat{x} \in (B_1 - B_1^0) \cap B_2$ gelte $\lim_{k\to\infty} \varphi(x^{(k)}) = +\infty$. Dann existiert $\min \{\varphi(x) \mid x \in B_1^0 \cap B_2\}$.

B e w e i s. Sei $z \in B_1^0 \cap B_2$ und $D = B_1^0 \cap B_2 \cap \{x \mid \varphi(x) \leqslant \varphi(z)\}$.
D ist beschränkt, da $D \subset B_1^0 \cap B_2 \subset B_1 \cap B_2$.
D ist auch abgeschlossen, denn ist $\{y^{(k)}\}$ eine konvergente Folge mit $y^{(k)} \in D \quad \forall k$ und $\lim_{k\to\infty} y^{(k)} = \hat{y}$, dann gilt $\varphi(y^{(k)}) \leqslant \varphi(z) \quad \forall k$ und folglich ist $\hat{y} \notin (B_1 - B_1^0) \cap B_2$, da sonst $\lim_{k\to\infty} \varphi(y^{(k)}) = +\infty$ wäre.
Da ferner $\hat{y} \in B_1 \cap B_2$ sein muß, folgt $\hat{y} \in B_1^0 \cap B_2$ und, da φ auf $B_1^0 \cap B_2$ stetig ist, $\varphi(\hat{y}) = \lim_{k\to\infty} \varphi(y^{(k)}) \leqslant \varphi(z)$; also ist $\hat{y} \in D$, und folglich ist D abgeschlossen und somit kompakt. Demzufolge existiert ein $\tilde{x}$ mit

$$\varphi(\tilde{x}) = \min_{D} \varphi(x) = \min_{B_1^0 \cap B_2} \varphi(x).$$ ∎

Damit die modifizierte Zielfunktion F_{rs} gemäß (2.40) überhaupt endliche Werte annehmen kann, haben wir zu verlangen, daß für den Fall $I_1 \neq \emptyset$

$$B_1^0 = \{x \mid g_i(x) < 0, i \in I_1\} \neq \emptyset$$

ist. Da die g_i konvex sind, ist dann diese Menge das Innere von

$$B_1 = \{x \mid g_i(x) \leqslant 0, \; i \in I_1\}.$$

Ferner setzen wir voraus, daß mit

$$B_2 = \{x \mid g_i(x) \leqslant 0, i \in I_2\}$$

$$B_1^0 \cap B_2 \neq \emptyset$$

ist. Dann gilt

Satz 2.36 Seien $\{r_k\}$ und $\{s_k\}$ streng monoton fallende Nullfolgen. Dann gibt es ein k_0 derart, daß für alle $k \geqslant k_0$ die modifizierte Zielfunktion $F_{r_k s_k}$ ein Minimum $x^{(k)}$ besitzt mit $x^{(k)} \in B_1^0$. Die Folge $\{x^{(k)}\}$, $k \geqslant k_0$ ist beschränkt, und jeder ihrer Häufungspunkte ist eine Lösung von (2.39). Mit dem Optimalwert γ von (2.39) gelten die die Beziehungen

$$\lim_{k\to\infty} f(x^{(k)}) = \gamma$$

$$\lim_{k\to\infty} r_k \sum_{i\in I_1} \varphi(g_i(x^{(k)})) = 0$$

$$\lim_{k\to\infty} \frac{1}{s_k} \sum_{i\in I_2} \psi(g_i(x^{(k)})) = 0.$$

B e w e i s. Nach unseren Voraussetzungen sind

$$B_1 = \{x \mid g_i(x) \leqslant 0, i \in I_1\} \text{ abgeschlossen,}$$

$$B_2 = \{x \mid g_i(x) \leqslant 0, i \in I_2\} \text{ abgeschlossen,}$$

$$B_1^0 = \{x \mid g_i(x) < 0, i \in I_1\} \neq \emptyset,$$

$$B_1^0 \cap B_2 \neq \emptyset \text{ und } B_1 \cap B_2 \text{ kompakt.}$$

Für eine reelle Zahl $\alpha > 0$ ist dann mit $B_2(\alpha) = \{x \mid g_i(x) \leqslant \alpha, i \in I_2\}$ nach Satz 2.34 $B_1 \cap B_2(\alpha)$ kompakt, und, da alle g_i stetig sind, ist $B_2(\alpha)$ abgeschlossen und $B_1^0 \cap B_2(\alpha) \neq \emptyset$, weil $B_2(\alpha) \supset B_2$. Nach Definition der Barrierefunktionen gilt für jede Folge $\{y^{(\nu)}\}$ mit $y^{(\nu)} \in B_1^0 \cap B_2(\alpha)$ mit $\lim_{\nu\to\infty} y^{(\nu)} \in (B_1 - B_1^0) \cap B_2(\alpha)$ und für jedes k

$$\lim_{\nu\to\infty} F_{r_k s_k}(y^{(\nu)}) = +\infty.$$

Folglich existiert nach Satz 2.35 ein $x^{(k)} \in B_1^0 \cap B_2(\alpha)$ mit

$$F_{r_k s_k}(x^{(k)}) = \min \{F_{r_k s_k}(x) \mid x \in B_1^0 \cap B_2(\alpha)\}.$$

Wir zeigen zunächst, daß

$$\lim_{k\to\infty} \sup g_i(x^{(k)}) \leqslant 0 \qquad \text{für } i \in I_2.$$

Das bedeutet, daß ein k_0 existiert so, daß für alle $i \in I_2$

$$g_i(x^{(k)}) < \alpha \qquad \forall k \geqslant k_0.$$

Folglich ist dann

$$F_{r_k s_k}(x^{(k)}) = \min \{F_{r_k s_k}(x) \mid x \in B_1^0\}, \quad k \geqslant k_0,$$

wie man unter Berücksichtigung der Konvexität und Monotonie von φ und ψ unschwer nachrechnet.

Da nach Definition der Barrierefunktion

$$\varphi(\xi) = +\infty \qquad \text{für } \xi \geqslant 0,$$

ist dann schließlich

$$F_{r_k s_k}(x^{(k)}) = \min_{x \in \mathbf{R}^n} F_{r_k s_k}(x), \; k \geqslant k_0.$$

Um $\lim\limits_{k\to\infty} \sup g_i(x^{(k)}) \leqslant 0 \qquad \text{für } i \in I_2$

zu beweisen, zeigen wir, daß für die Verlustfunktion

$$\lim_{k\to\infty} \sum_{i \in I_2} \psi(g_i(x^{(k)}) = 0$$

gilt. Die ursprüngliche Zielfunktion f und die Barrierefunktion $\sum\limits_{i \in I_1} \varphi(g_i)$ sind auf $B_1^0 \cap B_2(\alpha)$ nach unten beschränkt, wie sich sofort aus den Stetigkeitseigenschaften von f und φ und Satz 2.35 ergibt.

Es gibt also Konstanten β und δ so, daß

$$f(x) \geqslant \beta \qquad \forall x \in B_1^0 \cap B_2(\alpha)$$

$$\sum_{i \in I_1} \varphi(g_i(x)) \geqslant \delta \qquad \forall x \in B_1^0 \cap B_2(\alpha)\,.$$

Für irgend ein $z \in B_1^0 \cap B_2 \subset B_1^0 \cap B_2(\alpha)$ gilt dann

$$F_{r_k s_k}(z) \geqslant F_{r_k s_k}(x^{(k)}) \geqslant \beta + r_k \delta + \frac{1}{s_k} \sum_{i \in I_2} \psi(g_i(x^{(k)}))$$

und daher, da $\sum\limits_{i \in I_2} \psi(g_i(z)) = 0$,

$$0 \leqslant \sum_{i \in I_2} \psi(g_i(x^{(k)})) \leqslant s_k \,[F_{r_k s_k}(z) - \beta - r_k \delta]$$
$$= s_k \,[f(z) + r_k \sum_{i \in I_1} \varphi(g_i(z)) - \beta - r_k \delta]\,.$$

Wegen $\lim\limits_{k\to\infty} r_k = \lim\limits_{k\to\infty} s_k = 0$

folgt $\lim\limits_{k\to\infty} \sum\limits_{i \in I_2} \psi(g_i(x^{(k)})) = 0.$

Danach gilt für jeden Häufungspunkt $\hat{x}$ der beschränkten Folge $\{x^{(k)}\}$, daß $\hat{x} \in B_1 \cap B_2$.

Sei nun $\{y^{(K)}\}$ eine beliebige Teilfolge von $\{x^{(k)}\}$, die gegen $\hat{y}$ konvergiert. Da unter unseren Voraussetzungen die Aufgabe (2.39) lösbar ist (mit Optimalwert γ), gibt es zu beliebigem $\epsilon > 0$ ein $\tilde{x} \in B_1^0 \cap B_2$ derart, daß $0 \leqslant f(\tilde{x}) - \gamma < \epsilon$.

Da $y^{(K)} \to \hat{y} \in B_1 \cap B_2$ und $f(\hat{y}) \geqslant \gamma$, gibt es zu jedem $\eta > 0$ ein $K(\eta)$ derart, daß $f(y^{(K)}) > \gamma - \eta \quad \forall K \geqslant K(\eta)$.

Da $\tilde{x} \in B_1^0 \cap B_2 \subset B_1 \cap B_2(\alpha)$, gilt

$$F_{r_K s_K}(y^{(K)}) \leqslant F_{r_K s_K}(\tilde{x}),$$

wobei $\{r_K\}$ und $\{s_K\}$ die der Teilfolge $\{y^{(K)}\}$ entsprechenden Teilfolgen der Parameter r_k und s_k bezeichnen mögen.

Da $\sum_{i \in I_2} \psi(g_i(\tilde{x})) = 0$ und $\sum_{i \in I_2} \psi(g_i(y^{(K)})) \geqslant 0$,

folgt aus dieser Ungleichung

$$f(y^{(K)}) + r_K \sum_{i \in I_1} \varphi(g_i(y^{(K)}) \leqslant f(\tilde{x}) + r_K \sum_{i \in I_1} \varphi(g_i(\tilde{x}))$$

und daraus, da $\sum_{i \in I_1} \varphi(g_i(x)) \geqslant \delta \quad \forall x \in B_1^0 \cap B_2(\alpha)$ (s. oben)

$$\begin{aligned} r_K \delta \leqslant r_K \sum_{i \in I_1} \varphi(g_i(y^{(K)})) &\leqslant f(\tilde{x}) - f(y^{(K)}) + r_K \sum_{i \in I_1} \varphi(g_i(\tilde{x})) \\ &< \epsilon + \eta + r_K \sum_{i \in I_1} \varphi(g_i(\tilde{x})) \qquad \forall K \geqslant K(\eta). \end{aligned}$$

Hieraus folgt, da ϵ und η beliebig waren,

$$\lim_{K \to \infty} r_K \sum_{i \in I_1} \varphi(g_i(y^{(K)})) = 0. \tag{2.41}$$

Andererseits folgt aus $F_{r_K s_K}(y^{(K)}) \leqslant F_{r_K s_K}(\tilde{x})$

$$0 \leqslant \frac{1}{s_K} \sum_{i \in I_2} \psi(g_i(y^{(K)})) \leqslant f(\tilde{x}) - f(y^{(K)}) + r_K \sum_{i \in I_1} \varphi(g_i(\tilde{x}) - r_K \sum_{i \in I_1} \varphi(g_i(y^{(K)})),$$

woraus sich mit (2.41)

$$\lim_{K \to \infty} \frac{1}{s_K} \sum_{i \in I_2} \psi(g_i(y^{(K)})) = 0 \tag{2.42}$$

ergibt.

Schließlich erhalten wir aus $F_{r_K s_K}(y^{(K)}) \leqslant F_{r_K s_K}(\tilde{x})$ für $K \geqslant K(\eta)$

$$\begin{aligned} -\epsilon - \eta &\leqslant f(y^{(K)}) - f(\tilde{x}) \\ &\leqslant r_K \sum_{i \in I_1} \varphi(g_i(\tilde{x})) - r_K \sum_{i \in I_1} \varphi(g_i(y^{(K)})) - \frac{1}{s_K} \sum_{i \in I_2} \psi(g_i(y^{(K)}), \end{aligned}$$

woraus für $K \to \infty$ wegen (2.41) und (2.42)

$$-\epsilon - \eta \leqslant f(\hat{y}) - f(\tilde{x}) \leqslant 0$$

oder also

$$\gamma - \epsilon - \eta \leqslant f(\tilde{x}) - \epsilon - \eta \leqslant f(\hat{y}) \leqslant f(\tilde{x}) < \gamma + \epsilon$$

und damit

$$f(\hat{y}) = \lim_{K \to \infty} f(y^{(K)}) = \gamma \tag{2.43}$$

folgt. Da die Beziehungen (2.41)–(2.43) für jede beliebige konvergente Teilfolge $\{y^{(K)}\}$ von $\{x^{(k)}\}$ gelten, sind alle Behauptungen des Satzes bewiesen. ∎

Satz 2.36 spiegelt das eingangs schon erwähnte Prinzip der Strafkostenverfahren wider: Die Minimierung unter Nebenbedingungen in (2.39) wird durch eine geeignete Folge sog. freier Minimierungen der modifizierten Zielfunktionen $F_{r_k s_k}$ ersetzt. Dabei bieten die Auswahl der Barriere- und Verlustfunktionen sowie die freie Minimierung ihre eigenen Probleme, auf die hier aus Platzgründen nicht eingegangen werden kann.

3 Dynamische Optimierung

Die Problemstruktur dynamischer Optimierungsaufgaben soll zunächst an einem einfachen Beispiel erläutert werden:

Eine Maschine werde für die Dauer eines Jahres betrieben und dann wieder verkauft. Nach jeweils zwei Monaten erfolge eine Inspektion, bei der festgestellt wird, ob die Maschine noch betriebssicher ist oder nicht. Ergibt die Inspektion „nicht betriebssicher", dann muß eine Generalüberholung erfolgen, die 200 Geldeinheiten (GE) kosten soll und die dazu führt, daß die Maschine auch noch nach zwei Monaten betriebssicher ist. Wird die Maschine bei der Inspektion als „betriebssicher" erkannt, dann hat man zu entscheiden, ob ein Wartungsdienst für 100 GE durchgeführt wird oder nicht. Es wird angenommen, daß die Ü b e r g a n g s w a h r s c h e i n l i c h k e i t, ausgehend vom betriebssicheren Zustand nach zwei Monaten die Maschine immer noch betriebssicher vorzufinden, durch einen Wartungsdienst erhöht wird. Diese Übergangswahrscheinlichkeit möge ferner vom Alter der Maschine, jedoch nicht von vorangegangenen Wartungsdiensten oder Generalüberholungen abhängen. Schließlich hängt der Wiederverkaufswert am Ende des Jahres vom Zustand der Maschine ab.

Bezeichnen $\nu = 0, 1, 2, \ldots, 5$ die im obigen Entscheidungsprozeß relevanten Zeitpunkte ($\nu = 0$ entspricht dem Jahresanfang und z. B. $\nu = 3$ dem Ablauf von 6 Monaten), schreiben wir $k = 1$ für „betriebssicher", $k = 2$ für „nicht betriebssicher", P_{ij}^{ν} für die Wahrscheinlichkeit, zum Zeitpunkt $\nu + 1$ den Zustand j vorzufinden, wenn zum Zeitpunkt ν der Zustand i besteht, und bezeichnet $r_i^{(\nu)}$ die – entscheidungsabhängigen – Kosten für den Zeitabschnitt von ν bis $\nu + 1$, wenn im Zeitpunkt ν der Zustand i gegeben ist, dann unterstellen wir die Wertetabelle auf S. 167.

Schließlich betrage der Wiederverkaufswert am Ende des Jahres ($\nu = 6$) 5000 GE für eine „betriebssichere" bzw. 4000 GE für eine „nicht betriebssichere" Maschine.

Die hier vorliegende dynamische Optimierungsaufgabe besteht darin, einen Wartungsplan zu bestimmen, der die gesamten erwarteten Kosten (d. h. die erwarteten Kosten für Wartung und Generalüberholung abzüglich des erwarteten Wiederverkaufwertes) minimiert. Ein solcher Wartungsplan gibt an, ob im Zustand $k = 1$ („betriebssicher") zum Zeitpunkt ν ($\nu = 0, 1, \ldots, 5$) ein Wartungsdienst auszuführen ist oder nicht. Da

	Wartungsdienst mit	ohne	Generalüberholung
$P_{11}(\nu)$	$0{,}95 - \frac{\nu}{50}$	$0{,}6 - \frac{\nu}{20}$	---
$P_{12}(\nu)$	$0{,}05 + \frac{\nu}{50}$	$0{,}4 + \frac{\nu}{20}$	---
$P_{21}(\nu)$	---	---	1
$P_{22}(\nu)$	---	---	0
$r_1(\nu)$	100	0	---
$r_2(\nu)$	---	---	200

in jedem der Zeitpunkte $\nu = 0, 1, \ldots, 5$ im Zustand $k = 1$ bezüglich des Wartungsdienstes zwei Entscheidungen möglich sind, gibt es insgesamt $2^6 = 64$ Wartungspläne, aus denen der kostenminimale zu suchen ist. Anstatt nun für alle 64 möglichen Wartungspläne die gesamten erwarteten Kosten auszurechnen, kann man sich folgendes überlegen: Ist irgendein Wartungsplan vorgegeben – damit sind die Übergangswahrscheinlichkeiten und Wartungskosten gemäß obiger Tabelle bestimmt –, und bezeichnet $w_i(\nu)$ die gesamten erwarteten Kosten vom Zeitpunkt ν, $0 \leqslant \nu \leqslant 5$, bis zum Ende des Jahres, wenn im Zeitpunkt ν der Zustand i vorliegt, dann gilt die Beziehung

$$w_i(\nu) = r_i^{(\nu)} + P_{i1}^{(\nu)} w_1(\nu + 1) + P_{i2}^{(\nu)} w_2(\nu + 1),$$

wobei entsprechend den obigen Wiederverkaufswerten gilt:

$$w_1(6) = -5000 \qquad w_2(6) = -4000.$$

Auf Grund dieser Beziehung und der Nichtnegativität der Übergangswahrscheinlichkeiten $P_{ij}^{(\nu)}$ kann man leicht einsehen, daß man einen kostenminimalen Wartungsplan auch findet, indem man sukzessive $w_i(5)$, $w_i(4)$ usw. und schließlich $w_i(0)$, $i = 1, 2$, minimiert. Nennen wir den jeweiligen Minimalwert $v_i(\nu)$, so folgt

$$v_1(6) = w_1(6) = -5000 \qquad v_2(6) = w_2(6) = -4000;$$

$$\begin{aligned} v_1(5) &= \min\{-(0{,}35 \cdot 5000 + 0{,}65 \cdot 4000); 100 - (0{,}85 \cdot 5000 + \\ &\quad + 0{,}15 \cdot 4000)\} \\ &= \min\{-4350; -4750\} = -4750, \end{aligned}$$

d. h. im Zeitpunkt $\nu = 5$ ist im Zustand 1 („betriebssicher") noch ein Wartungsdienst durchzuführen, und

$$v_2(5) = 200 - 5000 = -4800;$$

$$v_1(4) = \min\{-(0{,}4 \cdot 4750 + 0{,}6 \cdot 4800);\ 100-(0{,}87 \cdot 4750 + 0{,}13 \cdot 4800)\}$$
$$= \min\{-4780; -4656{,}50\} = -4780,$$

d.h. im Zeitpunkt $\nu = 4$ wird im Zustand 1 keine Wartung durchgeführt, und

$$v_2(4) = 200 - 4750 = -4550;$$
$$v_1(3) = \min\{-(0{,}45 \cdot 4780 + 0{,}55 \cdot 4550);\ 100-(0{,}89 \cdot 4780 + 0{,}11 \cdot 4550)\}$$
$$= \min\{-4653{,}50; -4654{,}70\} = -4654{,}70.$$

d. h. im Zeitpunkt $\nu = 3$ ist im Zustand 1 ein Wartungsdienst durchzuführen, und

$$v_2(3) = 200 - 4780 = -4580.$$

Rechnet man analog weiter, so stellt man fest, daß kein weiterer Wartungsdienst mehr erforderlich ist. Der optimale Wartungsplan schreibt also eine Wartung der Maschine im betriebssicheren Zustand genau in den Zeitpunkten $\nu = 3$ und $\nu = 5$ vor. Die minimalen gesamten erwarteten Kosten ergeben sich gerundet zu

$$v_1(0) = -4493{,}43 \qquad v_2(0) = -4344{,}16.$$

Typisch für die dynamische Optimierung ist an diesem Beispiel – neben der Problemstruktur – auch der eingeschlagene Lösungsweg.

3.1 Das Optimalitätsprinzip

Wir wollen nun eine recht allgemeine Formulierung diskreter dynamischer Programme angeben, in die unser einführendes Beispiel paßt. Dabei beschränken wir uns hier auf endliche Zustandsräume, d. h. wir betrachten ein System – z. B. Maschine, Lager, Wagenpark – das in jedem Beobachtungszeitpunkt einen von endlich vielen – sagen wir m – Zuständen annimmt. Ferner unterstellen wir zunächst, daß der Planungs- oder Beobachtungszeitraum endlich viele Beobachtungszeitpunkte $\nu = 1, 2, \ldots, n$ enthält.

Sei $D^{(\nu)} \subset \mathbf{R}^m$ der Entscheidungsraum zum Zeitpunkt ν, d. h. $D^{(\nu)}$ enthält alle zur Zeit ν möglichen Entscheidungsvektoren $d^{(\nu)}$, wobei die i-te Komponente $d_i^{(\nu)}$ die zu treffende Entscheidung angibt, wenn sich das System zur Zeit ν im Zustand i, $1 \leqslant i \leqslant m$, befindet. Ist zu jedem Zeitpunkt ν ein Entscheidungsvektor $d^{(\nu)}$ festgelegt, dann nennt man $(d^{(1)}, \ldots, d^{(n)})$ eine Politik, die das zeitliche Verhalten des Systems ebenso wie die gesamten Kosten beeinflußt. Die Kosten des Systems sollen zu jedem Zeitpunkt nur von den von diesem Zeitpunkt ab zu treffenden Entscheidungen, aber nicht von den früheren Entscheidungen, abhängen. Zum Zeitpunkt ν hat das System also eine vektorwertige Kostenfunktion $F^{(\nu)}(d^{(\nu)}, \ldots, d^{(n)}) \in \mathbf{R}^m$, wobei die i-te Komponente $F_i^{(\nu)}(d^{(\nu)}, \ldots, d^{(n)})$ die Kosten des Systems angibt für den Zeitraum $\nu, \ldots, n$ beim Anfangszustand i. Schließlich soll zwischen $F^{(\nu)}$ und $F^{(\nu+1)}$ der folgende Zusammenhang bestehen:

$$F^{(\nu)}(d^{(\nu)}, \ldots, d^{(n)}) = r^{(\nu)}(d^{(\nu)}) + T^{(\nu)}(d^{(\nu)})\, F^{(\nu+1)}(d^{(\nu+1)}(d^{(\nu+1)}, \ldots, d^{(n)})$$

wobei $r^{(\nu)}(d^{(\nu)}) \in \mathbf{R}^m$ zumeist als Vektor der unmittelbaren Kosten interpretiert wird und $T^{(\nu)}(d^{(\nu)})$ eine $(m \times m)$-Matrix mit nichtnegativen Elementen ist, die das Verhalten des Systems im Zeitabschnitt von ν bis $\nu + 1$ in Abhängigkeit von $d^{(\nu)}$ widerspiegelt. Das Problem besteht nun darin, eine Politik $(\tilde{d}^{(1)}, \ldots, \tilde{d}^{(n)})$ zu bestimmen, die $F^{(1)}$ komponentenweise minimiert, also:

$$F^{(1)}(\tilde{d}^{(1)}, \ldots, \tilde{d}^{(n)}) = \min_{D^{(1)} \times \ldots \times D^{(n)}} F^{(1)}(d^{(1)}, \ldots, d^{(n)}).$$

Analog zu dem im Beispiel gewählten Lösungsweg können wir hier das folgende Verfahren ansetzen:

Schritt 1. Bestimme $\hat{d}^{(n)}$ so, daß $F^{(n)}(\hat{d}^{(n)}) = \min_{D^{(n)}} F^{(n)}(d^{(n)})$.
Setze $\nu = n$.

Schritt 2. Falls $\nu = 1$, stop
Falls $\nu > 1$, setze $\nu := \nu - 1$, bestimme $\hat{d}^{(\nu)}$ so, daß

$$F^{(\nu)}(\hat{d}^{(n)}, \ldots, \hat{d}^{(n)}) = \min_{D^{(\nu)}} F^{(\nu)}(d^{(\nu)}, \hat{d}^{(\nu+1)}, \ldots, \hat{d}^{(n)})$$

und wiederhole Schritt 2.

Selbstverständlich müssen wir für dieses Verfahren voraussetzen, daß alle dort zu bestimmenden Minima komponentenweise existieren. Für die in dem Verfahren schrittweise ermittelte Politik $(\hat{d}^{(1)}, \ldots, \hat{d}^{(n)})$ besagt dann das Optimalitätsprinzip, daß sie unser Problem löst, also

Satz 3.1 $F^{(1)}(\hat{d}^{(1)}, \ldots, \hat{d}^{(n)}) = \min_{D^{(1)} \times \ldots \times D^{(n)}} F^{(1)}(d^{(1)}, \ldots, d^{(n)}).$

Beweis. Nach Schritt 1 gilt

$$F^{(n)}(\hat{d}^{(n)}) \leqslant F^{(n)}(d^{(n)}) \qquad \forall d^{(n)} \in D^{(n)}.$$

Nehmen wir an, es gelte für ein $\nu \leqslant n$ mit $\nu > 1$

$$F^{(\nu)}(\hat{d}^{(\nu)}, \ldots, \hat{d}^{(n)}) \leqslant F^{(\nu)}(d^{(\nu)}, \ldots, d^{(n)}) \qquad \forall (d^{(\nu)}, \ldots, d^{(n)}) \in D^{(\nu)} \times .. \times D^n.$$

Dann gilt nach Schritt 2 für ein beliebiges $d^{(\nu-1)} \in D^{(\nu-1)}$

$$\begin{aligned} F^{(\nu-1)}(\hat{d}^{(\nu-1)}, \hat{d}^{(\nu)}, \ldots, \hat{d}^{(n)}) &\leqslant F^{(\nu-1)}(d^{(\nu-1)}, \hat{d}^{(\nu)}, \ldots, \hat{d}^{(n)}) \\ &= r^{(\nu-1)}(d^{(\nu-1)}) + T^{(\nu-1)}(d^{(\nu-1)})\, F^{(\nu)}(\hat{d}^{(\nu)}, \ldots, \hat{d}^{(n)}) \\ &\leqslant r^{(\nu-1)}(d^{(\nu-1)}) + T^{(\nu-1)}(d^{(\nu-1)})\, F^{(\nu)}(d^{(\nu)}, \ldots, d^{(n)}) \\ &= F^{(\nu-1)}(d^{(\nu-1)}, d^{(\nu)}, \ldots, d^{(n)}) \qquad \forall (d^{(\nu-1)}, \ldots, d^{(n)}) \in D^{(\nu-1)} \times \ldots \times D^{(n)} \end{aligned}$$

nach obiger Annahme und wegen der Nichtnegativität von $T^{(\nu-1)}$. Folglich gilt auch

$$F^{(1)}(\hat{d}^{(1)}, \ldots, \hat{d}^{(n)}) \leqslant F^{(1)}(d^{(1)}, \ldots, d^{(n)}) \quad \forall (d^{(1)}, \ldots, d^{(n)}) \in D^{(1)} \times \ldots \times D^{(n)}.$$

■

Das Optimalitätsprinzip läßt sich danach auch so formulieren: Ist für ein ν mit $1 < \nu \leqslant n$ $(\hat{d}^{(\nu)}, \ldots, \hat{d}^{(n)})$ eine optimale (Teil-)Politik für den restlichen Beobachtungszeitraum von ν bis n, dann gibt es eine optimale Politik $(\tilde{d}^{(1)}, \ldots, \tilde{d}^{(n)}$ für den gesamten Beobachtungszeitraum von 1 bis n, die die Teilpolitik $(\hat{d}^{(\nu)}, \ldots, \hat{d}^{(n)})$ enthält, d.h.

$$(\tilde{d}^{(\nu)}, \ldots, \tilde{d}^{(n)}) = (\hat{d}^{(\nu)}, \ldots, \hat{d}^{(n)}).$$

3.2 Unendlicher Planungszeitraum

Wir wollen nun noch den Fall untersuchen, in dem der Planungs- oder Beobachtungszeitraum nicht nur, wie oben, endliche viele, sondern abzählbar unendlich viele Beobachtungszeitpunkte enthält. Um Aussagen über Eigenschaften von Optimalpolitiken zu erhalten, müssen wir die Problemstellung weiter spezialisieren.

Wir nehmen zunächst an, daß die Entscheidungsräume vom Zeitpunkt ν nicht mehr abhängen, also

$$D^{(\nu)} = D, \qquad \nu = 1, 2, \ldots$$

Ferner setzen wir voraus, daß die $r^{(\nu)}$ und $T^{(\nu)}$ zeitunabhängig sind, d. h. für jedes $d \in D$ gilt

$$r^{(\nu)}(d) = r(d) \quad \text{und} \quad T^{(\nu)}(d) = T(d), \qquad \nu = 1, 2, \ldots$$

Schließlich soll eine Entscheidung d_i im Zustand i nur die i-te Komponente r_i der unmittelbaren Kosten und die i-te Zeile T_i von T beeinflussen, also

$$r_i(d) = r_i(d_i) \quad \text{und} \quad T_i(d) = T_i(d_i), \qquad i = 1, \ldots, m.$$

Ist $\|x\|$ irgendeine Norm von $x \in \mathbf{R}^m$ und $Q : \mathbf{R}^m \to \mathbf{R}^m$ irgendeine Abbildung des $\mathbf{R}^m$ in sich, dann ist

$$\|Q\| = \sup_{x \neq y} \frac{\|Q(x) - Q(y)\|}{\|x - y\|} .$$

Für das folgende wählen wir speziell die Maximumnorm, d. h.

$$\|x\| = \max_{1 \leqslant i \leqslant m} |x_i| .$$

Nach dem Optimalitätsprinzip haben wir es mit einer Abbildung $S : \mathbf{R}^m \to \mathbf{R}^m$ zu tun, die durch

$$S(x) = \min_D \{r(d) + T(d) \cdot x\}$$

definiert ist. Natürlich wird hier die Existenz der komponentenweisen Minima vorausgesetzt. Für diese Abbildung gilt

Satz 3.2 Sei $\|T(d)\| \leqslant \beta$ $\forall d \in D$. Dann ist $\|S\| \leqslant \beta$.

Beweis. Seien $x, y \in \mathbf{R}^m$ beliebig und

$$S(x) = r(d_x) + T(d_x)x, \; S(y) = r(d_y) + T(d_y)\,y.$$

Dann ist $\|S(x) - S(y)\| = \|r(d_x) + T(d_x)x - r(d_y) - T(d_y)y\|$.

Sei $\tilde{d}$ definiert durch

$$\tilde{d}_i = \begin{cases} (d_x)_i, & \text{falls } (r(d_x) - r(d_y) + T(d_x)x - T(d_y)y)_i < 0 \\ (d_y)_i, & \text{falls } (r(d_x) - r(d_y) + T(d_x)x - T(d_y)y)_i \geqslant 0. \end{cases}$$

Dann gilt offenbar für $i = 1, \ldots, m$,

$$\begin{aligned} |(r(d_x) - r(d_y) + T(d_x)x - T(d_y)y)_i| &\leqslant |(T(\tilde{d})\,(x-y))_i| \\ &\leqslant \|T(\tilde{d}\| \cdot \|x - y\| \\ &\leqslant \beta\,\|x - y\| \end{aligned}$$

also $\quad \|S\| \leqslant \beta.$ ■

Die Voraussetzung des Satzes 3.2 ist z.B. erfüllt, wenn $T(d)$ Übergangsmatrizen sind (d.h. die Elemente sind Übergangswahrscheinlichkeiten). Dann gilt $\|T(d)\| = 1$ $\forall\, d \in D$. Werden ferner die Kosten späterer Perioden diskontiert mit einem Zinssatz i pro Periode, so erhalten wir

$$\|T(d)\| = \beta = \frac{1}{1+i} \quad \forall d \in D, \text{ d. h. } 0 < \beta < 1.$$

In diesem Fall gilt also

$$\|S\| \leqslant \beta \quad \text{mit } 0 < \beta < 1,$$

d. h. S ist eine sogenannte kontrahierende Abbildung, für die der folgende Fixpunktsatz gilt:

Die Gleichung $S(x) = x$ hat genau eine Lösung (d. h. S hat genau einen Fixpunkt), die man iterativ gemäß

$$x^{(\nu+1)} = S(x^{(\nu)}), \qquad \nu = 1, 2, 3, \ldots$$

beliebig genau approximieren kann mit beliebigem Anfangspunkt $x^{(1)}$.

Daraus folgt, daß es einen Entscheidungsvektor d^* und genau einen Kostenvektor x^* gibt, derart daß

$$x^* = S(x^*) = r(d^*) + T(d^*)\,x^*.$$

Beginnen wir gemäß dem Optimalitätsprinzip mit dem Anfangskostenvektor (im Beispiel die Wiederverkaufswerte) x^*, dann ist also die stationäre Politik $(d^*, d^*, d^*, \ldots)$ optimal. Aber auch bei einem von x^* verschiedenen Anfangskostenvektor $x^{(1)}$ führt die Politik $(d^*, d^*, d^*, \ldots)$ zu den Optimalwerten x^*. Definieren wir nämlich die Abbildung $U : \mathbf{R}^m \to \mathbf{R}^m$ durch

$$U(x) = r(d^*) + T(d^*) \cdot x,$$

dann ist offenbar x^* ein Fixpunkt von U und U ist ebenfalls kontrahierend, $\|\mathsf{U}\| = \|T(d^*)\| = \beta < 1$. Nach dem obigen Fixpunktsatz ist also x^* der einzige Fixpunkt von U, und wir erhalten ihn durch die Iteration

$$x^{(\nu+1)} = \mathsf{U}(x^{(\nu)}), \qquad \nu = 1, 2, 3, \ldots$$

mit beliebigen $x^{(1)} \in \mathbf{R}^m$.

Die unter unseren speziellen Annahmen gezeigte Existenz stationärer Optimalpolitiken hat auch bezüglich der Methoden Konsequenzen gehabt insofern, als man an Stelle der obigen Wertiteration

$$x^{(\nu+1)} = S(x^{(\nu)}), \qquad \nu = 1, 2, \ldots,$$

eine sogenannte Politikiteration eingeführt hat, die jedenfalls bei schwacher Diskontierung (d. h. β nahe bei 1) und damit langsamer Konvergenz der Wertiteration von Vorteil ist. Aus Platzgründen müssen wir hier für weitere Einzelheiten auf die Literatur verweisen.

3.3 Anwendungen

Die dynamische Optimierung findet in vielen verschiedenen praktischen Problemen ihre Anwendung. Ohne jeden Vollständigkeitsanspruch seien hier einige Beispiele angeführt. Zunächst gibt es hier die Wartungsprobleme, zu denen unser einführendes Beispiel gehört. Dabei handelt es sich darum, einen Wartungsplan für eine Maschine (Auto, Flugzeug etc.) zu erstellen, der angibt, ob auf einer Stufe, d. h. entweder zu einem bestimmten Zeitpunkt oder bei einer gewissen Kilometerleistung oder nach einer bestimmten Flugstundenzahl oder ähnliches, – eventuell in Abhängigkeit vom Zustand der Maschine – ein Wartungsdienst auszuführen ist. Dieser Wartungsplan soll dann bezüglich eines geeigneten Kriteriums optimal sein. Als Kriterien kommen je nach Fall in Frage die gesamten erwarteten Kosten, die insgesamt erwarteten Erträge, im Falle des Flugzeuges etwa ein Sicherheitsmaßstab usw.

Ein zweiter Anwendungsbereich der dynamischen Optimierung bietet sich in den Ersatzproblemen. Zur Erläuterung mag das folgende Beispiel dienen: Ein Unternehmen unterhält einen Wagenpark. Es gilt nun, eine Politik zu finden, die für jeden Wagen auf jeder Stufe (das ist Alter und Kilometerleistung) festlegt, ob der Wagen durch einen neuen zu ersetzen ist oder nicht. Diese Politik soll die gesamten erwarteten Kosten je Wagen (Unterhalt und Wertminderung) minimieren. Analoge Probleme stellen sich auch beim Ersatz einzelner Teile in Maschinen.

Weitere Anwendungsmöglichkeiten ergeben sich in der Lagerhaltung. Sei etwa folgende Situation gegeben:

Ein Gut kann nur jeden Montag bestellt werden und wird dann in der bestellten Menge am folgenden Montag geliefert und eingelagert. Der wöchentliche Verbrauch dieses Gutes sei eine Zufallsgröße, deren Verteilung bekannt ist. Die im Lager entstehenden Kosten setzen sich zusammen aus den zum mittleren Lagerbestand je Woche proportionalen Lagerhaltungskosten, den Bestellkosten, die nur anfallen, wenn tatsächlich eine Bestellung aufgegeben wird, und die dann von der bestellten Menge abhängen, und schließlich den Verzugskosten, die verursacht werden dadurch, daß die Nachfrage in einer Woche den Lagerbestand zu Wochenbeginn übersteigt. Es kommt nun darauf an, eine die gesamten Kosten minimierende Bestellpolitik zu bestimmen, die angibt, ob und wieviel von dem Gut in Abhängigkeit vom jeweiligen Lagerbestand zu bestellen ist.

Schließlich hat man auch schon – und teilweise mit Erfolg – versucht, ganzzahlige Linearprogramme nach entsprechender Neuformulierung der Problemstellung mit Hilfe dynamischer Optimierung zu lösen. Ein bekanntes Beispiel ist das Tourenproblem des Handlungsreisenden, der zu minimalen Transportkosten jeden von k vorgegebenen Orten genau einmal zu besuchen hat. Gegeben sind die vorhandenen direkten Verbindungen zwischen jeweils zwei Orten und die Transportkosten für jede dieser Teilstrecken. Dasselbe Problem tritt etwa für Politiker im Wahlkampf auf. Der Leser möge sich selbst überlegen, wie man diese Aufgabe als ganzzahliges Linearprogramm formuliert mit den allein zugelassenen Variablenwerten 0 und 1.

Bezüglich der Einzelheiten und weiterer Anwendungsbeispiele muß auch hier auf die Literatur verwiesen werden.

Literaturverzeichnis (Auswahl)

Bellman, R.: Dynamic Programming. Princeton. 1957.

Berge, C.: Théorie des graphes et ses applications. Paris 1958.

Blum, E.; Oettli, W.: Mathematische Optimierung. Berlin–Heidelberg–New York 1975.

Burkard, R. E.: Methoden der ganzzahligen Optimierung. Berlin–Heidelberg–New York 1972.

Collatz, L., Wetterling, W.: Optimierungsaufgaben. 2. Aufl. Berlin–Heidelberg–New York 1971. = Heidelberger Taschenbücher Bd. 15

Dantzig, G. B.: Lineare Programmierung und Erweiterungen. Dt. Bearb. v. A. Jaeger. Berlin–Heidelberg–New York 1966.

Dinkelbach, W.: Sensitivitätsanalyse und parametrische Programmierung. Berlin–Heidelberg–New York 1969.

Ford, L. R.; Fulkerson, D. R.: Flows in Networks. Princeton/New Jersey 1962.

Gessner, P., Wacker, H.: Dynamische Optimierung. München 1972.

Hadley, G.: Linear Programming. Reading/Massachusetts 1962.

–: Nonlinear and Dynamic Programming. Reading Massachusetts 1964.

Hinderer, K.: Foundations of Non-stationary Dynamic Programming with Discrete Time Parameter. Berlin–Heidelberg–New York 1970. = Lecture Notes in Operations Research and Mathematical Systems, Vol. 33.

Howard, R. A.: Dynamische Programmierung und Markov-Prozesse. Dt. Bearb. v. H. P. Künzi und P. Kall. Zürich 1965.

Karlin, S.: Mathematical Methods and Theory in Games, Programming, and Economics, Vol. I and II. London–Paris 1959.

Künzi, H. P.; Oettli, W.: Nichtlineare Optimierung: Neuere Verfahren. Bibliographie. Berlin–Heidelberg–New York 1969. = Lecture Notes in Operations Research and Mathematical Systems, Vol. 16.

Künzi, H. P.; Tzschach, H. G.; Zehnder, C. A.: Numerische Methoden der mathematischen Optimierung mit ALGOL- und FORTRAN-Programmen. Stuttgart 1967. = Leitfäden der angewandten Mathematik und Mechanik, Bd. 8.

Neumann, K.: Dynamische Optimierung. Mannheim 1969. = B. I. Hochschulskripten 714/714a.

Rockafellar, R. T.: Convex Analysis. Princeton, New Jersey 1970.

Stoer, J.; Witzgall, C.: Convexity and Optimization in Finite Dimensions I. Berlin– Heidelberg–New York 1970.

Valentine, F. A.: Convex Sets. New York 1964.

Vogel, W.: Lineares Optimieren. 2. Aufl. Leipzig 1970.

Zangwill, W. I.: Nonlinear Programming. Englewood Cliffs/N. J. 1969.

Sachverzeichnis